PAULO JORGE MAGALHÃES TEIXEIRA

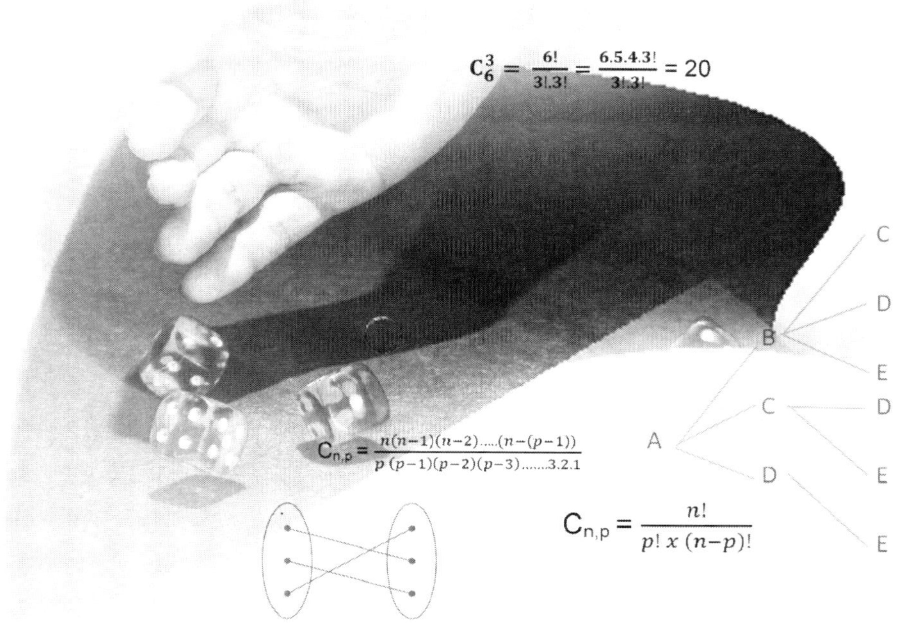

RESOLVENDO PROBLEMAS DE ANÁLISE COMBINATÓRIA

NO ENSINO MÉDIO

EDITORA CIÊNCIA MODERNA

Editor: Paulo André P. Marques
Produção Editorial: Dilene Sandes Pessanha
Capa: Daniel Jara
Diagramação: Daniel Jara
Copidesque: Equipe Ciência Moderna

FICHA CATALOGRAFICA

TEIXEIRA, Paulo Jorge Magalhães.

Resolvendo Problemas de Análise Combinatória no Ensino Médio

Rio de Janeiro: Editora Ciência Moderna Ltda., 2021.

1. Matemática 2. Análise Combinatória
I — Título

ISBN: 978-85-399-1071-7 CDD 510
511.6

Editora Ciência Moderna Ltda.
R. Alice Figueiredo, 46 – Riachuelo
Rio de Janeiro, RJ – Brasil CEP: 20.950-150
Tel: (21) 2201-6662/ Fax: (21) 2201-6896
E-MAIL: LCM@LCM.COM.BR
WWW.LCM.COM.BR **03/21**

Dedico este trabalho aos meus amados e queridos pais
FERNANDO TEIXEIRA MALTA (in memoriam)
e ANA MAGALHÃES MALTA,
de quem aprendi o caminho da
honestidade, caráter, retidão, luta,
esforço, justiça, amor e trabalho,
razões de minha existência.
E, igualmente, dedico este trabalho aos queridos irmãos
HILDA, LUÍS ANTÔNIO e ELIZABETE,
presentes nesta minha conquista
e em tantas outras realizações.

Agradecimentos

Desde já, e sempre, agradecer a DEUS por permitir ter cumulado conhecimentos, saúde, lucidez e entusiasmo para concluir mais este trabalho.

Agradecimentos aos alunos

Este livro é fruto de estudos, reflexões, pesquisas e discussões acerca da prática pedagógica que o autor tem tido oportunidade de vivenciar - a qual lhe tem permitido aprofundar conhecimentos com o propósito de aprender, vivenciar, conhecer, partilhar, passar conhecimentos adiante e pesquisar, junto com os seus alunos, a quem cabem os agradecimentos devidos.

Agradecimentos aos colegas professores

Este livro também é fruto de reflexões pessoais e coletivas feitas com colegas professores da Educação Básica e do Ensino Superior, e com alunos em formação inicial em Licenciatura em Matemática, porquanto o autor tem tido a oportunidade de ministrar minicursos, oficinas e cursos regulares. Também aos professores que participaram de atividades quando apresentou trabalhos em congressos, jornadas ou encontros e os colegas que se prontificaram a ser sujeitos de pesquisa e estudo empreendidos pelo autor.

A todos vocês - que se verão reconhecidos nas páginas deste livro -, os sinceros agradecimentos, na certeza de que a seu modo e tempo cada um sentir-se-á homenageado em todas as páginas deste livro. Afinal de contas, você faz parte dele.

O autor considera que estava em dívida como todos os ex-alunos, professores e leitores, pois fazia tempo que havia prometido escrever vasto conteúdo sobre a temática que, por anos, ensinou e orientou.

Ver, ouvir e trocar experiências com jovens e adultos que estão aprendendo os primeiros passos da Matemática (em particular, da combinatória) é gratificante para o trabalho de todo professor, em seu dia a dia escolar.

Além do mais, o trabalho dos docentes não está restrito única e exclusivamente ao ofício de ensinar mas, também, de contribuir para o desenvolvimento e a consecução de trabalhos de pesquisa e estudos, quer sejam realizados por pesquisadores, orientandos e/ou autores. Segundo a visão *freireana* de educação, "não há ensino sem pesquisa e pesquisa sem ensino".

Os alunos remetem o professor à constantes ações crítico-reflexivas acerca de questões associadas à prática docente; à formação de professores (inicial e continuada); ao ensino e à aprendizagem do conteúdo a ensinar; aos conhecimentos pedagógicos de conteúdo; aos conhecimentos curriculares e aos conhecimentos tecnológicos - conhecimentos necessários ao professor, para o exercício diligente da docência.

Os alunos da educação básica também remetem o autor, igualmente, à constância de realizar reflexões críticas acerca dos caminhos que a sua prática docente e de seus pares têm trilhado nos últimos anos, concernentes ao ensino e aprendizagem da Matemática, com o propósito de identificar o que foi(é) preciso considerar ter sido(ser) ressignificado e agido(agir), de maneira efetiva, com vistas a promover melhorias.

Agradecimentos aos que me ensinaram e aos que me ensinam

Considerando que o autor se coaduna com os fundamentos teórico-metodológicos e os propósitos presentes na Educação Matemática Crítica (EMC), cabe agradecer aos autores que forjaram seus saberes e práticas segundo conceitos próprios à Educação Matemática.

De início, alinham-se os propósitos do autor no que refere à docência segundo os ensinamentos de Paulo Freire e a teoria que ele elaborou ou, como ele mesmo preferia afirmar, "uma certa compreensão ético-crítico-política da educação".

Acerca dessa questão, Freire (2013) ressalta que ...

> É preciso que, pelo contrário, desde os começos do processo, vá ficando cada vez mais claro que, embora diferentes entre si, quem forma se forma e re-forma ao formar e quem é formado forma-se e forma ao ser formado. É neste sentido que ensinar não é transferir conhecimentos, conteúdos, nem formar é ação pela qual um sujeito criador dá forma, estilo ou alma a um corpo indeciso e acomodado. Não há docência sem discência, as duas se explicam e seus sujeitos, apesar das diferenças que os conotam, não se reduzem à condição de objeto um do outro. Quem ensina aprende ao ensinar e quem aprende ensina ao aprender. Quem ensina ensina alguma coisa a alguém (FREIRE, 2013, p.25).

Na citação acima, Freire (2013) sintetiza o que este autor defende ser a ação de ensinar e os propósitos que tomou para si quando escolheu, por vocação, a profissão de professor.

Com esta citação, o autor estende seus agradecimentos a todos os professores que o permitiram aprender um pouco mais acerca da vida (e não apenas, aprender um pouco da Matemática), e por todos os ensinamentos.

Todos os ensinamentos foram importantes e apropriados, e o serão sempre. Por conta disso, eles permanecem presentes ao longo de toda a formação docente do autor - razão porque aproveita para reafirmar, como o faz habitualmente, que continua se colocando como um eterno aprendiz desde sempre.

Uma vez que o autor é professor, pesquisador e autor, todas as experiências vivenciadas, enquanto aluno e professor, permitiram-no cumular conhecimentos de conteúdo, conhecimentos pedagógicos de conteúdo e conhecimentos curriculares.

Também, por conta dos estudos que vem fazendo ao longo de muitos anos, das experiências didático-pedagógicas vivenciadas - em razão de pesquisas e estudos que tem empreendido - e por conta das análises crítico-reflexivas feitas à luz dos resultados obtidos.

Assim, tomando por base os resultados das pesquisas desenvolvidas e concluídas pelo autor, foi possível que ele identificasse e conhecesse um pouco mais acerca de como se dá a apropriação de conceitos, conhecimentos, procedimentos e estratégias que favorecem o desenvolvimento de ações cognitivas de alunos e professores, com respeito à resolução de problemas de contagem.
Igualmente, foi possível que identificasse como os professores se apropriam de conceitos matemáticos e acerca dos propósitos que justificam a elaboração, proposição e o desenvolvimento de atividades associadas ao desenvolvimento das temáticas combinatória e probabilidade, em suas aulas.

Também foi possível identificar, nas falas e ações dos professores, o reconhecimento que eles têm quanto à importância que atividades diferenciadas desempenham para o ensino da temática, e para o estabelecimento de aprendizagens significativas.

A espontaneidade de um jovem, quando este se debruça para refletir acerca de conceitos matemáticos, é de grande ajuda para um professor, pesquisador e autor, enquanto atuante em atividades de observação, identificação, constatação e apropriação de conceitos, estratégias, procedimentos, conhecimentos e saberes pelos alunos.

O trabalho exige desprendimento e interesse constantes, de modo que sua atenção esteja voltada para as diversas intenções dos alunos.

E, igualmente, que a atenção esteja associada às atividades de ensino e aprendizagem de conteúdo, de procedimentos e de estratégias, na resolução de problemas de contagem - tarefa que cabe a todos os educadores matemáticos, em qualquer nível de ensino.

As reflexões pessoais e coletivas que os jovens e os adultos fazem em sala de aula; as respostas e questionamentos que colocam para discussões; o dinamismo na execução das atividades (próprio de experiências didáticas que contemplam o oferecimento de oportunidades para reflexões e discussões pessoais e coletivas); o modo como falam e escrevem acerca do que estão pensando, e sobre o que acham, em relação ao que está sendo discutido durante as aulas; as "tiradas" (provocativas ou não) que eles lançam, tanto para o professor quanto para os colegas e, por vezes, desafiadoras; o encanto e a alegria que exprimem, pelos acertos; as reações frente às dificuldades; a perseverança nos estudos; o senso de organização e a vontade de acertar são, todas elas, muito gratificantes para o exercício da docência. Todas as manifestações, em relativa intensidade, a depender das interações e emoções trocadas com o professor.

Enfim, os jeitos de ser dos alunos constituem imenso oceano de possibilidades, com as quais o professor pode melhorar, crescer e ousar, enquanto educador, de modo a tornar mais prazerosa e melhor sua prática docente, dia após dia.

Essas oportunidades são próprias, talvez únicas, da prática profissional de um professor. Poucas são as profissões capazes de reunir tantas experiências gratificantes. Talvez, nenhuma outra, tal como as experiências que um professor vivencia com a sua prática docente diária.

Tais oportunidades, são capazes de oportunizar ao professor experimentar agradáveis situações, pessoais e didáticas, associadas ao crescimento pessoal e profissional do ser humano, uma vez que a experiência de contribuir para que os estudantes (pessoas) se apropriem de conhecimentos e participem de atividades e experiências de ensino são únicas. Possivelmente, serão lembradas por cada um, por toda a vida.

Por essas razões, o autor não se cansa de agradecer às crianças, jovens e adultos (estudantes das turmas da EJA – Educação de Jovens e Adultos) por terem permitido que, em muitas ocasiões, pudesse ter tido a oportunidade de aprender, estudar e pesquisar, com todos eles e para eles.

Também agradecer aos que direta ou indiretamente contribuíram para a coleta de dados, em suas experiências e estudos, com diversificado material pedagógico e de pesquisa.

Por sua vez, todo o material coletado permitiu (e permite ainda) que o autor escreva artigos e textos que objetivam contribuir para a melhoria do ensino e da aprendizagem da Matemática na Educação Básica.

Também, para ressignificar a formação inicial e continuada de professores que ensinam matemática neste segmento de ensino.

Por fim, cabe agradecer a todos que ajudaram o autor ao longo da sua jornada formativa que não se aquieta ou finda aqui, com esta obra. Em parte, o autor retribui por tudo que vivenciou e aprendeu com os saberes partilhados nas páginas deste livro.

A obra contém vasto e diversificado material didático-pedagógico que contribui, tanto para a melhoria dos processos formativos de futuros professores ao longo da formação inicial, em cursos de Licenciatura em Matemática, quanto para as formações continuadas de professores que ensinam Matemática na Educação Básica e no Ensino Superior.

O livro também se propõe a ajudar à geração atual e às novas gerações de alunos e professores, uma vez se considere que os conceitos, conteúdo, procedimentos, orientações, experiências e recomendações desenvolvidos e explorados nas páginas deste livro não se esgotarão no tempo. Ressalte-se, porém, que o autor admite *a priori* que tudo o que está escrito neste livro (ou parte), possivelmente possa ser aprimorado, melhorado e ampliado por conta de novos tempos, novas gerações de alunos e professores, novas tecnologias e novas maneiras de pensar e agir em educação.

Nada pode ser eterno, sem se admitir que, se preciso, e em algum momento, permitam-se e façam-se mudanças para melhor.

O autor agradece a todos que tornaram possível concretizar mais este trabalho - livro que finaliza a exploração de combinatória e probabilidade para a Educação Básica, em conjunto como os outros 2(dois) livros do mesmo autor, para o ensino fundamental, os quais formam uma trilogia de conhecimentos básicos concernentes com a prática dos professores que ensinam matemática neste segmento de ensino.

O autor perguntaria, então, aos leitores: este livro está completo? E a resposta é a seguinte: Não, ele não está completo! Na verdade, nenhum livro está totalmente completo, pois cada um se completa com a experiência pessoal de cada leitor, associada às suas crenças, concepções e conhecimentos.

Foi preciso uma ruptura para finalizá-lo, pois há outros conceitos de contagem que precisam ser explorados e desenvolvidos, os quais serão desenvolvidos na obra: *Tópicos Avançados de Análise Combinatória* (no prelo), Editora Ciência Moderna Ltda, a ser lançado em breve.

Completando, o autor considera que o conteúdo e as sugestões metodológicas presentes na obra estão consoantes com as orientações presentes nos Parâmetros Curriculares Nacionais e na Base Nacional Curricular Comum, no tocante ao ensino e a aprendizagem das temáticas. Portanto, apropriados para serem desenvolvidos tanto pelos professores das licenciaturas - formadores de professores que vão ensinar matemática na Educação Básica -, quanto os professores que ensinam matemática na educação básica com seus alunos.

O autor espera que cada um que contribuiu para a concretização desta obra se reconheça em uma ou mais partes que a compõem.

Igualmente, o autor espera que todos os colaboradores, por meio de uma leitura atenta e silenciosa, tenham a oportunidade de recordar o desafio que deve ter sido participar de uma formação continuada em combinatória e probabilidade ou ter concluído com êxito a disciplina de mesmo nome na universidade, e ministrada pelo autor.

Não é possível mensurar a alegria que cada um dos colaboradores tenha sentido quando resolveu

este ou aquele problema de contagem proposto pelo autor.
Ademais, a alegria por ter tido a oportunidade de ter participado de reflexões crítico-reflexivas (individualmente ou em grupos) que teriam sido feitas durante e após a resolução de um problema de contagem.

A obra tem o propósito de fazer chegar aos muitos professores que ensinam matemática a alunos do Ensino Médio, deste imenso Brasil, a oportunidade de conhecer, aprender e se apropriar de conhecimentos de conteúdo, conhecimentos pedagógicos de conteúdo e atividades, relacionadas com a exploração de conceitos, estratégias e procedimentos presentes na resolução de problemas de contagem básicos (do ponto de vista da Matemática), e que não estão presentes nos livros didáticos de matemática que atendem aos alunos deste segmento de ensino.

O autor espera que o livro constitua-se em oportunidade ímpar para os leitores, e seja capaz de pavimentar um caminho produtivo que os oportunize poderem se apropriar de suficientes saberes acerca do conteúdo combinatória. Igualmente, permita-lhes conhecer e aprofundar saberes para si com o propósito de poderem oferecer novas oportunidades de conteúdo da temática para que os seus alunos também os conheçam.

Com o conhecimento, desenvolvimento e a apropriação dos conceitos pelos leitores o autor espera concretize-se o seu desejo de que a obra permita que os estudantes (mormente os estudantes que precisam de estímulos para o estudo) motivem-se a aprender e a gostar, cada vez mais, de estudar combinatória e probabilidade.

Não é um sonho do autor. É um desejo que, espera, se realize.
Entretanto, para que esse sonho se concretize faz- se necessário salientar que ele só se viabilizará se o estudante empenhar estudo, diligência e entusiasmo como ingredientes necessários para alcançá-lo.

O autor considera que a obra permite aos professores que ensinam Matemática na Educação Básica reunirem condições suficientes para conhecer e aprofundar conhecimentos de conteúdo e conhecimentos pedagógicos de conteúdo concernentes ao ensino e à aprendizagem das duas temáticas.

Igualmente, o autor espera que os professores animem-se a organizar grupos de alunos em suas escolas para estudarem tais conteúdos, uma vez que tais conceitos não são apresentados nos livros didáticos tal qual o serão aqui, bem como em relação à profundidade com que eles precisam ser desenvolvidos, e o tempo que precisa ser disponibilizado para se fazer assim.

Ademais, o professor passará a dispor de variado leque de problemas de contagem com o qual poderá contar para oportunizar que os seus alunos aprendam e aprofundem conhecimentos acerca dos conceitos e técnicas de contagem que serão apresentados e explorados ao longo de todo o texto.

Assim, o autor julga que o livro cumpre o papel de contribuir para a ampliação conceitual, relativamente aos saberes dos leitores, professores e alunos - todos, igualmente envolvidos nos processos de ensinar e de aprender um pouco mais acerca das temáticas.

Aos professores dos cursos de Licenciatura em Matemática e de Pós-Graduação em Educação Matemática e/ou Matemática, o autor salienta, mais uma vez, que a obra dá- lhes a oportunidade de dispor de material diversificado, abrangente e consistente, adequado à formação inicial de professores que irão ensinar Matemática na Educação Básica e à formação dos professores em serviço.

Alguns problemas propostos no livro são frutos de minicursos e oficinas que o autor ministrou, para alunos e professores. Outros, oriundos da sua prática docente com alunos do Ensino Médio e do Ensino Superior, e outros de estudos que tem feito nos últimos anos.

O autor também agradece aos muitos amigos professores que em diferentes momentos de sua carreira profissional motivaram-no a seguir em frente, estudando, sendo diligente e sendo exigente, na sua prática e com a sua prática docente.

Igualmente, o autor não poderia deixar de agradecer a todos que cruzaram direta ou indiretamente sua vida profissional, uma vez que cada um, a seu modo e tempo, permitiu que fizesse reflexões pessoais e tomasse as decisões que julgou pertinentes à situação e ao momento.

Tais reflexões serviram para que identificasse, em sua formação acadêmica e na caminhada docente, a importância de estar aprendendo, continuamente, mais e mais, tanto acerca de conteúdos matemáticos quanto em relação aos saberes relativos à didática de ensino da

Matemática. Por certo que ainda há um enorme caminho a percorrer.
A todos os que colocaram obstáculos e dificuldades, tanto na trajetória acadêmica quanto na profissional, é sempre bom lembrar que "*um rio ganha mais força com as suas quedas e cachoeiras*", e que as dificuldades enfrentadas servem para testar nossa capacidade e persistência em superá-las.

À cada experiência vivenciada pelo autor, ao lecionar uma nova disciplina ou um novo conteúdo, de certo que coube estudar e pesquisar, em profundidade, para o exercício da docência, tanto no ensino superior quanto na educação básica.

Segundo Paulo Freire (2013, p.30), "Não há ensino sem pesquisa e pesquisa sem ensino. Esses quifazeres se encontram um no corpo do outro".

Ademais, foi preciso (e o será sempre) estudar para estruturar e consolidar as questões de pesquisas e de estudos que empreendeu (empreenderá), e os que se fizeram (fazem) necessários encaminhar para desenvolvê-las, o quanto possível de modo adequado e efetivo.

Em particular, de maneira especial e carinhosa o autor não deixa de lembrar, não apenas aqui, mas sempre, do querido e saudoso Professor Mário Tourasse Teixeira, de quem aprendeu algumas lições de Matemática, particularmente de Álgebra Abstrata.

Mas, acima de todos os saberes de álgebra abstrata que tenha aprendido com o Professor Tourasse (era assim que o chamava), e o mais que tenha aprendido de outros saberes da Matemática, foram valiosos, e o serão sempre, os conhecimentos aprendidos das muitas e brilhantes lições de vida ensinadas pela pessoa do Mário Tourasse.

Lições de humildade, fraternidade, entusiasmo e respeito ao próximo, exemplos que o Professor Tourasse deixou plantadas em meu coração e em minha vida, para todo o sempre.

Todos os que tiveram a felicidade de conhecer e conviver com o Professor Tourasse sabem bem o quanto o cidadão Mário foi, como pessoa e educador. Muito mais que o Professor Tourasse, que ensinou álgebra em um curso de Mestrado em Matemática Pura. Uma pessoa íntegra.

Também ensinou o autor a estudar, a ensinar, a ser criterioso, diligente. Acima de tudo, ensinou-lhe a ser humano, humilde, grato e despojado de vaidades.

As palavras, os exemplos e os ensinamentos do Professor Tourasse jamais serão esquecidas. Seu estímulo para que eu procurasse ser melhor a cada dia, e a sua dedicação como professor e orientador fizeram-me ser melhor, tanto como estudante quanto como professor.

Mas, também e ainda mais, fizeram com que o autor se tornasse melhor como ser humano, simples, humilde e agradecido, sempre, a tudo e a todos, bem como a oportunidade que a profissão de professor permite aos que as queiram exercitar e possam, se assim quiserem, orientar outras pessoas acerca da importância de tais posturas.

As lições de vida do Professor Tourasse vão além das questões acadêmicas relacionadas ao estudo de conteúdos algébricos, necessários que foram para que o autor pudesse escrever o conteúdo de sua dissertação de mestrado acadêmico, por ele orientada.

Ao Professor Mário Tourasse Teixeira, minha eterna gratidão.
O autor também presta humilde homenagem ao querido e saudoso Professor Augusto César de Oliveira Morgado. Tal qual alguns amigos e professores o chamavam, e eu também, Morgado.
Sempre que o autor encontrava o Morgado, saudava-o com um abraço e, logo em seguida, perguntava-lhe: Grande Morgado! E aí, tudo bem? Firme e forte? Como vai a vida?

O autor iniciou sua carreira docente em uma instituição pública de ensino, repartindo uma turma de 5ª Série (hoje 6º Ano) com o Morgado.

Ambos, participaram do mesmo concurso público e foram designados para o mesmo estabelecimento de ensino e turno de aulas. Para a sorte do autor, logo foi designado pelo coordenador a repartir uma turma com o consagrado Morgado, talvez porque era novato, de idade e de professor, onde teve a oportunidade de "beber dos seus muitos saberes", repartindo turmas, por 2(dois) anos.

O autor afirma, com convicção, que o Morgado foi um brilhante matemático. Também foi um professor incrível, excepcional. Morgado era muito inteligente. Morgado ensinava como poucos à sua época e, por conta disso, era muito admirado e requisitado. Também era admirado pelo seu carisma, e a atenção que dispensava a todos, sem distinção. Era objetivo, preciso, prático, sem rodeios, eficiente. Morgado lançava mão de estratégias próprias de resolução de problemas, não importava que problema lhe fosse pedido resolver, e de qual área da Matemática.

Eram estratégias pessoais, elegantes, próprias para a resolução de diferentes problemas de geometria, álgebra, análise combinatória, probabilidade, ou de outros conteúdos matemáticos.

Morgado tinha uma cultura geral abrangente, e invejável! Tanto de conteúdo da Matemática quanto de História da Matemática pois ele dominava, como poucos, os conteúdos de diversas áreas da Matemática.

Gostava de Teoria dos Jogos, embora não tenha escrito nenhum livro sobre o tema. Era capaz de responder e fazer colocações sobre diversos assuntos da Matemática ou não, todos eles, bastante pertinentes e interessantes.

Tinha uma visão bastante peculiar e particular sobre algumas questões da vida, até onde o autor sabia, por conta de poder desfrutar do seu convívio. Os encontros se davam amiúde, em reuniões de trabalho e sociais, pois o Morgado tinham muitos afazeres profissionais.

Sobre questões próprias da Matemática o Morgado era capaz de transformar o que para muitos era considerado difícil em explicações bastante simples, diretas, claras, objetivas e de fácil entendimento.

Era um botafoguense roxo, e sempre mostrava o seu amor pelo alvinegro em fotos com a camisa do clube que amava. Um ser humano admirável. A ele, também os meus eternos agradecimentos pelas muitas lições de conteúdos matemáticos, boas conversas, risadas, e pelo carinho que tinha por mim, bem como pela amizade incondicional.

O autor também agradece ao Professor Doutor Ruy César Pietropaolo, pela orientação na pesquisa de sua Tese de Doutoramento em Educação Matemática. Alguns problemas de contagem e considerações pedagógicas que serão objeto de reflexões e análises neste livro são frutos de questões crítico-reflexivas que foram objeto das discussões acadêmicas travadas com o Professor Ruy ao longo de sua orientação acadêmica e das experiências formativas desenvolvidas com os professores de matemática da Educação Básica, em uma sequência de ensino estruturada e desenvolvida no seio do Observatório de Educação Matemática da UNIBAN, sob a orientação e a coordenação do Professor Ruy. Ao Professor Ruy a minha gratidão por todo o sempre.

O autor também agradece a todos os professores que participaram da experiência acadêmica realizada no Observatório de Educação Matemática da UNIBAN. A todos, o muito obrigado hoje e sempre. Fica aqui a gratidão.

Por fim, o autor solicita a todos os leitores que utilizarem este livro em seus estudos: pesquisadores, professores, professoras, estudantes de cursos de formação inicial de professores, estudantes de cursos de Pós-Graduação, alunos e leitores da educação básica, e leitores em geral, que dele fizerem uso para conhecer e aprofundar conhecimentos de combinatória, que escrevam para o endereço eletrônico: paulojorge@id.uff.br, relatando as suas experiências com a resolução dos problemas propostos, e acerca das contribuições teóricas de conteúdo e pedagógicas de conteúdo presentes na obra.

Igualmente, o autor espera que todos os leitores sintam-se à vontade para fazerem críticas e sugestões que julguem oportunas, com o propósito de melhorar a compreensão do texto ou acerca de erros que possivelmente possam estar presentes e que não foram identificados na revisão.

Todas as críticas e sugestões sempre são (e serão) bem-vindas, pois contribuem para tornar a obra mais completa, pertinente e efetiva.

Os erros porventura cometidos são de inteira responsabilidade do autor, os quais, antecipadamente, os assume desde já.

Por fim, prezado leitor, se você gostar do livro recomende-o a quem puder e achar que seja útil.
E, se você quiser trocar ideias com o autor, sobre quaisquer questões colocadas no texto esteja, igualmente, a vontade para fazê-las.

Muito obrigado a todos os leitores.
Antes de terminar, o autor deixa um pequeno texto autoral para reflexão:

É fato que não se sabe tudo sobre todas as coisas.

É por isso que se busca aprender e se aprende buscando.

Para aprender, por vezes foi preciso errar.

Mas, para que se tenha errado antes foi preciso ter tido coragem para tentar.

Foi preciso ter sido ousado.

Foi preciso ter sido persistente.

Foi preciso ter sido diligente.

Certo mesmo é que não se aprende sem antes ter tentado aprender.

Não se aprende sem ter sido ousado.

Não se aprende sem uma dose de coragem.

Não se aprende sem ter sido estudioso e diligente.

Além do mais, é preciso conhecer o novo para aprender algo.

O autor sabe, muitíssimo bem, que assim foi e é a sua vida: Um silencioso e eterno aprendizado formado por idas e vindas na busca do novo sem esquecer o velho, o que foi aprendido.

Paulo Jorge M. Teixeira

Sobre o Autor

Paulo Jorge Magalhães Teixeira é Doutor em Educação Matemática pela Universidade Bandeirante de São Paulo (UNIBAN) - atualmente denominada Universidade Anhanguera de São Paulo (UNIAN); Doutor em Ciências de la Educación pela Universidad Americana - área de pesquisas em Formação de Professores; Mestre em Matemática - área de Álgebra -, Licenciado Pleno em Matemática e Bacharel em Matemática, ambos pela Universidade Federal Fluminense (UFF) e Bacharel em Engenharia Elétrica pela Universidade Federal do Rio de Janeiro (UFRJ) - ênfase em Eletrotécnica. É Professor Associado do Instituto de Matemática e Estatística (IME), Universidade Federal Fluminense (UFF), onde atua nas áreas de ensino, pesquisa e extensão com alunos do curso de Licenciatura em Matemática, cursos das Engenharias e no curso de Especialização em Ensino da Matemática. É Professor Titular do Colégio Pedro II, pertencente à rede federal de Ensino Básico, Técnico e Tecnológico do Ministério da Educação, onde atua na Educação Básica: Ensino Médio e Educação de Jovens e Adultos (EJA). Desenvolve pesquisas e estudos na área de Formação de Professores que ensinam Matemática na Educação Básica. É consultor da Fundação CESGRANRIO, atividades relacionadas à formação continuada de professores que ensinam Matemática na Educação Básica. É um dos coordenadores do OBSEM (Observatório de Educação Matemática) - projeto alternativo que tem o propósito de estudar e investigar práticas relacionadas com o ensino e a aprendizagem de conceitos de matemática, por meio de programas de formação continuada; elaboração e aplicação de atividades e jogos autorais, adequados para alunos da escola básica, os quais têm o propósito de oportunizar que se apropriem de conceitos, competências, habilidades, estratégias e procedimentos para a resolução de variados problemas da Matemática e pela Matemática; apresentação de palestras, mesas redondas, encontros; elaboração e desenvolvimento de minicursos e/ou oficinas para professores que ensinam matemática na Educação Básica; orientação de trabalhos finais de conclusão do curso de especialização em Educação Matemática oferecido pelo Instituto de Matemática da Universidade Federal Fluminense (UFF), destinado à formação continuada de professores que ensinam matemática na Educação Básica. É autor de artigos que versam sobre o ensino e a aprendizagem de conteúdos da Matemática da Educação Básica, e outros, que tratam de questões próprias às formações inicial e continuada de professores que ensinam Matemática na Educação Básica. É autor dos seguintes livros:

1. ***Problemas básicos de Matemática Financeira. Pagar à vista ou pagar parcelado? Qual a taxa de juros? Qual a melhor decisão a tomar?*** Editora Ciência Moderna Ltda, 1ª Edição, Rio de Janeiro, 208p. 2017.
2. ***Resolvendo problemas de Análise Combinatória nos anos iniciais do Ensino Fundamental***, Editora Ciência Moderna Ltda, 1ª Edição, Rio de Janeiro, 173p. 2014.
3. ***Resolvendo problemas de Análise Combinatória nos anos finais do Ensino Fundamental***, Editora Ciência Moderna Ltda, 1ª Edição, Rio de Janeiro, 445p. 2018.
4. ***Tópicos Avançados de Análise Combinatória***, Editora Ciência Moderna Ltda, 1ª Edição, Rio de Janeiro, 275p. 2019.
5. ***Práticas acerca do Raciocínio Combinatório no Ensino Fundamental***, NEA – Novas Edições Acadêmicas, 1ª Edição, São Paulo, 456p. 2015. Disponível em: https://www.nea-edicoes.com/catalog/search. Acesso em 25 de julho de 2017.
6. ***Ensino de Análise Combinatória na Educação Básica: Uma trajetória***, NEA – Novas Edições Acadêmicas1ª Edição, São Paulo, 376p. 2015. ISBN – 978-3-639-83624-0. Disponível em: https://www.nea-edicoes.com/catalog/search. Acesso em 25 de julho de 2017.
7. ***Introdução à Álgebra Linear e Geometria Analítica: novo enfoque, novos olhares***, Editora Ciência Moderna Ltda, 1ª Edição, Rio de Janeiro, 305p. 2019.

Apresentação

Em algumas partes este livro apresenta uns poucos recortes da pesquisa intitulada "*Um estudo sobre os conhecimentos necessários ao professor de Matemática para a exploração de problemas de contagem no Ensino Fundamental*", que o autor desenvolveu com o propósito de atender a um requisito parcial para a obtenção do título de Doutor em Educação Matemática junto ao Programa de Pós-Graduação em Educação Matemática da UNIBAN - Universidade Bandeirante de São Paulo[1], pesquisa vinculada à linha de pesquisa *Formação de Professores que Ensinam Matemática*.

O propósito da pesquisa foi investigar os conhecimentos de conteúdo e pedagógicos de conteúdo de um grupo de 20 (vinte) professores de Matemática, enquanto eles desenvolviam e partilhavam conhecimentos e experiências por meio do desenvolvimento e exploração de atividades presentes em uma sequência didática.

Tal sequência propôs jogos, situações-problema e atividades diversas de contagem - todos, relacionados com o conteúdo básico de combinatória concernentes à resolução de problemas de contagem que poderiam ser propostos para alunos da Educação Básica. Apenas algumas técnicas de contagem foram exploradas.

Tal sequência didática, parte dela, foi sugerida aos professores para que eles desenvolvessem com os seus alunos, ao longo dos anos finais do Ensino Fundamental e nas três séries do Ensino Médio.

Tomando por base as experiências que os sujeitos da pesquisa vivenciaram ao longo da exploração da sequência didática, eles poderiam fazer modificações e/ou acréscimos que considerassem convenientes, e adequados à realidade de seus alunos, levando em conta as reflexões e discussões travadas no grupo e as concepções e crenças de cada um a respeito das suas práticas docentes.

Para tanto, identificaram-se concepções e crenças presentes no grupo de professores

1 Atualmente a UNIBAN atende pela denominação de UNIAN – Universidade Anhanguera, com sede na cidade de São Paulo – SP.

participantes da experiência acerca da temática explorada, e sobre o ensino e a aprendizagem que cada um poderia desenvolver com os seus alunos.

Posteriormente promoveu-se uma formação continuada com o intuito de discutir inovações a respeito do processo de ensino e aprendizagem de noções concernentes a esse tema.
Cabe ressaltar que a pesquisa foi realizada no âmbito do Observatório da Educação da UNIBAN, projeto financiado pela CAPES por meio do Projeto Observatório da Educação, coordenado pelo Prof. Dr. Ruy César Pietropaolo.

Tal projeto é constituído por um grupo colaborativo de formação e pesquisas, integrado por professores pesquisadores, professores da rede estadual de ensino de São Paulo, mestrandos e doutorandos da UNIBAN - Universidade Bandeirante de São Paulo.

Entre os objetivos de atuação do Observatório da Educação está o de contribuir para o desenvolvimento profissional de professores, promovendo reflexões a respeito das inovações curriculares indicadas para as aulas de matemática do ensino fundamental e do ensino médio.
O Observatório da Educação analisa, além disso, as possibilidades de promover mudanças nos conhecimentos pedagógicos e curriculares desses professores - no tocante a esse tema - mediante um processo de formação continuada, cuja ênfase está pautada em reflexões e discussões sobre as suas práticas e sobre as inovações propostas no recente currículo da Secretaria Estadual de Educação, prescrito em 2010.

O estudo objeto da pesquisa foi julgado relevante por uma Banca Examinadora, composta por 5 (cinco) membros. Tal estudo teve como um dos propósitos educacionais o de contribuir para a implementação efetiva desse tema ao longo do ensino fundamental - desde o 4º Ano - de modo a favorecer o desenvolvimento do raciocínio combinatório dos alunos, conforme indicam os autores dos Parâmetros Curriculares Nacionais (PCN), em Brasil (1997, 1998), e currículos posteriores, que tomam esses parâmetros como referência como é o caso dos currículos do Município de São Paulo (2007) e do Estado de São Paulo (2010).

Para atingir os objetivos da pesquisa, e focar no objeto da investigação, o trabalho de pesquisa começou por perguntar a seguinte questão principal:

- ✓ *Que experiências um professor de Matemática do Ensino Fundamental deve vivenciar em sua formação continuada para selecionar e dirigir situações de aprendizagem com vistas a desenvolver o raciocínio combinatório de seus alunos, por meio da proposição de problemas de contagem, de modo a compreender as dificuldades que os alunos enfrentam na resolução destes problemas e para ajudá-los a superar essas dificuldades e, também atender às orientações presentes no Currículo do Estado de São Paulo (2010)?*

Prosseguindo com os objetivos da pesquisa, o autor se propôs a responder às seguintes questões específicas, as quais sustentam respostas à questão principal:

- ✓ *Quais são as inovações propostas pelos Parâmetros Curriculares Nacionais (1998) e pelo atual Currículo do Estado de São Paulo (2010) para os processos de ensino e de aprendizagem de conceitos relativos a Problemas de Contagem, com alunos do Ensino Fundamental?*

- ✓ *Quais são os conhecimentos dos professores a respeito da resolução de Problemas de Contagem, e suas concepções sobre o desenvolvimento desse tema no Ensino Fundamental?*

- ✓ *Uma sequência de atividades que explore a resolução de Problemas de Contagem, sem a utilização de fórmulas, pode favorecer a ressignificação dos conhecimentos dos professores, sob os pontos de vista do conteúdo, didático e curricular, de noções relativas a esse tema?*

Assim, foram analisadas as inovações propostas pelos autores dos Parâmetros Curriculares Nacionais (PCN), presentes em Brasil (1997, 1998, 1999), e dos Currículos do Município de São Paulo (2007) e do Estado de São Paulo (2010) no tocante ao ensino e à aprendizagem de problemas de contagem, bem como em relação às preconcepções dos professores (sujeitos da pesquisa) a respeito desse tema.

E, em prosseguimento, a pesquisa se propôs a empreender análises relacionadas com as concepções e crenças que os sujeitos da pesquisa tinham, após o desenvolvimento da sequência didática empreendida pelo grupo.

A opção pela análise do documento curricular da Secretaria de Educação do Estado de São Paulo (2010) decorreu do fato de que os professores (sujeitos da pesquisa) estavam, em 2011, incumbidos de implementar em suas aulas as recomendações do Currículo de São Paulo (2010), cuja proposta, por sua vez, está fundamentada nas indicações apresentadas pelos autores dos PCN, em Brasil (1997, 1998, 1999).

Ademais, considerando que o Município de São Paulo já havia implementado o seu novo currículo desde o ano de 2007 – fundamentado, também, nas indicações apresentadas pelos autores dos PCN, em Brasil (1997, 1998, 1999) - com a indicação para a inserção de problemas de contagem nos anos finais do ensino fundamental, analisamos os pontos principais dessa inserção e as orientações propostas para o desenvolvimento desses conteúdos com alunos desse segmento de ensino.

Em outras partes do livro, o conteúdo é fruto das inúmeras experiências que o autor teve oportunidade de desenvolver e compartilhar com seus alunos, em turmas regulares do Ensino Fundamental, do Ensino Médio e da EJA – Educação de Jovens e Adultas, em um colégio pertencente à Rede Federal de Ensino da Educação Básica, do Ministério da Educação.
Igualmente, o livro também é fruto dos muitos minicursos e oficinas que o autor ministrou para professores em formação continuada, que atuavam em turmas da Educação Básica lecionando Matemática; em minicursos e disciplinas regulares para alunos em formação inicial dos cursos de Licenciatura em Matemática; em minicursos para alunos em formação inicial em cursos de licenciatura em Pedagogia, e em disciplinas regulares para professores em um curso de especialização em Educação Matemática.

O livro segue a seguinte apresentação:

O Capítulo 1 – **Um pouco de história da Análise Combinatória e noções básicas de Probabilidade** apresenta um breve relato do surgimento das ideias iniciais acerca de jogos de azar - que deram origem às noções de probabilidade, e estas às de análise combinatória -, situando a importância dessas duas temáticas nos dias de hoje. Complementa o capítulo, o desenvolvimento de ideias intuitivas básicas acerca da noção de *probabilidade frequentista* e a definição clássica de probabilidade segundo Blaise Pascal (1623-1662) e Pierre de Fermat (1601-1665), e alguns resultados básicos derivados da definição, bem como exemplos de problemas básicos de probabilidade e a proposição de outros. Ao longo de todo o texto há a proposição de alguns problemas que envolvem conteúdos de probabilidade e combinatória, de maneira que o leitor-professor certifique-se da viabilidade de esses conteúdos serem tratados em conjunto, nos capítulos seguintes.

No Capítulo 2 – **O que dizem os Parâmetros Curriculares Nacionais (PCN) e a Base Nacional Curricular Comum (BNCC) acerca do ensino de Análise Combinatória e Probabilidade na Educação Básica?** apresenta-se brevemente algumas orientações contidas nos Parâmetros Curriculares Nacionais (PCN), no documento provisório da Base Nacional Curricular Comum (BNCC), e em outros documentos oficiais, concernentes ao ensino e a aprendizagem de problemas de contagem (ideias básicas de análise combinatória) e probabilidade, com alunos do Ensino Básico.

O Capítulo 3 – **O que dizem as pesquisas acerca do ensino de problemas de contagem na Educação Básica?** apresenta aspectos relacionados ao ensino e à aprendizagem de problemas de contagem com alunos da Educação Básica à luz de experiências que o autor vivenciou, quando realizou pesquisas relacionadas à temática, com professores e com alunos, considerando as orientações apresentadas pelos autores dos PCN, em Brasil (1997, 1998). Também apresenta um resumo, que contém os resultados e considerações finais de pesquisas desenvolvidas por outros pesquisadores concernentes ao ensino e à aprendizagem de combinatória, com alunos da educação básica e com professores que atuam neste segmento de ensino.

O Capítulo 4 – **O Raciocínio Combinatório, o Princípio Multiplicativo e o Princípio Aditivo – ferramentas básicas para o ensino de Análise Combinatória** apresenta questões relacionadas com a apropriação, desenvolvimento e exercício do raciocínio combinatório, o qual precisa ser estruturado e aplicado, tanto por professores quanto por alunos da educação básica e estudantes de cursos superiores destinados à formação inicial de professores que irão ensinar matemática na educação básica - quando da resolução de problemas de contagem por meio de diferentes técnicas de contagem.

O Capítulo 5 – **Permutações Simples** apresenta questões relacionadas com a apropriação, desenvolvimento, identificação e o exercício do conceito de permutações simples na resolução de problemas de contagem.

O Capítulo 6 – **Combinações Simples** apresenta questões relacionadas com a apropriação, desenvolvimento, identificação e o exercício do conceito de combinações simples na resolução de problemas de contagem.

O Capítulo 7 – **Permutações entre objetos de um conjunto que não tem todos os objetos distintos entre si - pelo menos dois elementos do conjunto estão repetidos (ou considerados "iguais")** apresenta questões relacionadas com a apropriação, desenvolvimento, identificação e o exercício do conceito de permutações com repetição na resolução de problemas de contagem.

No Capítulo 8 – **Problemas de geometria que podem ser resolvidos pela aplicação de conceitos básicos de Análise Combinatória** são apresentados exemplos e propostos problemas de geometria (plana ou espacial) cuja resolução pode ser encaminhada via utilização de conceitos de permutações simples, combinações simples e o exercício do raciocínio combinatório, em conjunto com os princípios multiplicativo e aditivo.

O Capítulo 9 – **Considerações finais** apresenta uma síntese das questões tratadas ao longo de todo o livro, levando em conta a importância de o professor fazer reflexões, pessoais e coletivas, acerca da dimensão e importância que o seu trabalho em sala de aula alcança quando oportuniza que os seus alunos se apropriem do raciocínio combinatório e o exercício dele, com frequência, enquanto, professor e aluno, se debruçam para resolverem diferenciados problemas de contagem. Ao longo da apresentação dos exemplos de problemas de contagem são discutidas questões que merecem reflexões pessoais e coletivas - tanto por parte dos professores quanto por parte dos alunos -, com o propósito de favorecer a apropriação de conceitos, procedimentos e estratégias de resolução de problemas de contagem.

Com a consecução das sugestões apresentadas ao longo do texto, o professor estará contribuindo, de maneira efetiva, para a consolidação dos conhecimentos básicos de seus alunos e presentes no conteúdo análise combinatória, independentemente do ano escolar que os alunos estejam cursando.

Por sua vez, esses conhecimentos básicos terão reflexos expressivos, mais adiante, para consolidar a experiência com a tomada de decisões, ao longo do estudo de outros conteúdos da Matemática, bem como na vida pessoal de cada um dos seus alunos.

Considerando tudo o que foi escrito até aqui, o autor espera que todos os professores passem a contar com alunos mais críticos e questionadores, prontos para tomar decisões que estejam ao alcance de cada um. E, portanto, espera que formem alunos mais bem preparados para resolver outros problemas da Matemática, e não apenas que os alunos estejam preparados para resolver problemas de contagem e probabilidade.

Em complementação são apresentadas sugestões para o professor refletir sobre a sua prática e na prática relativamente aos conhecimentos de conteúdo, conhecimentos pedagógicos de conteúdo (procedimentos e estratégias suficientes para a abordagem da temática) e conhecimentos curriculares (como a temática deve ser inserida no planejamento das atividades). Por sua vez, esses conhecimentos estão imbricados entre si com o propósito de estabelecer e selecionar tarefas que visem melhorar o ensino e a aprendizagem dos conceitos básicos de análise combinatória com alunos da educação básica.

O autor espera que o professor reflita a respeito das sugestões pedagógicas que são sugeridas encaminhar, e compreenda que elas levam, de fato, à compreensão dos conceitos, procedimentos e estratégias de resolução relativos aos conceitos básicos de análise combinatória e probabilidade.

Por sua vez, espera-se que elas favoreçam o encaminhamento da resolução de problemas de contagem junto com os conceitos, procedimentos e estratégias próprios à resolução dos problemas propostos - tanto por alunos, quanto por professores e leitores.

Ademais, também é importante que o professor não esqueça de considerar as sugestões apresentadas pelo autor, ao longo de todo o livro.

Elas foram escritas com o propósito de tornar adequado e efetivo o ensino e a aprendizagem de problemas de contagem e probabilidade, segundo pertinentes pressupostos pedagógicos - que os quais são apresentados ao longo de todo o texto.

Igualmente, são discutidas questões que levam em conta diversas sugestões e considerações apresentadas em todo o livro, com o propósito de ampliar a visão conceitual acerca das temáticas exploradas.

Por sua vez, estas considerações estão diretamente relacionadas com o propósito de atingir alcance maior com respeito à ampliação conceitual acerca da temática, qual seja, a de contribuir para aprofundar e melhorar aspectos relacionados ao ensino e à aprendizagem de análise combinatória e probabilidade com alunos da educação básica.

O autor espera que o livro oportunize o leitor à agradável experiência de encontrar condições suficientes para conhecer, compreender e se apropriar dos conceitos básicos de análise combinatória que o permitam resolver com desenvoltura os problemas de contagem que são propostos ao longo do texto e os presentes em outras publicações.

Por detrás deste propósito tal esperança também tem o subjacente desejo do autor de o livro ser um instrumento capaz de desmitificar uma crença geral, segundo a qual tanto a análise combinatória quanto a probabilidade são conteúdos difíceis para ensinar e para aprender.
Resultados de pesquisas e experiências didáticas vivenciadas pelo autor dão conta que a compreensão de conceitos de análise combinatória e probabilidade relacionados com a resolução de problemas de contagem exigem de cada um atitudes efetivas e decisivas, tanto de quem está ensinando quanto de quem está aprendendo, dentre as quais o autor destaca as seguintes:

- Ler atentamente o enunciado de um problema de contagem de maneira a estabelecer quais objetos devem ser considerados e quais características terão de ser consideradas com esses objetos de modo a formar os agrupamentos-solução, bem como acerca dos conceitos que precisam ser identificados por detrás do texto do enunciado do problema a ser resolvido;

- Fazer uso, frequente e recorrente, do raciocínio combinatório, e de modo adequado, com vistas a encaminhar a resolução do problema de contagem que está sendo resolvido;

- A importância de o leitor julgar que seja conveniente ou não, talvez, necessário, gerar ao menos um agrupamento-solução, de modo que possa avaliar suas características construtivas. Em prosseguimento, identificar quais características todos os demais agrupamentos-solução devem atender, de modo a poder definir qual deverá ser a escolha acerca do encaminhamento a ser dado para a resolução do problema de contagem, segundo o seu ponto de vista, seu entendimento, e, se considerar necessário, repartir a resolução de modo que tenha clareza acerca de como deve proceder para computar todas as possibilidades;

- A importância de o leitor verificar se a troca de entre objetos pertencentes a um agrupamento-solução gera ou não um novo agrupamento-solução, com o propósito de definir a estratégia a encaminhar para resolver o problema de contagem;

- A importância de refletir acerca da necessidade de fazer o rascunho de uma representação gráfica (possivelmente, construir parte de uma árvore de possibilidades, por exemplo,) de modo a estabelecer a estratégia de resolução que considere adequada, segundo o seu ponto de vista, com o propósito de dar conta de contabilizar todos os agrupamentos-solução (todas as possibilidades) que atendem à solução do problema em questão;

- A necessidade de refletir acerca de qual estratégia e quais ferramentas combinatórias e procedimentos devem ser utilizadas para encaminhar a resolução de um problema de contagem, com o propósito de considerá-las como adequadas e efetivas para o particular problema que está resolvendo;

- A importância de o leitor refletir acerca do fato de não haver necessidade de sempre ter de lançar mão de uma fórmula para obter a solução de um problema de contagem. E, também, refletir acerca de possíveis inconveniências que a decisão de fazer uso de uma fórmula pode vir a acarretar, quando lança mão desse expediente, desnecessário, quase sempre. Ademais quando, mais adiante, chega à conclusão de que não tem certeza quanto ao resultado obtido via o uso da fórmula, e não sabe o que fazer para sair desse impasse.

Outrossim, o autor salienta que todas as considerações e sugestões, presentes em todas as partes do livro, expressam os seus conhecimentos, experiência docente e interpretação a respeito de aspectos diretamente relacionados com as seguintes questões:

- ✓ O que ensinar?
- ✓ Por que ensinar? e
- ✓ Como ensinar?

Tais perguntas, com respeito à resolução de problemas de contagem (problemas básicos de análise combinatória) precisam, naturalmente, ser respondidas por pesquisadores, autores e professores.

Ainda mais: elas retratam a experiência docente do autor com a temática por mais de três décadas de prática pedagógica, tomando como referencial teórico as leituras que fez de artigos que relatam resultados de pesquisas que trataram de questões relacionadas às temáticas em questão, bem como os resultados de pesquisas realizadas sob a sua orientação, com alunos da educação básica e com professores que trabalham neste segmento.

O livro também apresenta considerações que dizem respeito à formação inicial de futuros professores que irão ensinar matemática na educação básica - estudantes das licenciaturas em Matemática e em Pedagogia -, no que refere aos conceitos, conteúdo e conhecimentos pedagógicos Todos, em conjunto, necessários para que o professor desenvolva atividades básicas de análise combinatória e probabilidade com alunos deste segmento de ensino.

O autor espera que a obra constitua-se de um livro de cabeceira para os leitores, e os professores de matemática. Também, que se estabeleça uma parceria constante e duradoura que contribua, de modo significativo para melhorar o ensino e a aprendizagem de análise combinatória e probabilidade que será oferecido aos alunos da educação básica e aos estudantes dos cursos de formação inicial de professores.

Uma preocupação pedagógica que acompanha o autor, por muitos anos, está relacionada à fragmentada formação de professores que ensinam matemática na educação básica. Principalmente no que concerne ao domínio dos conhecimentos de conteúdo e os conhecimentos pedagógicos de conteúdo, por se tratarem de questões que estão relacionadas diretamente aos conhecimentos básicos considerados indispensáveis ao exercício da docência de um professor de matemática, tanto na escola básica quanto no ensino superior.

Sem o pleno domínio desses conhecimentos, pelo professor, o ensino da Matemática perde em qualidade, pois não oportuniza que os alunos exercitem adequadamente o pensamento matemático; não oferece condições para que os alunos se preparem para questionar, ousar, levantar conjecturas, e arrisquem-se a generalizar conceitos, possivelmente em outros contextos.
O ensino da Matemática não pode se resumir a cálculos e a aplicação de fórmulas, sem sentido, pois desse modo ele se torna burocrático, repetitivo, sem atrativos, fica empobrecido sob todas as vertentes cognitivas, dentre as quais destaca-se a criatividade.

De modo geral, o professor de matemática chega ao mercado de trabalho docente despreparado e com lacunas na formação inicial.

E, infelizmente, é justamente nos primeiros anos de trabalho que o professor novato exerce a docência, sem a ajuda próxima dos mais experientes.

Assim, se aprofundam lacunas derivadas da formação inicial e outras novas surgem - não apenas às que referem a conhecimentos de conteúdo, mas em relação a conhecimentos pedagógicos de conteúdo, conhecimentos curriculares e conhecimentos acerca do domínio e uso de tecnologias - para a sala de aula, em sala de aula ou com o propósito de melhorar a sua formação acadêmica.
O inadequado uso das tecnologias ou a falta delas, no ambiente da docência, têm acarretado grande impacto no dia a dia do trabalho docente tanto dos professores quanto dos alunos.
Assim, ou o professor não está preparado para os novos (nem tão novos, assim) desafios de saber utilizar a tecnologia para ensinar ou no tocante ao quantitativo de equipamentos disponíveis para uso, pelos alunos e por ele próprio, não está havendo compatibilidade, em muitos casos. Portanto, nesse caso, a instituição não tem o suficiente número de equipamentos para que o professor realize o seu trabalho de modo satisfatório.

Não obstante os avanços alcançados nas áreas de software e hardware, e na disponibilidade de novas tecnologias, como os aplicativos, por exemplo, o autor considera que é preciso avançar ainda mais, considerando a sua relevância para melhorar a qualidade do ensino que deve ser oferecido aos alunos pelos professores.

É preciso que todos os que trabalham com formação de professores façam esforços para ultrapassar os *hiatos* que ainda existem entre a formação de um professor nas universidades, e a efetiva prática docente que ele terá de enfrentar nas diferentes realidades educacionais presentes no ensino básico.

Muitas vezes esses *hiatos* são frutos da falta de experiência dos docentes responsáveis pela formação dos professores, nos cursos de licenciaturas de nível superior, em relação ao que acontece com a prática docente no dia a dia das classes do ensino básico.

O que se vê nos dias de hoje são formadores de futuros professores que irão ensinar matemática para o ensino básico que nunca saíram do seio dos institutos de formação em carreiras pedagógicas nas universidades, uma vez que, em sua maioria, esses professores formadores concluem a graduação, mestrado e doutorado e lecionam nas universidades sem nunca terem tido qualquer experiência (ou pouca) com turmas da escola básica - mesmo por curto período de tempo que seja.

Ora, como ensinar a alguém que se prepara para ser professor de crianças e jovens se quem ensina nunca teve experiência de sala de aula com alunos reais: crianças e jovens?

Por outro lado, pouco se vê de esforço dos professores formadores de futuros professores para se chegarem à escola básica de modo a conhecê-la na prática, no seu dia a dia escolar.

Preferem, em muitos casos, ouvir o relato de estudantes em estágio supervisionado ou de alunos de pós-graduação - os quais trazem-lhes dados de uma ou outra experiência objeto da pesquisa que estão realizando para atender, unicamente, aos seus pessoais interesses acadêmicos de escrever um ou outro artigo científico ou para encaminhar a orientação de trabalhos de conclusão de curso(s).

De modo geral, tem-se professores formadores de futuros professores da escola básica que se sentaram em bancos escolares do ensino básico, junto com os alunos deste segmento de ensino, apenas quando eles próprios também eram estudantes, muitos anos antes.

Desse modo constata-se, em muitos casos, Brasil afora, uma formação inicial ou continuada de professores que evidencia apenas aspectos formativos teóricos, transmitidos por professores de prática de ensino ou por professores responsáveis por estágios de estudantes das licenciaturas, que em momento algum do seu trabalho formativo experimentaram lecionar para alunos da escola básica.

Professores que conheçam de fato o cotidiano de ao menos uma escola básica, e as dificuldades que os professores que lá lecionam enfrentam, e os avanços obtidos pelos seus alunos.

Ademais, embora tenha havido mudanças significativas nos cursos de Licenciatura após 2002, devido às novas diretrizes formativas, julgamos importante que as instituições formadoras de professores avaliem o pouco tempo que o licenciando experimenta com os professores e os alunos da Educação Básica, em sala de aula.

Tal avaliação precisa ser feita em diferentes escolas e colégios, públicas e privadas, em diferentes realidades educacionais, considerando a necessidade de melhorar o ensino da Matemática que é oferecido Brasil afora, e a premência com que a sociedade clama sejam feitas melhorias. Tal clamor não ocorre, apenas, nos dias de hoje, mas de a muito tempo.

Toda essa realidade é fruto da "*enorme distância acadêmica*" que ainda perdura entre as universidades (e faculdades) e as escolas (e colégios) no tocante às práticas pedagógicas, ditadas pelos primeiros e realizadas pelos outros.

O autor entende que um licenciando de matemática ou de pedagogia não pode ser um agente passivo que apenas assiste às aulas de professores da escola básica.

Em alguns casos, o licenciando faz algumas poucas anotações acerca da prática que observou e ao final de cada aula assistida logo se apressa em cercar o professor para que este ateste sua presença física à aula. Há casos em que o licenciando sequer lembra o que foi ensinado na aula que "assistiu" (a qual esteve presente, apenas fisicamente).

Tal prática, ainda reinante, e muito, nos dias de hoje, atende apenas à necessidade de o licenciando computar parte da carga horária de estágio obrigatório. É preciso repensar se tal prática pode/deve se configurar como estágio, uma vez que estágio supervisionado por certo que não é. Quando muito, trata-se de atestar a presença física em uma sala de aula da escola básica.
É preciso que os estudantes de licenciatura engajem-se nos projetos, atividades e parcerias que existem na escola básica - frutos de um projeto político pedagógico que foi discutido e normatizado pelo conjunto de professores, pais, alunos e comunidade escolar da escola/colégio, à qual ele chega agora para conhecer, aprender e, espera-se, também possa vir a contribuir.
Assim, a sua participação tem o propósito de permitir que aproprie-se de conhecimentos de conteúdo e conhecimentos pedagógicos de conteúdo suficientes para ampliar a visão que ele precisa ter acerca da escola e do trabalho que ali é realizado pelos professores, bem como que a experiência sirva para que reflita acerca da sua futura prática docente.

O que mais preocupa o autor, nos dias de hoje, é que os professores têm sido absorvidos pelo mercado de trabalho sem que uma seleção adequada seja feita. Talvez, por conta da recorrente falta de professores de matemática no mercado de trabalho.

Em parte, a falta de professores é fruto do pequeno número de formandos e do considerável aumento no número de alunos na educação básica nos últimos anos (este último, configura um dado estatístico significativo e louvável).

Como tal, esse significativo aumento no quantitativo de estudantes que estão na educação básica precisa ser incentivado e apoiado, sempre. O lugar de crianças e jovens é na escola/colégio.
Tais dados estatísticos são significativos, merecedores de reflexões profundas por toda a sociedade, pois por um lado cria oportunidades para que um maior número de crianças e jovens ingressem no ensino básico.

Por outro lado, lança luz para a necessidade de avaliar e repensar as políticas públicas voltadas para a educação, no sentido de alertar que é preciso oferecer mais vagas para os estudantes da escola básica e, também, que é preciso melhorar as condições para o trabalho dos professores.
Mas, por outro lado, as políticas públicas também têm de reconhecer a existência de um número muito pequeno de formandos nas licenciaturas em matemática, insuficientes para atender essa crescente demanda de mais vagas na escola básica.

Mais ainda, precisam reconhecer o diminuto quantitativo de professores de matemática que têm sido formados e, também, acerca da grande parcela, dentre os poucos professores que se formam, que chegam ao mercado de trabalho e não estão preparados para lecionar.

A formação de professores têm deixado consideráveis lacunas de conhecimentos, próprios à docência, e merecedoras de reflexões, discussões e análises, com o firme propósito de reverter esse preocupante quadro.

Por conta de tudo o que foi exposto até aqui, o autor lança uma pergunta aos leitores para reflexões (pessoais e coletivas):

- Quantos alunos de licenciatura em matemática têm oportunidade de estudar combinatória e probabilidade, em uma ou mais disciplinas, durante o curso de formação inicial, nas universidades ou faculdades, no tocante à apropriação de conhecimentos de conteúdo e conhecimentos pedagógicos de conteúdo, suficientes para que, quando formados e inseridos no mercado de trabalho, em turmas regulares, estejam preparados para selecionar e dirigir situações de aprendizagem com alunos da educação básica de modo a compreenderem as dificuldades que eles enfrentam para resolver problemas de contagem e ajudá-los a superar tais dificuldades?

O autor não está, aqui, levantando discussões a respeito de quais conteúdos devem ou não ser ensinados nos cursos de licenciatura em matemática, embora considere que essa questão também precisa voltar a ser rediscutida em fóruns apropriados (pois, ela já sendo feita, mas de maneira tímida).

A questão a ser colocada é o fato de, uma vez que a disciplina combinatória e probabilidade, obrigatória ou não, seja ofertada aos alunos de um curso de licenciatura em matemática, é preciso refletir e discutir ao longo das aulas, propostas que levem em conta aspectos pedagógicos (já apontados aqui, e outros que serão levantados, em seguida) à luz de documentos oficiais e em análises de resultados de pesquisas, presentes em artigos científicos, relatórios, dissertações de mestrado e teses de doutorado, tais como:

- ✓ Quais conteúdos de combinatória (problemas de contagem) e probabilidade devem ser ensinados aos alunos da educação básica, em cada um dos 2(dois) segmentos de ensino?
- ✓ Como ensinar combinatória e probabilidade, em distintas abordagens, nos 2(dois) segmentos de ensino: fundamental e médio?
- ✓ Quais atividades, relacionadas aos conteúdos de combinatória e probabilidade, podem ser propostas aos alunos da educação básica, e em quais momentos elas podem/devem ser apresentadas?
- ✓ É possível ensinar combinatória e probabilidade aos alunos da educação básica, tal qual foi/tem sido aprendido pelos professores, nos cursos de formação inicial de professores?
- ✓ Quais abordagens pedagógicas devem ser consideradas ao ensinar combinatória e probabilidade aos alunos da educação básica?
- ✓ Quais propósitos devem caracterizar o ensino de combinatória e probabilidade para alunos da educação básica?

- ✓ Quais conhecimentos são necessários ao professor para ensinar combinatória e probabilidade para alunos do ensino fundamental?

- ✓ Quais conhecimentos são necessários ao professor para ensinar combinatória e probabilidade para alunos do ensino médio?

Igualmente, será preciso avaliar como se dá a formação inicial de um professor de matemática no que refere às condições e ferramentas pedagógicas desejáveis para encaminhar e mediar discussões que dizem respeito ao ensino e à aprendizagem das temáticas combinatória e probabilidade.

Não é recomendável que o professor da disciplina combinatória e probabilidade, na Universidade (ou faculdade), fomente apenas reflexões a respeito do objeto matemático (conteúdos matemáticos subjacentes aos conceitos, proposição e resolução de exercícios), pois é preciso também discutir a respeito de como ensinar, a quem ensinar e porque ensinar.

São questões importantes que precisam ser discutidas no seio dos cursos de formação inicial de professores e, também, nos fóruns próprios das *Licenciaturas em Matemática*.

Mais uma vez, o autor pede a atenção do leitor no sentido de refletir acerca dos propósitos formativos de um professor e sobre as diversas questões pedagógicas que serão colocadas ao longo de todo o livro, pois elas se configuram como saberes necessários ao professor para ensinar problemas de contagem e probabilidade para os alunos do ensino básico.

Também se configura como um dos propósitos do autor que as questões lançadas no livro favoreçam discussões relacionadas com a apropriação de conhecimentos de conteúdo, conhecimentos pedagógicos de conteúdo e conhecimentos curriculares – todos, saberes necessários à prática docente.

O autor espera que as discussões e reflexões não se restrinjam, apenas, às discussões relativas ao saber dos conteúdos, como as estratégias de resolução e técnicas de contagem necessárias ao ensino e à resolução de diversos tipos de problemas de contagem e probabilidade.

Por fim, o autor pede a atenção dos leitores quanto à necessidade de estimular discussões e reflexões em relação ao olhar diferenciado que precisa ser direcionado à questão da formação

continuada de professores que ensinam matemática para alunos da educação básica.
Tal recomendação decorre da necessidade de o professor estar constantemente em contato com os seus pares no sentido de que, junto com eles, se prepare para os desafios que requerem envidar esforços no sentido de melhorar a sua prática, na prática.

É preciso que tais reflexões sejam feitas, rotineiramente, sob o olhar investigativo e diligente de tal modo que o professor compreenda a necessidade de estar sempre estudando e aprendendo com a sua prática e na prática, pois só assim o seu trabalho docente irá contribuir, de modo efetivo, para a melhoria do ensino e da aprendizagem da Matemática na educação básica.

Uma preocupação recorrente do autor está relacionada à necessidade de, em reuniões com professores, colocar em discussão questões pedagógicas importantes, como as sugeridas a seguir, e outras que os professores também julguem serem importantes, e não estejam apontadas aqui:

- *O professor precisa, constantemente, estar estudando e aprendendo;*

- *Igualmente, o professor precisa reaprender a aprender, hoje e sempre, acerca das diferentes maneiras como deve ensinar seu aluno a pensar, refletir e se apropriar de novos conhecimentos, conteúdos, procedimentos e estratégias de resolução de problemas, com o propósito de permitir que o estudante seja partícipe efetivo da sua própria aprendizagem;*

- *Procedendo dessa maneira o professor estará contribuindo para que os conhecimentos apropriados pelo aluno não sejam por ele esquecidos segundo as experiências pessoais e coletivas que ele pode vivenciar, por conta de discussões crítico-reflexivas que sejam travadas com os seus colegas em sala de aula, e mediadas pelo professor, bem como por meio das leituras que tenham sido indicadas e feitas;*

- *Resultados de pesquisas têm mostrado que o aluno aprende mais e melhor quando lê, reflete, discute, faz, exercita, experimenta e defende seus pontos de vista se comparados aos momentos e situações em que apenas ouve e vê o que outros fazem (tal como foi feito e falado pelo seu professor) e faz reproduções/imitações próximas àquilo que lembra sem que sinta necessidade e se preocupe em fazer*

> *reflexões acerca daquilo que vai fazer (está fazendo), escrever (está escrevendo) ou responder (está respondendo).*

Nos dias de hoje não há mais espaço para o ensino tradicional da matemática que se baseia na apresentação oral do conteúdo pelo professor, por meio de definições, propriedades, resultados, teoremas, demonstrações e exemplos, seguidos de exercícios de fixação e aplicação, pois tal prática pressupõe que o aluno aprende por reprodução/imitação.

Assim, quando do ensino tradicional cada vez que o aluno fizesse a reprodução de um exercício ou de uma demonstração tal qual (ou bastante próxima) àquele(a) que foi apresentado(a) pelo professor, em sala de aula, esta reprodução era considerada como correta (por vezes, até recebia valoração máxima, com louvor), apenas pela lembrança de como o professor havia feito algo similar em sala de aula - como assim deveria ser, mediante os pressupostos para este tipo de avaliação.

Com essa prática, aos olhos de um professor avaliador uma reprodução/imitação que fosse apresentada à ele para avaliar tal qual ele mesmo assim a fizesse, parecia-lhe evidente que o aluno sabia o conteúdo que estava em avaliação.

Por outro lado, se o aluno não lembrasse como deveria fazer, tal qual o professor fizera em sala de aula, por exemplo, para o avaliador ficava a evidência que ele pouco ou nada sabia, ou então que ele não tinha estudado a contento.

A conclusão acerca de o aluno não ter estudado a contento, possivelmente feita pelo professor avaliador, como se sabe, pode não ser verdade, pois nesta situação de avaliação tampouco ele houvera dado a oportunidade de o aluno ter mostrado que ele sabia alguma coisa, ou não.
Reforçando, nos dias de hoje tal prática está totalmente ultrapassada e esta posição é corroborada por diversos educadores, como os autores dos PCN, por exemplo, em Brasil (1997), conforme se pode constatar pela citação a seguir:

> [...] Essa prática de ensino mostrou-se ineficaz, pois a reprodução correta poderia ser apenas uma simples indicação de que o aluno aprendeu a reproduzir, mas não apreendeu o conteúdo. É relativamente recente, na história da Didática, a atenção ao fato de que o aluno é agente da construção do seu conhecimento, pelas conexões que estabelece com seu

> conhecimento prévio num contexto de resolução de problemas. Naturalmente, à medida que se redefine o papel do aluno perante o saber, é preciso redimensionar também o papel do professor que ensina Matemática no ensino fundamental (BRASIL, 1997, p. 39-40).

Em prosseguimento, levanta-se algumas questões para a reflexão dos leitores por conta de o autor acreditar que elas podem explicar o porquê do ensino básico da Matemática encontrar-se tal como está, a saber:

- Quantos professores da educação básica em nosso país não têm tempo (talvez, dinheiro) para ler um livro?
- Quantos professores da educação básica não têm acesso e tempo para ler um artigo científico?
- Quantos professores da educação básica não têm tempo (talvez, dinheiro) para participar de encontros de formação continuada?
- Há ofertas de formações continuadas próximas aos locais de trabalho de todos os professores da educação básica? Ou se penaliza alguns professores a viajar por 200 ou mais quilômetros para se aperfeiçoarem (por vezes à noite, chegando tarde em casa, para trabalhar cedo no dia seguinte)?
- A escolha de um livro texto, quando feita no coletivo, é precedida de momentos de reflexões pessoais e coletivas pelos professores?
- Quais critérios são levados em conta pelos professores para a escolha do livro didático em uma escola/colégio?
- Questões pertinentes ao conhecimento de conteúdo, conhecimentos pedagógicos de conteúdo, conhecimentos curriculares e conhecimentos de tecnologias fazem parte das reflexões coletivas dos professores, nos momentos que antecedem o início de cada ano letivo e/ou durante a prática docente no dia a dia?
- Os professores conversam entre si acerca de tal ou qual metodologia mostra-se adequada para este ou aquele conteúdo, e acerca da escolha e o desenvolvimento de jogos e atividades?

É preciso que os dirigentes educacionais reservem mais tempo durante os períodos de planejamento escolar para o professor ter mais oportunidades para estudar, refletir e aprender com os seus pares, de maneira a aprofundar e trocar conhecimentos de conteúdo e pedagógicos

de conteúdo concernentes à disciplina/ano que ministra aulas.
É sabido que uma máquina precisa parar para fazer manutenções periódicas, necessárias de tempos em tempos. Assim também deve ser o trabalho do professor, pois é preciso que ao menos 2(duas) vezes por ano o professor faça paradas para refletir sobre a sua prática docente em conjunto com os seus pares.

Ou seja, é preciso oxigenar a prática docente dos professores.
Só assim será possível discutir e empreender novas ideias, as quais podem se tornar realidade por meio de práticas que contribuam para melhorar a qualidade do ensino.

De tal sorte, tais ideias também precisam ser constantemente oportunizadas aos alunos para, em seguida, após serem testadas, serem avaliadas pelo professor e seus pares.

Ao disponibilizar esta obra para avaliação, críticas e sugestões, o autor espera que ela oportunize ao professor constantes momentos de reflexões com respeito à importância e à necessidade que ele deve emprestar no sentido de se empenhar, sempre, na tarefa de procurar meios que visem melhorar a sua formação docente.

Melhorias, tanto no que diz respeito ao seu papel de educador - relativamente aos aspectos didáticos e pedagógicos - quanto em relação ao seu importante papel na sociedade enquanto professor.

O autor entende que o trabalho do professor precisa ser respeitado pela sociedade mas, igualmente, o professor precisa se empenhar no sentido de fazer-se respeitar.

Assim, não cabe mais ao professor ficar calado, diante de afirmações tal qual a que aponta que "*o magistério é um sacerdócio*".

Não, o magistério não é um sacerdócio!

É sim, mais que nunca, uma escolha profissional.
E como tal, o trabalho do professor precisa ser respeitado e valorizado, como é feito em relação a outras profissões, como as de médico e dentista, por exemplo.

O profissional escolheu ser professor, seguir a carreira docente, e deve lutar para que a sociedade respeite a sua escolha e o seu trabalho.

Parece-nos que muitas são as pessoas que sempre se acham no *direito de dizer o que o professor deve ou não fazer*. Que podem opinar acerca do seu trabalho, sobre a maneira como ensina, ou sobre como encaminha as suas atividades docentes.

Não respeitam o tempo e a dedicação do professor para se formar, se qualificar e para produzir, conforme preceitos próprios à carreira docente.

Mas, para que isso não ocorra, que não haja interferência no seu trabalho docente, o professor precisa se valorizar.

O professor precisa se preparar para o ofício de saber ensinar. Também precisa, aprender a ensinar.

A esse respeito, assim se manifesta Paulo Freire (2013):

> Não há ensino sem pesquisa e pesquisa se ensino. Esses quefazeres se encontram um no corpo do outro. Enquanto ensino continuo buscando, reprocurando. Ensino porque busco, porque indaguei, porque indago e m indago. Pesquiso para constatar, constando, intervenho, intervindo educo e me educo. Pesquiso para conhecer o que ainda não conheço e comunicar ou anunciar a novidade.
>
> [...] Pensar certo do ponto de vista do professor, tanto implica o respeito ao senso comum no processo de sua necessária superação quanto o respeito e o estímulo à capacidade criadora do educando. Implica o compromisso da educadora com a consciência crítica do educando, cuja "promoção" d ingenuidade não se faz automaticamente (FREIRE, 2013, p. 30-31).

O autor espera que a obra ajude o professor a refletir acerca da importância de ser preciso que empreste à sua formação continuada docente momentos de reflexão e estudo, de modo que assim se prepare, adequadamente, para enfrentar os desafios de lecionar matemática nos dias de

hoje frente às novas tecnologias disponíveis.
O professor terá de conhecer, dominar e fazer uso de tecnologias - tanto para melhorar o seu aprendizado pessoal quanto para ensinar a seus alunos, desde os anos iniciais do Ensino Fundamental.

Sendo assim, o autor espera que este livro seja um grande aliado do professor.
O autor espera que o professor tenha este livro como o seu livro de cabeceira (e de bolso), e sempre conte com ele para fazer reflexões pessoais e coletivas, com os seus pares.

Igualmente, espera que este livro se configure em ajuda constante para a formação do professor mesmo quando ele não esteja lecionando os conteúdos de combinatória e probabilidade com os seus alunos.

O autor espera que o professor se lembre de recorrer à leitura do livro não somente quando sentir necessidade de resolver um ou mais problemas de contagem, mas quando for preparar as suas aulas.

Para o autor, escrever esta obra constituiu-se de muitos momentos, gratificantes, importantes, significativos, de satisfação pessoal e de crescimento acadêmico.

Em todos os momentos em que se viu refletindo para escrever uma palavra, uma frase ou uma ideia, e nos momentos em que procurou traduzir aquilo que sentia por meio de palavras, o autor sentiu-se muito bem.

Uma enorme alegria e imensa satisfação pelo fato de estar contribuindo um pouco para a melhoria do ensino da Matemática, com saberes e convicções cumulados por anos de docência.

Além do mais, por sentir-se bem em repartir conhecimentos com os leitores ao lhes oportunizar conhecer, bem, todo o conteúdo de combinatória presente neste livro.

Ou seja, não são mensuráveis os muitos momentos de satisfação e alegria segundo os quais o autor sentiu necessidade de repartir os conhecimentos acumulados, por meio de palavras e números, e de contribuir com o pouco que seja para a melhoria do ensino e da aprendizagem de conteúdos da Matemática da Educação Básica, na formação inicial de futuros professores de

matemática e para a prática continuada de professores que ensinam Matemática.
Só quem passa por esses agradáveis momentos é capaz de dimensioná-los e sabe dar o devido valor que eles merecem.

Ademais, a felicidade do autor em comunicar a todos os leitores o quanto de conhecimentos pode cumular nesses muitos anos de estudo e trabalho e a satisfação de poder reparti-los com todos reveste-se de imensa alegria, tanto para a sua vida pessoal quanto para a experiência profissional. Também, cabe registrar a gratidão a tantos quanto contribuíram para que essa felicidade se tornasse realidade.

O estilo *low-profile* do autor fala por si.
O autor considera que a obra reveste-se em uma pequena parcela da imensa gratidão e retribuição que atribui a DEUS por tudo aquilo que tem dele recebido frente às conquistas pessoais e profissionais obtidas ao longo de toda a sua vida. Em especial, cabe agradecer pela fé, pela sua saúde e a de seus familiares.

Igualmente, o autor agradece aos familiares pelo estímulo que sempre emprestaram às suas iniciativas pessoais e profissionais, bem como aos professores e aos amigos por tudo o que tem recebido deles.

Com toda a certeza, sem a ajuda de cada um a obra não teria sido completada.
Em especial, cabe agradecer ao querido primo João Rua por tudo o que tem emprestado à formação acadêmica e profissional do autor, aos preceitos familiares e, também, pelo lindo e consistente prefácio conferido à obra.

Os agradecimentos configuram-se merecedores, hoje e sempre. Há enorme expectativa por parte do autor de os benefícios, motivações, ensinamentos e saberes presentes na obra tornarem-se efetivos para leitores, professores e alunos, mais cedo ou tarde, cada um no seu ritmo.

Finalizando, o autor coloca-se à disposição dos leitores para críticas e sugestões que visem tornar a comunicação das ideias e conhecimentos matemáticos mais claros, concisos e efetivos.
Desde já, o autor desculpa-se por eventuais deslizes no trato com a comunicação das ideias; no uso das palavras de modo correto; na clareza do texto; no entendimento acerca dos conceitos, e na apresentação das representações de linguagem (numéricas e gráficas).

Boa leitura a todos.

Bons estudos.

Boa formação.

Prefácio

(RE)PENSANDO A MATEMÁTICA NO ENSINO BÁSICO: continuando a reflexão.

De há muito que se denuncia o distanciamento da Universidade com relação ao Ensino Fundamental e Médio. Tem havido inúmeras tentativas, sob a forma de projetos-piloto e outros tipos de experiências que visam eliminar, ou pelo menos, minimizar essa falta de integração. O sucesso desses empreendimentos tem sido bastante relativo, embora não negligenciável.

Algumas políticas públicas têm buscado incentivar as licenciaturas nas Universidades e, indiretamente, a profissão de professor do ensino básico. Entretanto, além de pontuais, elas são muito afetadas pelos distintos contextos políticos. Ora são incentivadas ora negligenciadas. Muito ainda precisa ser feito – os salários aviltados, as precárias condições de trabalho, a desvalorização social da profissão constituem entraves ao maior sucesso dessas importantes iniciativas.

Ao mesmo tempo outras políticas públicas de valorização da ciência (e dos cientistas) nos órgãos de fomento da pesquisa (alguns participando dos incentivos tratados acima) afetam, sobremaneira, a vida acadêmica e a formação de professores nas Universidades. De fato, o ensino ainda não recebe, em nosso país, o reconhecimento acadêmico que merece ter.

As duas formas de atuação na docência (ensino superior e ensino fundamental e médio) são necessárias e têm levado a significativos progressos na ciência brasileira em interessantes momentos de retroalimentação. Mas sempre aparecem efeitos não desejados em ações que não contam com tais externalidades. As políticas de efetivo apoio à docência permanecem frágeis.
Um professor com dupla, tripla (e às vezes mais) inserções na vida profissional, com atuação nos níveis fundamental, médio e superior é problemática do ponto de vista pessoal e profissional. A sobrecarga de afazeres diversos, as múltiplas exigências, a necessidade de publicar, a participação em congressos tornam a dedicação exclusiva quase uma necessidade. Oferecer a tranquilidade para trabalhar em um ambiente único, torna a vida de qualquer profissional mais harmoniosa, menos tensa, mais produtiva. Entretanto, com isso, perde-se uma vinculação entre o ensino superior e o básico, ainda feita, na prática, por um número expressivo de profissionais.

Se levarmos em consideração outro processo (integrado aos anteriores) que, já há algum tempo vem marcando as novas gerações de universitários quando, após graduarem-se, ingressam imediatamente no mestrado e daí no doutorado e pós-doutorado, chega-se à conclusão que boa parte dos alunos universitários é absorvida pelo próprio sistema superior de ensino.

Aí surge um problema, cada vez mais evidente: professores universitários que nunca saíram do sistema, isto é, não têm experiências fora da Universidade. As políticas públicas destinadas a criar melhores condições de trabalho e de estudo favorecem o *gap* entre os níveis de ensino, sem que isto seja seu objetivo, por óbvio. Faltam, cada vez mais, professores com experiência no ensino fundamental e médio para ministrar as disciplinas de formação de professores para a escola básica. Esse quadro é de difícil reversão.

É nesse *framework* que se inscreve este livro do Professor Paulo Jorge Magalhães Teixeira.
Com larga experiência no ensino superior (IME - Instituto de Matemática e Estatística da UFF – Universidade Federal Fluminense) e no ensino fundamental e médio (Colégio Pedro II) apresenta-nos uma proposta de trabalho muito interessante, baseada em numerosos cursos que ministrou para professores de ensino básico, em vários estados brasileiros. Neles pode pesquisar os maiores "gargalos" no ensino da matemática e, com base na sua vivência em sala de aula e no diálogo com esses professores, ir desenvolvendo uma metodologia de ensino que auxilia - tanto alunos quanto professores - a ultrapassar alguns desses entraves. Essa metodologia está expressa neste livro "**Resolvendo Problemas de Análise Combinatória no Ensino Médio**", que ora prefaciamos.

Como escreve o próprio autor, este livro destina-se preferencialmente a professores de matemática que atuam na Educação Básica (também a professores formadores de professores para atuação na Educação Básica, professores que atuam na Educação de Jovens e Adultos) que desejam apresentar e desenvolver com seus alunos a prática de questões relacionadas à algumas questões de análise combinatória e probabilidade que estão no cotidiano dos alunos e das pessoas comuns e, para tanto, de maneira a atingir este propósito gostariam de contar com sugestões de atividades e de situações-problema que possam aplicar. Aí está a chave do sucesso anunciado para esta obra: sugestões de atividades que permitem, ao professor do Ensino Fundamental e Médio, aplicar a metodologia proposta pelo autor, diretamente em sala de aula.
Trabalhos como este são raros, mas muito necessários, pois estabelecem uma ligação entre os diferentes níveis de ensino e favorecem a ultrapassagem dos "hiatos", fruto, em muitos casos, da

falta de experiência, com classes do ensino básico, por parte dos docentes das licenciaturas do nível superior.

Acompanho há muitos anos o trabalho do meu querido primo Paulo Jorge, seus progressos no mestrado, no doutorado e, principalmente, suas angústias a respeito da separação entre o ensino universitário e o fundamental e médio. Ao publicar este livro desenvolve um projeto que estimo, tenha prosseguimento, em outros produtos intelectuais que auxiliem o professor do ensino básico a se sentir apoiado por experientes especialistas do ensino superior.

Como foi dito acima, são cada vez mais raros os professores dotados dessas múltiplas competências e experiências nos diferentes níveis de ensino, principalmente em trabalhos simultâneos de sinergia entre a teoria e a prática de sala de aula.

Fico feliz de participar desse projeto, com o qual me identifico profundamente, em termos metodológicos, na minha área de atuação, o que me faz recomendar o livro a todos que se interessem pela temática.

João Rua
Professor dos cursos de Mestrado e Doutorado do
Departamento de Geografia e Meio Ambiente da PUC-Rio.
Pontifícia Universidade Católica do Rio de Janeiro

SUMÁRIO

CAPÍTULO 1

Um pouco de história da análise combinatória e noções básicas de probabilidade

1.1 Fundamentação teórica

Neste capítulo apresenta-se, brevemente, alguns aspectos da história da combinatória desde a sua aparição, em complementação à teoria das probabilidades.

Segundo Morgado et al (2004), a análise combinatória tem tido um crescimento explosivo nas últimas décadas. A importância de problemas de enumeração tem crescido enormemente devido a necessidades presentes em Teoria dos Grafos e Análise de Algoritmos, por exemplo, entre outras áreas do conhecimento.

Muitos problemas importantes podem ser modelados matematicamente como problemas da Teoria dos Grafos (problemas de pesquisa operacional, de armazenamento de informações em bancos de dados nos computadores e, também, problemas de matemática pura, como o famoso "Problema das 4 Cores").

Deve-se a Euler (1707-1783) o enunciado e a prova de que o "Problema das Sete Pontes de Konigsberg" não admite solução (em 1736).
O Problema das Sete Pontes de Konigsberg:

> *"Na cidade de Konigsberg havia o Rio Pregel e, em certa parte do rio havia duas pequenas "ilhas": A e B. As ilhas eram ligadas entre si por uma ponte; de cada margem do rio saíam duas pontes, ligando-as à primeira "ilha A", e da outra pequena "ilha B" havia uma ponte ligando-a a cada uma das margens do rio, totalizando, assim, sete pontes, que podiam ser atravessadas em qualquer sentido".*

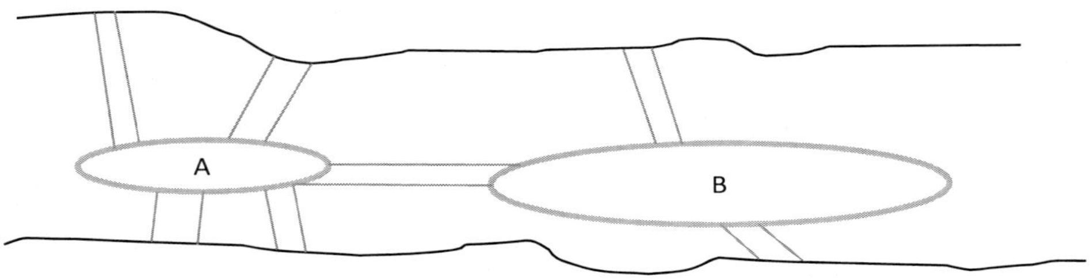

Figura 1: Desenho ilustrativo das 7 (sete) pontes de Konigsberg

Na ocasião, a questão seguinte foi colocada para análise:

Saindo de uma das margens do rio, seria possível atravessar as sete pontes, percorrendo cada uma delas uma única vez, e retornar à mesma margem?

Esta questão deu lugar a um importante teorema da Teoria dos Grafos: o Teorema de Euler, pois é devido a Leonard Euler, o precursor desta Teoria, a solução do teorema.

A Teoria dos Grafos é, hoje, uma parte muito importante da análise combinatória e seus resultados têm resolvido inúmeros problemas de Pesquisa Operacional, cujos pressupostos se assentam nela.

Segundo Morgado (2004) o desenvolvimento do binômio $(1 + x)^n$ está entre os primeiros problemas estudados, ligados à análise combinatória. O caso n = 2 já pode ser encontrado nos Elementos de Euclides, em torno de 300 a. C.

O Triângulo de Pascal era conhecido por Chu Shih-Chieh, na China, (em torno de 1300) e antes disso pelos hindus e árabes.

O matemático hindu Báskhara (1114-1185?) sabia calcular o número de permutações, de combinações e de arranjos de n objetos.

Outra teoria importante originada da combinatória foi criada pelo lógico inglês F. P. Ramsey (1903-1930) que garante a existência de certas configurações.

Um dos exemplos mais simples do chamado Teorema de Ramsey afirma que se tivermos no plano um conjunto de n pontos, com n ≥ 6, tais que nenhum subconjunto com três pontos é colinear, se unirmos todos os pontos dois a dois usando duas cores distintas - por exemplo preto e branco - para traçar os segmentos de reta que unirão os pontos, então forçosamente teremos formado um triângulo cujos lados são todos da mesma cor (preto ou branco).

Já na Divina Comédia, de Dante Allighieri (1265-1321), há uma referência a probabilidades em jogos de dados, embora, geralmente, atribui-se a origem da Teoria das Probabilidades a Blaise Pascal (1623-1662) e à Pierre de Fermat (1601-1665), devido à curiosidade de um cavaleiro, jogador apaixonado, o Chevalier de Méré, que através de trocas de correspondência por cartas, discutiu com Pascal problemas relativos à probabilidade de ganhar em certos jogos de cartas.

Uma vez que Pascal havia despertado o interesse pelo assunto, começou, então, a corresponder-se com Fermat sobre assuntos que hoje estariam dentro da temática de probabilidades finitas.

Segundo Morgado et al (2004), o desenvolvimento da análise combinatória deve-se, em grande parte, à necessidade de resolver problemas de contagem originados na Teoria das Probabilidades.

Já em 1865, e segundo levantamento feito no diário pessoal, Jaime Bernoulli iniciou correspondência com Leibniz mostrando grande interesse por combinatória e probabilidades, muito embora Leibniz já levantasse objeções ao Teorema de Bernoulli, de importância decisiva na Teoria das Probabilidades, também chamado de Lei dos Grandes Números (primeira tentativa de deduzir medidas estatísticas a partir de probabilidades).

Esse teorema afirma que se dois eventos são igualmente prováveis, após um grande número de experimentos, eles terão sido obtidos, aproximadamente, o mesmo número de vezes.

Tal teorema também permite deduzir qual a probabilidade de cada um dos eventos acontecerem, sabendo como se comportaram em um grande número de experimentos.
Segundo Morgado et al (2004), "A partir deste teorema originaram-se discussões conceituais e filosóficas sobre o conceito de probabilidade".

1.2 Um pouco de probabilidades

Uma das principais aplicações das técnicas de contagem é na resolução de problemas simples de Probabilidade.

Estudar a Teoria das Probabilidades é oferecer condições para criar, desenvolver e pesquisar modelos que podem ser usados para avaliar experimentos aleatórios.

Por sua vez, experimentos aleatórios são tais que, repetidos sob as mesmas condições, geralmente apresentam resultados diferentes. Tendo jogado uma moeda ao chão e a face voltada para cima mostrado cara, não é garantia que na próxima jogada a face mostrada é a mesma. Já os experimentos determinísticos são tais que, repetidos sob as mesmas condições, apresentam resultados idênticos.

Assim, conhecido um fenômeno em estudo, cabe ao matemático estabelecer um modelo matemático que estude o fenômeno – que pode ser do mais simples ao mais complexo – de acordo com a sua complexidade.

O interesse dos matemáticos no estudo sistemático de probabilidades é relativamente recente, e tem suas raízes no estudo dos jogos de azar. Um problema clássico, que tem origem em autores do século XV e que despertou o interesse de autores como Pascal e Fermat, é o "Problema dos pontos", como enunciado a seguir:

Problema dos pontos:
Dois jogadores apostaram R$ 10,00 cada um em um jogo de cara-e-coroa, combinando que o primeiro a conseguir 6 vitórias ficaria com o dinheiro da aposta. O jogo, no entanto, precisa ser interrompido quando um dos jogadores tem 5 vitórias e o outro tem 3. Qual é a divisão justa da quantia apostada?

Parece razoável que a quantia apostada seja dividida de forma proporcional à chance (ou probabilidade) de vitória de cada jogador.

O cálculo destas probabilidades se baseia, como veremos mais adiante, na hipótese de que a moeda seja honesta, ou seja, de que haja iguais chances, em um lançamento, de sair cara ou coroa.

Esta crença, por sua vez, corresponde à seguinte ideia intuitiva: em uma sequência longa de lançamentos, esperamos observar, aproximadamente, o mesmo número de caras e coroas.

De modo mais geral, suponhamos que um determinado experimento tenha n resultados possíveis $w_1, w_2, \ldots, w_n$. O conjunto Ω destes possíveis resultados é chamado de *espaço amostral*.

Suponhamos, ainda, que ao repetir o experimento um grande número de vezes julgamos esperar que o resultado w_j ocorra em uma certa fração p_j das realizações do experimento.

Dizemos, então, que a probabilidade de se observar w_j é igual a p_j. Evidentemente, devemos ter $p_j \geq 0$ para cada j e, além disso, $p_1 + \ldots + p_n = 1$.

Uma vez estabelecidos os valores para as probabilidades de cada resultado possível, podemos definir a probabilidade de qualquer *evento A* (ou seja, de qualquer subconjunto de Ω) como a soma das probabilidades dos resultados em A.

Mas, como encontrar os valores das probabilidades p_j?

No caso geral, estes valores são obtidos de forma experimental. Mas há certos casos em que é razoável supor que todos os resultados são igualmente prováveis e, portanto, que a probabilidade de cada um deles é igual a $\frac{1}{n}$.

Por exemplo, ao lançar um dado perfeitamente cúbico não há nenhuma razão para esperar que uma face apareça com mais frequência que qualquer das outras.

Logo, a probabilidade associada a cada face é igual a $\frac{1}{6}$.

Modelos probabilísticos que têm esta característica são chamados de *equiprováveis,* e estão frequentemente associados a jogos de azar.

Nos modelos probabilísticos equiprováveis, a probabilidade associada a um evento A com p elementos é igual a $p \ x \ \frac{1}{n} = \frac{p}{n}$.

Muitas vezes se exprime este fato dizendo que *a probabilidade de um evento é igual à razão entre o número de casos favoráveis ao evento e o número de casos possíveis.*

Lembrete para o professor:

A probabilidade de ocorrência de um evento é determinada quando se divide o número de possibilidades favoráveis a essa ocorrência, pelo número total de casos possíveis (ou de possibilidades, que chamamos de espaço amostral).

Ou, em outras palavras:

Se um determinado fenômeno aleatório pode ocorrer de n modos possíveis, todos equiprováveis, e se em m deles ocorre um determinado evento A, a probabilidade de A é $p(A) = \frac{m}{n} = \frac{\text{número de casos favoráveis}}{\text{número de casos possíveis}}$.

Segundo Morgado et al (1991), "esta definição teria sido a primeira definição formal de probabilidade, tendo aparecido na obra *Liber de Ludo Aleae* de Girolano Cardano (1501-1576)".

1.3 Exemplos

Exemplo 1:

Qual é a probabilidade de se obter um resultado maior que 4 ao se lançar um dado honesto?

O espaço amostral é Ω = {1, 2, 3, 4, 5, 6}, com todos os resultados tendo probabilidade igual a $\frac{1}{6}$. Os elementos de um espaço amostral são ditos eventos elementares. Já os subconjuntos de um espaço amostral, estes são ditos eventos. Assim, por exemplo, A = {5, 6} é o evento que ocorre se o número mostrado na face voltada para cima do dado é maior que ou igual a 5. Mas, como calcular a probabilidade do evento A, representado por p(A)?

Primeiramente, não é tão intuitivo pensar que ao se jogar um dado ao chão um grande número de vezes iremos obter um número maior ou igual a 5 em aproximadamente 1/3 dos casos, ou seja, admitir a priori que o evento A vai ocorrer mais ou menos em 1/3 das vezes.

Para estruturar ideias básicas relativamente à Teoria das Probabilidades há que considerar o seguinte:

1) os eventos elementares são igualmente "prováveis", todos eles;

2) a quantidade de elementos de A = {5, 6} é 2, ou seja, exatamente 1/3 do total de elementos do espaço amostral Ω, que é constituído do por 6 elementos.

Assim, desejamos calcular a probabilidade do evento A = {5, 6}, que é dada por p(A) = $2 \times \frac{1}{6} = \frac{1}{3}$.

Motivados por essas considerações, é possível conjeturar a definição de probabilidade de um evento, no caso o evento A, assim: probabilidade de A = p(A) = $\frac{número\ de\ elementos\ de\ A}{número\ de\ elementos\ de\ \Omega} = \frac{total\ de\ casos\ favoráveis\ ao\ evento\ A}{total\ de\ casos\ possíveis\ ao\ experimento\ aleatório\ em\ questão}$.

O que pode ser estabelecido, a partir do que foi dito acima?

I) Para um dado fenômeno aleatório, estabelecemos o espaço amostral Ω, formado por uma quantidade finita de elementos: os eventos elementares – casos possíveis. Cada evento elementar é um subconjunto unitário de Ω e, portanto, a união de todos os n eventos aleatórios resulta no espaço amostral Ω;

II) os eventos elementares de um fenômeno aleatório são igualmente prováveis (eventos equiprováveis);

III) Qualquer evento A, relativo à um fenômeno aleatório, é resultante da união de uma quantidade finita de eventos elementares, tal que a quantidade p de elementos de um evento A é sempre menor que ou igual a n, onde n é a quantidade de elementos do espaço amostral Ω, e é maior que ou igual a zero. Assim: 0 ≤ p ≤ n.

Portanto, a definição formal da probabilidade de um evento A é tal que probabilidade de A =

p(A) = $\frac{quantidade\ de\ casos\ favoráveis\ ao\ evento\ A}{quantidade\ de\ casos\ possíveis\ ao\ exprimento\ aleatório\ em\ questão} = \frac{número\ de\ elementos\ de\ A}{número\ de\ elementos\ de\ \Omega} = \frac{p}{n}$.

Por conta da definição acima, empreende-se os seguintes resultados (aqui considerados como propriedades da probabilidade):

1. Se A é um evento de Ω, 0 ≤ p(A) ≤ 1, qualquer que seja A, para todo espaço amostral Ω considerado;

2. Ø ⊂ Ω, e o número de elementos de Ø é zero. Logo, p(Ø) = $\frac{0}{n} = 0$;

3. Se A ∩ B = Ø, A e B eventos distintos de Ω, então p(A ∪ B) = p(A) + p(B);

Espaços de Probabilidade

De maneira a considerar uma noção mais geral acerca da probabilidade de um evento, vamos caracterizar um espaço de probabilidade, segundo o qual a probabilidade de um evento pode ser calculada por meio de uma função de probabilidade.

Para tal, considere um espaço amostral Ω (conjunto formado por eventos elementares), e a seguinte definição:

Uma função p: A → D = {x ∈ Q / 0 ≤ x ≤ 1}, definida para qualquer subconjunto de Ω (qualquer evento de Ω), é dita uma probabilidade quando para todo evento A de Ω (A ⊆ Ω), 0 ≤ p(A) ≤ 1; p(Ø) = 0; p(Ω) = 1; Se A e B são eventos distintos de Ω, A ∩ B = Ø (eventos mutuamente exclusivos), p(A ∪ B) = p(A) + p(B).

Por conta de tal definição tem-se alguns resultados imediatos, a saber:

R1. Se A ⊂ B, então p(A) = p(B) - p(B - A).

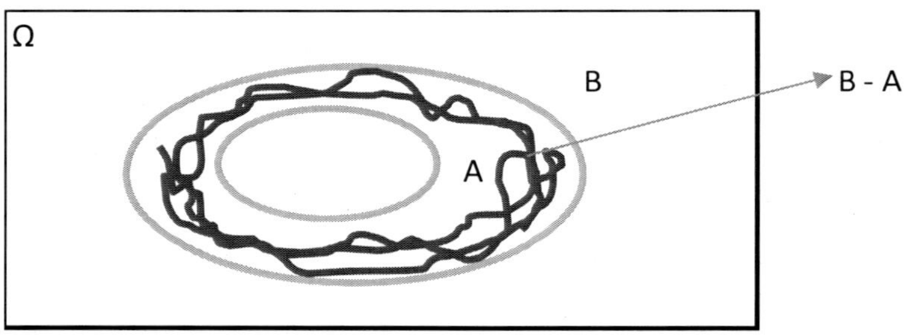

De fato: O desenho acima mostra que A ∪ (B – A) = B e A ∩ (B – A) = Ø. Logo, p(B) = p(A ∪ (B – A)) = P(A) + p(B - A). Então, p(A) = p(B) - p(B - A).

R2. Se A ⊂ B, então p(A) < p(B).

De fato: Se A ⊂ B, B – A ≠ Ø, logo: p(B - A) > 0. De p(A) = p(B) - p(B - A), p(A) < p(B).

R3. p(A^C) = 1 – p(A).

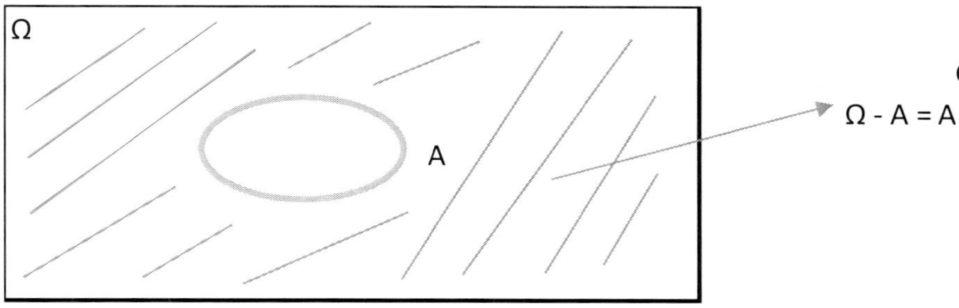

De fato: O desenho acima mostra que A ∩ (Ω – A) = A ∩ A^C = Ø, A ∪ (Ω – A) = A e A ∪ A^C = Ω.
Logo, p(A ∪ A^C) = , p(A) + p(A^C) = p(Ω) = 1. Então, p(A^C) = 1 – p(A).

R4. p(A ∪ B) = p(A) + p(B) – p(A ∩ B).

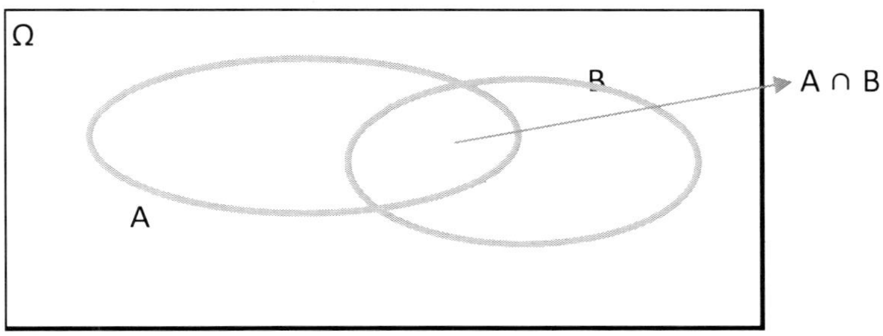

A figura acima mostra que (A – B) ∪ (B – A) ∪ (A ∩ B) = A ∪ B, (A – B) ∩ (B – A) = Ø.

Por outro lado, tem-se que:
(A – B) ∪ (A ∩ B) = A e (A – B) ∩ (A ∩ B) = Ø;
(B – A) ∪ (A ∩ B) = B e (B – A) ∩ (A ∩ B) = Ø.

Logo,
p((A – B) ∪ (A ∩ B)) = p(A – B) + p(A ∩ B) = p(A) (1)
p((B – A) ∪ (A ∩ B)) = p(B – A) + p(A ∩ B) = p(B) (2).
(1) + (2) = p(A) + p(B) = p(A – B) + p(A ∩ B) + p(B – A) + p(A ∩ B).
Daí: p(A) + p(B) - p(A ∩ B) = p(A – B) + p(B – A) + p(A ∩ B) = p(A ∪ B).

Generalizando o resultado **R4**, apresentado acima, tem-se:

R5. p(A_1 ∪ A_2 ∪ … … . .∪ A_n)= p(A_1) + p(A_2) + …… + p(A_n) – p(A_1 ∩ A_2) – p(A_1 ∩ A_3) - …….. – p(A_{n-1} ∩ A_n) + p(A_1 ∩ A_2 ∩ A_3) + …… + $(-1)^{n-1}$. p(A_1 ∩ A_2 ∩ … … . .∩ A_n), quando A_1, A_2, … … . ., A_n são n eventos de um espaço amostral Ω.

Um fenômeno aleatório é representado por um par: (Ω, p), Ω é o espaço amostral formado por eventos elementares; p é a probabilidade definida sobre os subconjuntos de Ω (os eventos). Assim, (Ω, p) é dito um espaço de Probabilidades.

O Princípio da Inclusão-Exclusão

Se adotarmos a notação #(A) para indicar o número de elementos do conjunto A, o desenho abaixo aponta para a obtenção de uma fórmula que contabiliza o número de elementos que pertencem à união dos conjuntos A e B: A∪B, onde A e B são conjuntos não necessariamente disjuntos, a saber: #(A∪B) = #(A) + #(B) - #(A∩B).

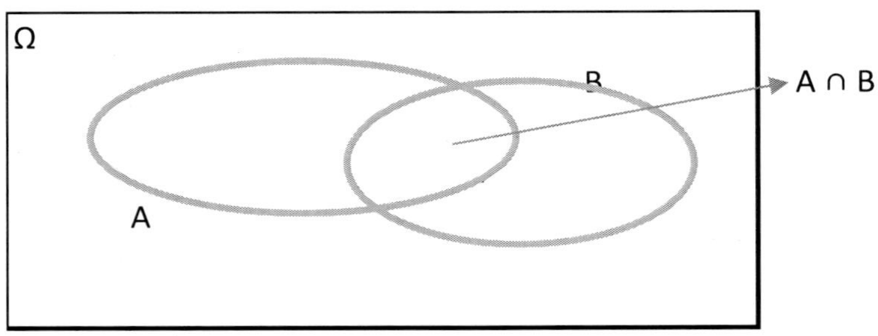

Essa igualdade é conhecida como o Princípio da Inclusão-Exclusão, por conta de a contagem ser feita, primeiramente, incluindo todos os elementos do conjunto A e todos os elementos do conjunto B, e, em seguida, excluindo os elementos do conjunto A∩B, pois essa totalidade foi contada em duplicidade: incluída quando foram contados os elementos de A e, mais uma vez, incluída quando foram contados os elementos de B.

Assim, se considerarmos que A tem m elementos e B tem n elementos, excluindo-se os p elementos do conjunto A∩B, em cada caso, tem-se: #(A∪B) = m + n - p.

Por outro lado, #(A) + #(B) - #(A∩B) = (m + p) + (n + p) – p = m + n + p = #(A∪B).

Outra maneira de justificar a igualdade acima é considerar que o total de elementos da união A∪B pertence pelo menos a um dos conjuntos A e B. Também considerar que ao contarmos os elementos da união contamos todos os elementos de A e todos os elementos de B, mas contamos em duplicidade os elementos de A∩B, cuja quantidade precisa ser abatida da contagem inicial. Portanto, #(A∪B) = #(A) + #(B) - #(A∩B).

Para o caso de 3 (três) conjuntos A, B e C, como mostra a figura abaixo, o Princípio da Inclusão-Exclusão é aplicado assim:

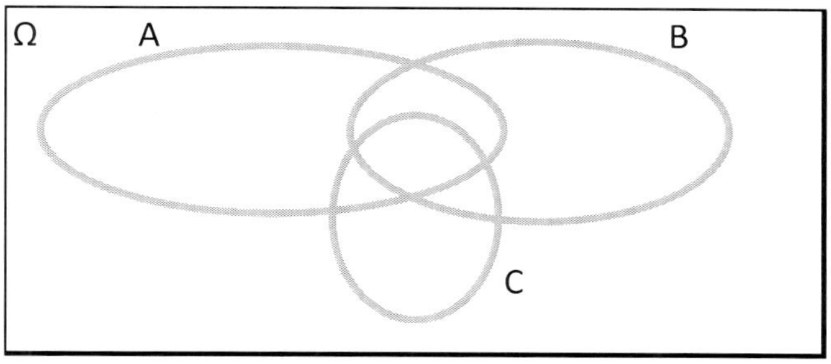

$\#(A \cup B \cup C) = \#(A) + \#(B) + \#(C) - \#(A \cap B) - \#(A \cap C) - \#(B \cap C) + \#(A \cap B \cap C)$.

Chamamos a atenção do leitor no sentido de notar que o quantitativo de elementos de $A \cap B$, $A \cap C$ e $B \cap C$ foram contados em cada um dos conjuntos A, B e C, assim: $\#(A) + \#(B) + \#(C)$ e, depois, essas contagens foram abatidas em cada um dos conjuntos $A \cap B$, $A \cap C$ e $B \cap C$, assim: $- \#(A \cap B) - \#(A \cap C) - \#(B \cap C)$. Portanto, a contagem desses últimos três conjuntos ainda não foi adicionada à contagem total, o que explica a necessidade da soma de $\#(A \cap B \cap C)$. Esses fatos estão contemplados pela própria nomeação do princípio: inclusão, exclusão e inclusão (se necessário, como é o caso aqui, de três conjuntos).

A contagem mostrada pela igualdade acima também pode ser justificada por meio de resultados próprios da Teoria dos Conjuntos (por exemplo, $(A \cup B) \cap C = (A \cap C) \cup (B \cap C)$ (*)) e a recorrência à aplicação do princípio da inclusão-exclusão para o caso de dois conjuntos, assim:

$\#(A \cup B \cup C) = \#[(A \cup B) \cup C] = \#(A \cup B) + \#(C) - \#[(A \cup B) \cap C)]$ (aplicação do princípio)
$= \#(A) + \#(B) - \#(A \cap B) + \#(C) - \#[(A \cup B) \cap C)]$ (aplicação do princípio)

De (*):
$= \#(A) + \#(B) - \#(A \cap B) + \#(C) – [\#[(A \cap C) + \#(B \cap C) - \#(A \cap C \cap B \cap C)] = \#(A) + \#(B) - \#(A \cap B) + \#(C) – \#[(A \cap C) - \#(B \cap C) + \#(A \cap B \cap C)$.

Como feito antes, o leitor pode notar que o quantitativo de elementos de $A \cap B$, $A \cap C$) e $B \cap C$ foram contados em cada um dos conjuntos A, B e C, assim: #(A), #(B) e #(C), duas vezes para cada e, depois, essas contagens foram abatidas uma vez em cada uma das contagens dos conjuntos

A∩B, A∩C) e B∩C, assim: #(A∩B), #[(A∩C) e #(B∩C). Portanto, as contagens destes três últimos conjuntos já foram incluídas.

Mas a contagem #(A∩B∩C) foi contada por três vezes: em #(A), em #(B) e em #(C) e, depois, descartadas uma vez em cada uma das contagens #(A∩B), #[(A∩C) e #(B∩C). Portanto, ainda não foi incluída a contagem de #(A∩B∩C), razão da presença da parcela #(A∩B∩C) adicionada à contagem final.

Portanto, mais uma vez, vale: #(A∪B∪C) = #(A) + #(B) + #(C) – #(A∩B) – #[(A∩C) – #(B∩C) + #(A∩B∩C).

Para o caso de quatro conjuntos, tem-se:
#(A∪B∪C∪D) = #(A) + #(B) + #(C) + #(D) – #(A∩B) – #[(A∩C) – #(A∩D) – #(B∩C) – #(B∩D) – #(C∩D) + #(A∩B∩C) + #(A∩B∩D) + #(A∩C∩D) + #(B∩C∩D) – #(A∩B∩C∩D).

Mais uma vez chamamos a atenção do leitor no sentido de observar que o total de elementos da união de n conjuntos A_1, A_2, A_3, ..., A_n é tal que a igualdade obtida com a contagem de elementos dessa união pode ser compreendida assim: se soma as quantidades de elementos de cada um dos conjuntos, em um total de $C_{n,1}$= n parcelas. Indicamos essa soma por S_1; se subtrai as quantidades de elementos de cada um dos conjuntos interseção dois a dois entre todos os conjuntos, em um total de $C_{n,2}$ parcelas. Indicamos essa soma por S_2; se soma as quantidades de elementos de cada um dos conjuntos interseção três a três entre todos os conjuntos, em um total de $C_{n,3}$ parcelas. Indicamos essa soma por S_3; se subtrai as quantidades de elementos de cada um dos conjuntos interseção quatro a quatro entre todos os conjuntos, em um total de $C_{n,4}$ parcelas. Indicamos essa soma por S_4. E assim sucessivamente, até a última situação: se subtrai quando a quantidade de conjuntos é par e se soma quando a quantidade de conjuntos é ímpar, em um total de $C_{n,n} = 1$ parcela: #(A_1∩ A_2∩........∩ A_n) . Indicamos essa soma por S_n.

Para o caso do espaço amostral Ω, indicamos o total de elementos por S_o = #(Ω), de tal modo que A_1, A_2, A_3, ..., A_n são subconjuntos de Ω.

Tomando por base as considerações feitas acima, é possível enunciar o teorema a seguir, mas que não será demonstrado neste livro.

Teorema: Sejam A_1, A_2, A_3, ..., A_n subconjuntos de um conjunto Ω e S_m como indicado acima, $0 \leq m \leq n$. Então:

I) A quantidade de elementos de Ω que pertencem a exatamente ***p*** dos conjuntos A_1, A_2, A_3, ..., A_n é dado por:

$x_p = \sum_{j=0}^{n-p}(-1)^j x\, C_{p+j}^{j}\, x\, S_{p+j}$.

II) A quantidade de elementos de Ω que pertencem a pelo menos ***p*** dos conjuntos A_1, A_2, A_3, ..., A_n é dado por:

$y_p = \sum_{j=0}^{n-p}(-1)^j x\, C_{p+j-1}^{j}\, x\, S_{p+j}$.

III) A quantidade de elementos do conjunto $A_1 \cup A_2 \cup A_3 \cup ....\cup A_n$ é dado por $S_1 - S_2 + ...+ (-1)^{n-1}\, x\, S_n$

Voltemos aos exemplos de probabilidade:

Exemplo 2:

Ao lançar um dado duas vezes, qual é a probabilidade de obter soma 5 entre os números mostrados nas faces voltadas para cima?

O espaço amostral é formado por todos os pares de resultados possíveis. Como em cada lançamento há 6 possibilidades, o número de casos possíveis é 6 x 6 = 36, todos com a mesma probabilidade de ocorrência. Destes, aqueles em que a soma é 5 são: (1, 4), (2, 3), (3, 2) e (4, 1). Logo, o número de casos favoráveis ao evento é 4, e sua probabilidade é $\frac{4}{36} = \frac{1}{9}$.

Exemplo 3:

Em uma urna há 5 bolas vermelhas e 4 pretas, todas de mesmo tamanho e feitas do mesmo material. Retiramos duas bolas sucessivamente da urna, sem repô-las. Qual é a probabilidade de que sejam retiradas duas bolas vermelhas?

Precisamos, antes de mais nada, encontrar um espaço amostral apropriado para descrever os resultados dos experimentos.

Como tudo o que observamos é a cor de cada bola retirada (as bolas de mesma cor são indistinguíveis entre si), poderíamos ser tentados a escolher o espaço amostral {(vermelha, vermelha), (vermelha, preta), (preta, vermelha), (preta, preta)}, formado pelos pares de cores observadas.

Esta escolha não está errada, mas não é conveniente para a solução do problema.
O que ocorre é que o modelo probabilístico baseado neste espaço amostral não é equiprovável (é óbvio, por exemplo, que duas bolas vermelhas saem com mais frequência que duas bolas pretas, já que há mais bolas vermelhas).

Para obter um espaço equiprovável, devemos considerar individualmente as 9 bolas presentes na urna.

Ou seja, o espaço amostral é o conjunto de todos os pares de bolas distintas, que tem 9 x 8 = 72 elementos. Como todas as bolas são iguais (a menos da cor), todos estes pares tem a mesma probabilidade de sair.

Para calcular o número destes pares em que ambas as bolas são vermelhas, devemos observar que a primeira bola vermelha pode ser escolhida de 5 modos, enquanto a segunda pode ser qualquer uma das 4 restantes.

Logo, o número de casos favoráveis é igual a 5 x 4 = 20.
Portanto, a probabilidade de que sejam retiradas duas bolas vermelhas é igual a $\frac{20}{72} = \frac{5}{8}$.

Exemplo 4:
Qual é a forma justa de dividir os R$ 20,00 apostados no problema dos pontos?

O jogador I tem 5 vitórias, faltando apenas uma para vencer o jogo. O jogador II tem apenas 3 vitórias, necessitando de mais 3 para vencer.

Portanto, para que II vença, ele tem que vencer três partidas seguidas. Há 2 x 2 x 2 = 8 possibilidades para os resultados destas partidas, e apenas um destes é favorável à vitória de II. Logo, II vence com probabilidade 1/8, enquanto a probabilidade de vitória de I é 7/8. Logo, I deve ficar com R$ 17,50 e II com R$ 2,50.

Uma possível objeção quanto à solução acima é o fato de construirmos nosso espaço amostral com base nas três partidas restantes, quando o jogo pode, na verdade, terminar em uma, duas ou três partidas. Fizemos isto para obter um espaço amostral para o qual o modelo é equiprovável. Note que usar este espaço amostral é equivalente a supor que, mesmo que I tenha vencido na primeira ou segunda partida, eles continuam a disputar, como "amistosos", as partidas seguintes. É claro que isto não modifica, em nada, as chances de vitória de cada jogador.

Vimos acima que a ideia intuitiva de probabilidade de um evento está ligada à frequência observada deste evento quando o experimento é realizado um grande número de vezes.

Esta relação pode ser estabelecida de modo preciso, por meio de um teorema, conhecido como a "Lei dos Grandes Números". A "Lei dos Grandes Números" é um instrumento fundamental para estabelecer uma via de mão dupla entre modelos probabilísticos teóricos e os experimentos aleatórios.

Consideremos, novamente, o exemplo 4. Uma forma de se ter uma ideia da resposta do problema seria utilizar uma simulação da situação pretendida. Esta simulação é repetida um grande número de vezes e, através da frequência de vitórias de cada jogador, estimaríamos sua probabilidade de vitória.

A simulação pode ser feita manualmente, usando uma moeda (é uma atividade apropriada para sala de aula: cada aluno repete o experimento algumas poucas vezes e, reunindo todos os resultados, temos uma quantidade razoável de repetições).
É possível, também, fazer a simulação com auxílio de um computador, através da geração de números aleatórios.

A tabela abaixo mostra o resultado obtido simulando 100 realizações do jogo.

I ganha na primeira partida	52 vezes
I ganha na segunda partida	20 vezes
I ganha na terceira partida	13 vezes
II ganha (na terceira partida)	15 vezes

Os resultados obtidos mostram, ao mesmo tempo, o poder e a limitação do método de simulação.

Por um lado, permite estimar que II tem uma chance de vitória muito menor do que a de A. Na simulação que fizemos, II ganhou em apenas 15% das vezes (o que está razoavelmente próximo da probabilidade exata, que é 1/8 = 0, 125). Por outro lado, o valor obtido na simulação é sempre uma aproximação, cujo erro diminui com o número de repetições.

1.4 Problemas

Em seguida, estão propostos alguns problemas de probabilidade. Caso não consiga resolvê-los por agora, não se preocupe. Ao final do capítulo 9 você estará em condições de resolver todos eles.

Bom estudo!

Problema 1.1:

Considere o lançamento de um dado.

a) Escreva o conjunto de possíveis resultados;

b) Qual a probabilidade de ocorrer um número ímpar durante o lançamento?

c) Qual a probabilidade de ocorrência do número 6?

d) Qual a probabilidade de ocorrência do número 4?

e) Qual a probabilidade de ocorrência de um número maior que 4?

Problema 1.2:

Um dado é lançado duas vezes.

a) Quantos são os resultados possíveis?

b) Qual o conjunto desses resultados possíveis? (Um resultado é dito possível quando se indica o número obtido no 1º lançamento e o número obtido no 2º lançamento)

c) Qual a chance de obter um duplo 6?

d) Qual a chance de obter soma 7 entre os números das faces voltadas para cima?

e) Qual é o erro na seguinte "solução" para o item d): "Existem 11 somas possíveis: 2, 3, ..., 12. Logo, a probabilidade de obter soma 7 é 1/11"

f) Qual a chance de obter soma maior que 6 entre os números das faces voltadas para cima?

g) Qual a chance de obter soma ímpar entre os números das faces voltadas para cima?

Problema 1.3:

Considere um teste com 10 questões de múltipla-escolha, contendo 4 alternativas por questão. Cada questão vale 1 ponto.

a) Quantos são os gabaritos possíveis?

b) Se um aluno responde a prova ao acaso, qual a probabilidade de ele tirar 10 pontos?

c) Qual a probabilidade de ele tirar zero pontos?

Problema 1.4:

A figura abaixo mostra duas peças de um jogo de dominó.

Existe uma peça para cada par de números de 0 a 6, distintos ou não.

a) Em quantas peças aparecem dois números distintos?

b) Qual o total de peças?

c) Se uma das peças é escolhida ao acaso, qual é a probabilidade de ela ser dupla?

Problema 1.5:

Na Mega-Sena, o apostador escolhe de 6 a 15 dezenas (entre 01 e 60) e paga por sua aposta o valor indicado na tabela. São sorteadas 6 dezenas. Se o apostador, em seu cartão, indicou estas 6 dezenas, ele recebe o prêmio máximo.

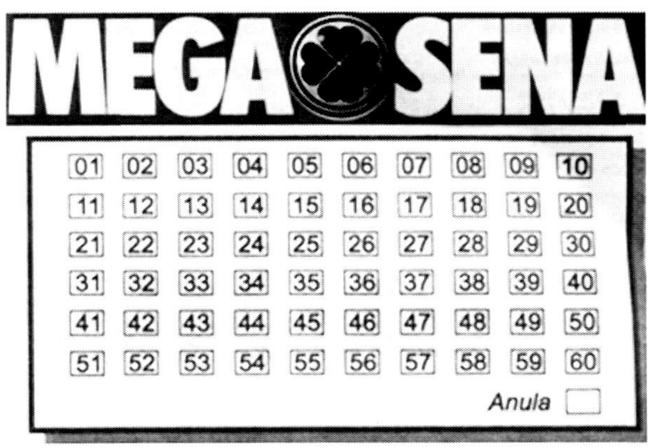

MEGA-SENA					
DEZENAS	6	7	8	9	10
Valor a pagar R$	1,50	10,50	42,00	126,00	315,00

a) Quantos são os possíveis resultados da Mega-Sena?

b) Suponha que um apostador preenche um cartão com 6 dezenas. Qual a probabilidade de ele receber o prêmio máximo?

c) Ana decidiu apostar nas dezenas 01, 02, 03, 04, 05 e 06, enquanto Eduardo apostou nas dezenas 13, 19, 25, 32, 46 e 56. Qual dos dois tem maior probabilidade de ser premiado?

d) Qual a probabilidade de serem sorteadas 6 dezenas seguidas?

e) Qual a probabilidade de as 6 dezenas sorteadas não serem consecutivas?

f) Paula decidiu preencher um cartão com 7 dezenas. Qual a probabilidade de ela ser premiada?

f.1) Essa probabilidade é quantas vezes maior que a probabilidade ao preencher um cartão no qual foram apostadas 6 dezenas?

f.2) Você considera justo, então, que o preço da aposta em 6 dezenas seja R$ 1,50 e o da aposta em 7 dezenas seja R$ 10,50? Explique.

g) Tomando por base a tabela acima, explique porque a aposta em 10 dezenas custa R$ 315,00.

Problema 1.6:

a) Qual a probabilidade de obter exatamente 2 caras ao se lançar uma moeda honesta 3 vezes, em sequência?

b) Qual a probabilidade de obter exatamente 2 caras ao se lançar três moedas honestas distintas?

Problema 1.7:

Em uma urna há 5 bolas vermelhas e 4 pretas, todas de mesmo tamanho e feitas do mesmo material. Retiramos duas bolas, sucessivamente, da urna, sem repô-las. Qual a probabilidade de serem retiradas duas bolas vermelhas?

Problema 1.8:

Uma pesquisa a respeito dos candidatos a uma eleição foi feita com um grupo de eleitores.

A tabela abaixo mostra as preferências dos eleitores, de acordo com o sexo.

Candidato preferido	**A**	**B**
Homens	70	50
Mulheres	60	20

a) Quantas pessoas participaram da pesquisa?

b) Se uma das pessoas, que participou da pesquisa, for escolhida ao acaso, qual a probabilidade de que ela prefira o candidato A?

c) Pode-se dizer que o candidato A é mais preferido entre os homens que entre as mulheres? Por que?

d) Se um dos homens que participou da pesquisa for escolhido ao acaso, qual a probabilidade de que ele prefira o candidato A?

e) Se uma das mulheres que participou da pesquisa for escolhida ao acaso, qual a probabilidade de que ela prefira o candidato A?

Problema 1.9:

Quantos números inteiros, compreendidos entre 1 e 100 inclusive, são divisíveis por exatamente dois dos números 2, 3, 5 e 7?

Problema 1.10:

Quantos números inteiros, compreendidos entre 1 e 100 inclusive, são divisíveis por pelo menos dois dos números 2, 3, 5 e 7?

Problema 1.11:

Quantos números inteiros, compreendidos entre 1 e 100 inclusive, são divisíveis por 2 ou por 5?

Problema 1.12:

Quantos números inteiros, compreendidos entre 1 e 100 inclusive, são divisíveis por pelo menos três dos números 2, 3, 5 e 7?

Problema 1.13:

Quantos anagramas da palavra FLAMENGO têm a letra A em 1º lugar, ou a letra E em 2º lugar, ou a letra O em 3º lugar ou a letra F em 4º lugar?

Problema 1.14:

Em quantos lançamentos de três dados distintos ao chão dentre todos os possíveis a soma dos números mostrados nas faces superiores é igual a 10?

CAPÍTULO 2

O que dizem os Parâmetros Curriculares Nacionais (PCN) e a Base Nacional Comum Curricular (BNCC) acerca do ensino de análise combinatória e probabilidade na Educação Básica?

Ainda em 1987 iniciaram-se discussões a respeito da elaboração de um projeto para servir de base a uma nova Lei de Diretrizes e Bases da Educação Nacional, que revelavam grandes preocupações com os rumos em relação à qualidade da educação que era oferecida e a atenção que deveria ser dada às crianças.

Em 1988, com a promulgação da nova Constituição Brasileira, importantes passos foram dados em relação aos direitos que deveriam ser respeitados e assegurados à criança pelos pais, pela sociedade e pelo poder público, bem como o desenvolvimento da pessoa, seu preparo para o exercício da cidadania e sua qualificação para o trabalho (CONSTITUIÇÃO FEDERAL, 1988, art. 205).

Após mais de quatro anos tramitando em negociações na Câmara dos Deputados sem que houvesse um parecer conclusivo sobre o teor da matéria, o projeto que deveria servir de base à nova Lei de Diretrizes e Bases da Educação Nacional sofreu grande impacto quando o então Senador Darcy Ribeiro, através de texto próprio, apresentou-o à Mesa Diretora do Senado Federal.

Tal decisão causou um atropelo nas negociações que até então estavam sendo encaminhadas na Câmara dos Deputados e, por conta disso, a Câmara apressou suas negociações e em 1993 encaminhou ao Senado Federal seu Projeto de Lei para apreciação.

Com a eleição do presidente Fernando Henrique Cardoso, seu Ministro da Educação Paulo Renato de Souza tomou frente nas negociações e em 1995, após acordo do Ministro com Senadores da base governista, o Senador Darcy Ribeiro apresentou um substitutivo à Mesa Diretora do Senado sendo o projeto aprovado e, em seguida, sancionado pelo Presidente da República.

Dando fim a essa longa trajetória a atual Lei de Diretrizes e Bases da Educação Nacional - Lei nº 9.394 finalmente foi promulgada em 20/12/1996.

Destaca-se no texto da Lei nº 9.394/96 a presença de aspectos pedagógicos relativos à corrente construtivista para a apreensão dos conceitos matemáticos - salientados pela Secretaria de Educação do Estado de São Paulo desde 1978, e presentes na Proposta Curricular de São Paulo de 1980 -, presentes agora no texto aprovado da Lei nº 9.394/96.

Além dessas questões a Lei nº 9.394/96 define que a Educação Básica será composta pela Educação Infantil, pelo Ensino Fundamental e pelo Ensino Médio.

Com as promulgações da Constituição de 1988 e da Lei nº 9.394/96, e em consequência da forte influência que os princípios democráticos de acesso e de direitos relativos à educação passaram a representar, era preciso desde então traçar novos rumos para toda a Educação Básica, o que de fato começou a ser feito desde então.

Em relação às recomendações colocadas na Lei 9394/96, relativas aos objetivos da educação destacam-se que "A educação escolar deverá vincular-se ao mundo do trabalho e à prática social" (Art. 1.º, § 2.º) e a alteração do caráter propedêutico ou profissionalizante do Ensino Médio (presente na lei anterior) pelo caráter de terminalidade e continuidade, presente nesta.

Em seu artigo 26, a presente Lei 9394/96 determina que os "currículos do ensino fundamental e médio devem ter uma base nacional comum, a ser complementada [...] por uma parte diversificada" e que para a construção do novo Currículo para o Ensino Médio deverão ser obedecidas algumas diretrizes, como as constantes do Art. 36.º, § 1.º:

Os conteúdos, as metodologias e as formas de avaliação serão organizados de tal forma que ao final do ensino médio o educando demonstre: I – domínio dos princípios científicos e tecnológicos que presidem a produção moderna; (BRASIL, 1996, p.15).

Por conta da presente Lei foi necessário que o Ministério da Educação envidasse esforços no sentido de normatizar parâmetros que prescrevessem mecanismos para toda a comunidade escolar que dessem conta de orientar práticas pedagógicas e metodológicas do professor, e ações coletivas dos gestores para todos os segmentos de ensino abrangidos pela presente Lei.

Ressalte-se que estudos nesse sentido (ao menos aqueles que se relacionam à Matemática) iniciaram-se logo após a promulgação da Constituição de 1988, para dar conta de sistematizar recomendações para todos os segmentos da Educação Básica.

Para o segmento Educação Infantil; 1º Ciclo (1ª e 2ª séries) e 2º Ciclo (3ª e 4ª séries) do Ensino Fundamental foram elaborados os PCN para o Ensino Fundamental em 1997; 3º Ciclo (5ª e 6ª séries) e 4º Ciclo (7ª e 8ª séries) do Ensino Fundamental foram elaborados os PCN para o Ensino Fundamental em 1998; Ensino Médio foi elaborado os PCN para o Ensino Médio – PCNEM - em 1999; e também foram elaboradas orientações educacionais complementares aos PCNEM - conhecidos como PCN+, em 2002.

Assim, grupos de educadores matemáticos e alguns matemáticos debruçaram-se em reuniões e discussões para elaborarem os parâmetros norteadores para o ensino e a aprendizagem de Matemática, bem como outros educadores para as demais disciplinas constantes da Educação Básica.

Dando prosseguimento às questões deste capítulo, a seção seguinte apresenta uma síntese dos aspectos relacionados com o ensino e a aprendizagem de combinatória (problemas de contagem) na Educação Básica - particularmente aqueles sugeridos pelos autores dos PCN para o Ensino Médio - uma vez que os PCN também serviram de referência para a elaboração no novo Currículo da Secretaria de Estado de Educação de São Paulo (2010).

2.1 – Os PCN e os Problemas de Contagem

Desde as séries iniciais os alunos da Educação Básica precisam adquirir conhecimentos relacionados com o levantamento de possibilidades e os suficientes para medir a chance de ocorrência de cada uma delas - inicialmente com o uso de ideias intuitivas que se complementam com a apropriação do raciocínio combinatório. A seguir, medir a chance de ocorrência de um evento com o conhecimento e o uso de procedimentos que dão conta de resolver problemas associadas a esses conteúdos.

É neste arcabouço de ideias que o raciocínio combinatório pode ser explorado ao longo da Educação Básica, como sugerem os autores dos PCN, em Brasil (1997), conforme a seguir:

> A aprendizagem em Matemática está ligada à compreensão, isto é, à apreensão do significado; aprender o significado de um objeto ou acontecimento pressupõe vê-lo em suas relações com outros objetos e acontecimentos (BRASIL, 1997, p.19).

Quanto ao papel que a Matemática desempenha no Ensino Fundamental, segundo os autores dos PCN, em Brasil (1997), encontramos:

> A Matemática comporta um amplo campo de relações, regularidades e coerências que despertam a curiosidade e instigam a capacidade de generalizar, projetar, prever e abstrair, favorecendo a estruturação do pensamento e o desenvolvimento do raciocínio lógico. Faz parte da vida de todas as pessoas nas experiências mais simples como contar, comparar e operar sobre quantidades. [...] a Matemática se apresenta como um conhecimento de muita aplicabilidade. [...] Essa potencialidade do conhecimento matemático deve ser explorada, da forma mais ampla possível, no ensino fundamental. Para tanto, é importante que a Matemática desempenhe, equilibrada e indissociavelmente, seu papel na formação de capacidades intelectuais, na estruturação do pensamento, na agilização do raciocínio dedutivo do aluno, na sua aplicação a problemas, situações da vida cotidiana e atividades do mundo do trabalho e no apoio à construção de conhecimentos em outras áreas curriculares (BRASIL, 1997, p. 29).

Em relação aos propósitos deste livro, realçamos a necessidade de os professores se convencerem da necessidade de explorar o raciocínio combinatório desde as primeiras noções de combinatória, independente do ano/série dos alunos.

Quanto aos conceitos que precisam ser conhecidos e apropriados pelos alunos sugerimos que o professor tenha a probabilidade como uma temática a ser desenvolvida e explorada - em conjunto com os conceitos de combinatória e o exercício do raciocínio combinatório.

Entendemos que tal sugestão precisa ser amadurecida pelo coletivo de professores de uma mesma unidade escolar, e estar no centro das reflexões e discussões desde antes de a(s) temática(s) começar(em) a ser desenvolvida(s).

Os autores dos PCN, em Brasil (1997), quando referem ao ensino dos problemas de contagem fazem recomendações quanto à importância de desenvolver e exercitar o raciocínio combinatório, como se constata no texto a seguir:

> *A contagem, ao mesmo tempo em que possibilita uma abordagem mais completa da probabilidade por si só, permite o desenvolvimento de uma nova forma de pensar em Matemática, denominada raciocínio combinatório.* Ou seja, decidir sobre a forma mais adequada de *organizar números ou informações para poder contar os casos possíveis não deve ser aprendido como uma lista de fórmulas, mas como um processo que exige a construção de um modelo simplificado e explicativo da situação* (BRASIL, 1997, p. 54) (grifos nosso).

Chamamos a atenção do leitor - no primeiro "grifo nosso", na citação acima - para o fato de contemplar um dos objetivos mais precípuos do trabalho que todos os professores precisam desenvolver com os seus alunos.

Em relação ao segundo "grifo nosso", na citação acima, chamamos a atenção dos professores para a importância de ensinar os alunos a contar todos os casos possíveis de uma situação, sem o uso de fórmulas, por meio da construção de um modelo simplificado e explicativo da situação.

Tomando essas sugestões como referência, recomenda-se aos professores que elas sejam o mote para as discussões e as reflexões entre eles, de modo a servirem de referência quando da concepção e a elaboração de atividades que serão desenvolvidas em sala de aula. E, posteriormente, que elas sejam, igualmente, discutidas com os alunos.

Esses propósitos sempre devem estar presentes nas reflexões e discussões entre professores, durante a proposição e a resolução de problemas.

Ademais, cabe sugerir, se for o caso, que a sistematização de conceitos que forem abordados por meio do uso de fórmulas sejam feitos, apenas, com os alunos do Ensino Médio.

Entre os objetivos gerais do ensino da Matemática sugeridos pelos autores dos PCN, em Brasil (1997), destacamos duas finalidades próximas aos propósitos deste livro, as quais envolvem o exercício constante do raciocínio combinatório, conforme a seguir:

> [...] Fazer observações sistemáticas de aspectos quantitativos e qualitativos do ponto de vista do conhecimento e estabelecer o maior número possível de relações entre eles, utilizando para isso o conhecimento matemático (aritmético, geométrico, métrico, algébrico, estatístico, combinatório, probabilístico); selecionar, organizar e produzir informações relevantes, para interpretá-las e avaliá-las criticamente; resolver situações-problema, sabendo validar estratégias e resultados,

> desenvolvendo formas de raciocínio e processos, como dedução, indução, intuição, analogia, estimativa, e utilizando conceitos e procedimentos matemáticos, bem como instrumentos tecnológicos disponíveis (BRASIL, 1997, p. 51).

Os autores dos PCN, em Brasil (1997,1998, 1999), criaram um novo bloco de conteúdo denominado “Tratamento da Informação”, contemplando combinatória, probabilidade e estatística, com ênfase nos problemas de contagem - envolvendo o princípio aditivo e o princípio multiplicativo - onde são sugeridas claras recomendações quanto ao desenvolvimento de atividades que contemplem tais conteúdos, como se pode constatar nos PCN, em Brasil (1997):

> Um olhar mais atento para nossa sociedade mostra a necessidade de acrescentar a esses conteúdos aqueles que permitam ao cidadão "tratar" as informações que recebe cotidianamente, aprendendo a lidar com dados estatísticos, tabelas e gráficos, a raciocinar utilizando ideias relativas à probabilidade e à combinatória (BRASIL, 1997, p.53).

Entre os objetivos do ensino da Matemática, os autores dos PCN, conforme Brasil (1997), destacam:

> [...] Utilizar diferentes registros gráficos – desenhos, esquemas, escritas numéricas – como recurso para expressar ideias, ajudar a descobrir formas de resolução e comunicar estratégias e resultados. Identificar características de acontecimentos previsíveis ou aleatórios a partir de situações-problema, utilizando recursos estatísticos e probabilísticos. [...] Demonstrar interesse para investigar, explorar e interpretar, em diferentes contextos do cotidiano e de outras áreas do conhecimento, os conceitos e procedimentos matemáticos abordados neste ciclo. Vivenciar processos de resolução de problemas, percebendo que para resolvê-los é preciso compreender, propor e executar um plano de solução, verificar e comunicar a resposta (BRASIL, 1997, p. 81-82).

Segundo os autores dos PCN, em Brasil (1997), para a compreensão efetiva da multiplicação é preciso explorar quatro diferentes grupos de atividades - dentre as quais às associadas à combinatória -, o que evidencia a importância de favorecer a aprendizagem de conceitos próprios da temática por meio de diferentes abordagens.

Em relação ao quarto grupo - diretamente associado aos objetivos deste livro - os autores dos PCN, em Brasil (1997), apresentam sugestões de atividades que poderão ser exploradas com essa abordagem por meio de situações-problema associadas à ideia de combinatória.

Segundo os autores dos PCN, em Brasil (1997):

> Estar alfabetizado, neste final de século, supõe saber ler e interpretar dados apresentados de maneira organizada e construir representações, para formular e resolver problemas que impliquem o recolhimento de dados e a análise de informações (BRASIL, 1997, p.132).

Essa característica da vida contemporânea traz ao currículo de Matemática uma demanda em abordar elementos da estatística, da combinatória e da probabilidade, como se pode constatar em:

> [...] Pela observação da frequência de ocorrência de um dado acontecimento, e um número razoável de experiências, podem-se desenvolver algumas noções de probabilidade (BRASIL, 1997, p.132-133).

Segundo orientações da Secretaria de Educação Básica do MEC – Ministério da Educação:

> O estudo da combinatória e da probabilidade é essencial neste bloco de conteúdo, pois os alunos precisam adquirir conhecimentos sobre o levantamento de possibilidades e a medida da chance de cada uma delas. A combinatória não tem apenas a função de auxiliar o cálculo das probabilidades, mas tem inter-relação estreita entre as ideias de experimento composto a partir de um espaço amostral discreto e as operações combinatórias. Por exemplo, ao extrair aleatoriamente três bolas de uma urna com quatro possibilidades, este experimento aleatório tem três fases, que podem ser interpretadas significativamente no espaço amostral das variações. A utilização do diagrama de árvores é importante para clarear a conexão entre os experimentos compostos e a combinatória, pois permite que visualizemos a estrutura dos múltiplos passos do experimento (BRASIL, 2008, p. 79).

Também em estatística, ainda na Educação Básica, o uso do raciocínio combinatório se fará presente quando for preciso coletar dados, organizá-los e fazer a representação deles por meio de tabelas e/ou gráficos. Igualmente, segundo orientações da Secretaria de Educação Básica do MEC, destaca-se que:

> Durante o ensino médio, os alunos precisam adquirir entendimento sobre o propósito e a lógica das investigações estatísticas, bem como sobre o processo de investigação. Deve-se possibilitar aos estudantes o entendimento intuitivo e formal das principais ideias matemáticas implícitas em representações estatísticas, procedimentos ou conceitos. Isso inclui entender a relação entre síntese estatística, representação gráfica e dados primitivos (BRASIL, 2008, p. 79).

Neste capítulo apresentamos algumas sugestões dos autores dos PCN para o ensino dos problemas de contagem e probabilidade na educação básica.

Um grande avanço para o ensino da Matemática na educação básica foram indicações quanto à introdução do bloco tratamento da informação nos currículos escolares, como sugeridos pelos autores dos PCN, em Brasil (1997,1998,1999), no sentido de procurar novas perspectivas para o ensino com as novas demandas que têm sido colocadas pela sociedade, as quais se avizinham neste início do Século XXI. Outra demanda que destacamos, para ser explorada pelos professores, é a que refere à larga exploração dos recursos das tecnologias da informação e da comunicação (TICs) - tanto por professores quanto por alunos.

A sugestão de incorporação do bloco tratamento da informação na Educação Básica está em consonância com as propostas apresentadas por Batanero (1996) para o ensino de Estatística, desde o Ensino Fundamental, mostrando a relevância da temática.

Segundo Batanero (1996), há 5 (cinco) razões fortes para que um tema qualquer deva ser incluído em um currículo de educação obrigatória, e os conteúdos de estatística estão "amplamente contemplados" nessas razões, quais sejam:

> ✓ [...] Que seja uma parte da educação geral desejável para os futuros cidadãos adultos;
> ✓ Que seja útil para a vida posterior, bem como para o trabalho ou para o tempo livre;
> ✓ Que auxilie o desenvolvimento pessoal;
> ✓ Que ajude a compreender os outros temas do currículo tanto da educação obrigatória como da posterior;
> ✓ Que constitua a base para uma especialização posterior no mesmo tema ou outros relacionados (SÃO PAULO, 2007, p. 115).

Entretanto, este autor entende que são necessários mais alguns conhecimentos da teoria das probabilidades, que aqueles que foram apresentados anteriormente, para uma adequada compreensão dos métodos estatísticos. Tais métodos estatísticos, por sua vez, são indispensáveis nos campos científico, profissional e social, mormente nos dias de hoje.

Segundo os autores de São Paulo (2007), Batanero (1996) destaca a aplicação da probabilidade para resolver problemas reais, conforme se constata em:

> [...] a probabilidade pode ser aplicada na realidade tão diretamente como a aritmética elementar, não sendo preciso o conhecimento de teorias nem de

> técnicas matemáticas complicadas, e que a probabilidade proporciona uma excelente oportunidade para mostrar aos alunos como matematizar, ou seja, como aplicar a Matemática para resolver problemas reais (SÃO PAULO, 2007, p. 115).

Ainda, segundo Batanero (1996):

> [...] o ensino das noções probabilísticas pode ser realizado mediante uma metodologia heurística e ativa, por meio do plano de problemas concretos e a realização de experimentos reais ou similares (SÃO PAULO, 2007, p. 115).

Assim, tomando como referência as ideias apresentadas por Batanero (1996) e as sugestões dos autores dos PCN, o autor entende que o ensino de problemas de contagem é uma das demandas colocadas para o ensino da Matemática na Educação Básica, e pode servir diretamente aos propósitos do ensino de probabilidades, ou não.

Não obstante a Base Nacional Comum Curricular (BNCC) referir-se ao conteúdo que deve ser ensinado aos alunos do Ensino Fundamental, e uma vez que ela seja implementada nas escolas a partir do ano letivo de 2019, caberá ao professor preparar-se para os desafios de ensinar a parte do conteúdo do bloco *tratamento da informação* que cabe aos alunos deste segmento de ensino.

Ademais, os autores de livros didáticos já têm contemplado em suas obras parte própria do conteúdo deste bloco, ao longo dos anos finais do ensino fundamental, desde que essas sugestões foram apresentadas pelos autores dos PCN, em Brasil (1998).

Mas, em relação aos anos iniciais do Ensino Fundamental, será preciso que os professores elaborem situações didáticas que permitam aos alunos compreenderem as ideias iniciais básicas acerca do conteúdo do bloco tratamento da informação - o que já pode ser feito, pois a BNCC relativa a esse segmento de ensino já foi promulgada.

Salienta-se, entretanto, que ainda são tímidas as proposições relativas à introdução do conteúdo de combinatória nos livros didáticos destinados aos anos iniciais do ensino fundamental.

É preciso dar ênfase à introdução de parte do conteúdo do bloco tratamento da informação (apropriação e exercício do raciocínio combinatório; noções básicas exploratórias relacionadas com o raciocínio probabilístico, bem como atividades relacionadas com as representações e a análise de dados estatísticos), desde o 4º Ano, por exemplo.

Cabe chamar a atenção do leitor, para o fato de que a BNCC é um documento normativo (prescrito, indicado, receitado, etc) - diferentemente dos PCN, que são sugestões pedagógicas - para servir de orientação às Secretarias Estaduais e Municipais de Educação, e às diversas instituições públicas e privadas Brasil afora.

Ademais, desde a sua promulgação a BNCC tornou-se referência obrigatória para dirigentes educacionais e professores, uma vez que serve de base para a elaboração dos currículos escolares e propostas pedagógicas para os dois segmentos da Educação Básica.
Em particular, destacamos alguns conceitos que deverão ser ensinados aos alunos nos anos finais do ensino fundamental conforme as sugestões apresentadas pelos autores da BNCC, em Brasil (2017), ainda em versão avaliativa, a saber:

> 7º Ano: Experimentos aleatórios: espaço amostral e estimativa de probabilidade por meio de frequência de ocorrências; Pesquisa amostral e pesquisa censitária: Planejamento de pesquisa, coleta e organização de dados, construção de tabelas e gráficos e interpretação das informações.
> 8º Ano: Princípio Multiplicativo da Contagem; soma das probabilidades de todos os elementos de um espaço amostral; Pesquisa amostral e pesquisa censitária: Planejamento e execução de pesquisa amostral.
> 9º Ano: Análise de probabilidade de eventos aleatórios: eventos dependentes e independentes. Pesquisa amostral e pesquisa censitária: Planejamento e execução de pesquisa amostral e apresentação de relatório (BRASIL, 2017, p. 254-271).

CAPÍTULO 3

O que dizem as pesquisas acerca do ensino de problemas de contagem e probabilidade na Educação Básica?

Neste capítulo, serão apresentados breves considerações e resultados de pesquisas que ressaltam a importância de pesquisadores e professores estarem continuamente estudando acerca de metodologias e inovações curriculares, para dar conta do ensino e aprendizagem de análise combinatória e probabilidade.

Tais pesquisas consideram, questionam e orientam quanto às orientações metodológicas e pedagógicas prescritos em currículos, sugeridas ou prescritas em documentos oficiais e apontam questões com base nos resultados obtidos.

As últimas décadas têm sido marcadas por vasta variedade e grande número de pesquisas na área de Educação Matemática. Muitas reportam-se às experiências didáticas com conteúdo da Matemática vivenciadas por crianças, jovens, adultos e professores, desenvolvidas para responder questões relacionadas ao ensino e à aprendizagem da Matemática na Educação Básica. Basicamente, estão relacionados com o ensino e a aprendizagem de conceitos, competências, estratégias e procedimentos para a resolução de problemas.

Podemos citar pesquisas de Carraher, Carraher & Schliemann, 1989; Nunes & Bryant, 1997; Kamii, 2005; Vergnaud, 1983, 1991 nas quais, segundo Placha e Moro (2009. p.1), "pode-se perceber forte influência da epistemologia genética, teoria para a qual a aprendizagem só é possível quando há assimilação ativa por parte do sujeito que aprende (Piaget, 1973b)".

Segundo Placha e Moro (2009):

> Outro ponto a destacar nessas pesquisas refere-se ao que Piaget (1973b) já assinalava como o principal problema do ensino da Matemática: o ajuste entre as estruturas inteligentes da criança e o método utilizado pelo professor para o ensino dos conceitos. Conforme essa posição, é indispensável a intervenção do professor para, em sala de aula, levar os alunos à reflexão e à descoberta de noções, relações e propriedades matemáticas, fazendo-os, assim, evoluir sua compreensão dos conceitos trabalhados (PLACHA & MORO, 2009, p.7).

A preocupação dos pesquisadores reside em grande parte nas pesquisas que possam dar conta das diversas questões que influenciam nos procedimentos metodológicos de ensinar e de aprender.

E, portanto, sobre pesquisas que visam compreender como se dá a apreensão de conceitos da Matemática pelo aluno - considerando que têm a preocupação de fazerem uso de metodologias que dão liberdade ao aluno para que ele possa expor o que pensa e como pensa, além de tornar possível identificar em qual etapa ele toma uma decisão, e quais ações derivam como consequência desta.

Ainda segundo Placha e Moro (2009):

> Um dos pontos que merece destaque neste quadro é a preocupação dos pesquisadores em conhecer, compreender e explicar o caráter ativo da aprendizagem de conteúdos matemáticos escolares, indicando a necessidade de uma aprendizagem matemática com compreensão dos conceitos (PLACHA e MORO, 2009, p.7).

Enfim, nossas considerações e concepções acerca do ensino e aprendizagem de todo o conteúdo tratado neste livro vêm ao encontro das ideias e resultados de pesquisas obtidos por experientes pesquisadores da área de Educação Matemática, nos diferentes segmentos de ensino. Tais resultados das pesquisas, por sua vez, permitem conhecer, compreender e encaminhar diferentes atividades didáticas que têm o propósito de tornar possível ao professor poder ofertar uma "efetiva aprendizagem"[1].

De modo geral, a questão principal de uma pesquisa de ensino está associada a diferentes situações criadas pelo pesquisador, as quais ele espera ver respondidas pelos sujeitos da pesquisa.

Tem ela - a questão principal de pesquisa - o propósito de tornar possível ao pesquisador identificar, conhecer e avaliar (segundo as situações de ensino que está propondo ao encaminhar

---

[1] Pressupõe-se como "efetiva aprendizagem" àquela em que haja compreensão de significados que se relacionam a experiências anteriores e vivências pessoais dos alunos, as quais permitem o estabelecimento de diferentes relações entre fatos, acontecimentos, noções e conceitos, acarretando mudanças comportamentais que contribuem para que ele utilize o que aprendeu em novas situações e em problemas desafiadores.

a investigação) como se dá a "aprendizagem significativa"[2] de certo conteúdo (ou procedimento) da Matemática.

Por conta da análise que faz sobre os resultados dos dados coletados em uma pesquisa, o pesquisador pode verificar se as suas hipóteses foram ou não confirmadas para aquele universo de sujeitos da pesquisa. Também, o pesquisador pode considerar se houve ou não aprendizagem significativa para a situação em questão, se for o caso.

Por outro lado, a confirmação ou não de uma aprendizagem significativa pode ser identificada pelo pesquisador na medida em que ele se dispuser a oferecer condições para que o sujeito da pesquisa (o aluno) demonstre seus conhecimentos, compreensão e visão acerca do que é pedido que ele fale a respeito, durante a investigação.

Tais condições podem ser ofertadas por meio da proposição e resolução de situações-problema de aprendizagem, por exemplo, ou quando o pesquisador oportuniza que o sujeito da pesquisa faça uso de narrativas para explicar, de modo claro, acerca de algo que tenha sido descrito por ele ou, então, sobre algo que tenha ocorrido quando da apresentação de uma resolução.

Nessas circunstâncias, e para isso, o aluno poderá utilizar-se da possibilidade de fazê-las na forma escrita, verbal e/ou gestual as quais propiciam ao pesquisador (ou professor) ser capaz de reconhecer ou não que tenha havido a apreensão de conceitos, e que estes têm significado adequado para o objeto da consulta a que o aluno esteja sendo submetido.

Corroborando com as nossas concepções, assim se manifestam Placha e Moro (2009) a esse respeito:

> Pesquisas têm descrito uma real construção de conceitos em sala de aula quando o professor permite e incentiva as crianças a elaborar e utilizar estratégias próprias de cálculo na solução de problemas (Brito, 2001; Franchi, 1999; Kamii, 2005; Nunes & Bryant, 1997; Sinclair, 1990). Conforme Sinclair (1990), estratégias próprias de cálculo são os procedimentos originais, não canônicos, de cálculo mental, oral e escrito, elaborados pelas crianças na solução de problemas, perspectiva adotada neste estudo (PLACHA e MORO, 2009, p.7).

[2] Por "aprendizagem significativa" pressupõe-se a aprendizagem segundo a qual o aluno é orientado no sentido de tornar-se capaz de ser um agente efetivo de sua aprendizagem. Ou seja, apropriando-se de saberes com os quais seja partícipe da sua aprendizagem, e em condições de apropriar-se de conhecimentos, competências, habilidades, valores, maneiras de pensar e de atuar matematicamente, e a consecução de atitudes.

Segundo nossos pressupostos, entendemos que a figura e o posicionamento docente do professor é imprescindível na condução dos processos de ensino e aprendizagem.

Cabe ao professor orientar os caminhos por meio dos quais se passa da concepção e aplicação de uma atividade - proposta para a sala de aula, ou não - para a fase de avaliação da efetividade da proposta.

Assim, a avaliação de uma atividade pelo professor permite identificar se uma dada aprendizagem foi efetiva, segundo os propósitos que nortearam as ideias iniciais e o desenvolvimento dela com os alunos.

Sobre essas questões, assim se manifestam Placha e Moro (2009):

> Nessa mesma linha, o papel do professor não mais se restringe evidentemente a transmitir conhecimentos prontos, mas, sobretudo, é o de provocar ou instigar as crianças a elaborar estratégias próprias de cálculo, para que façam sua construção conceitual. Piaget (1973b) já recomendava a necessidade de uma intervenção instigante do adulto para a elaboração espontânea da criança, em vez de lhe impor uma elaboração formalizada e pronta (PLACHA e MORO, 2009, p.7-8).

Não menos importante que as questões anteriores, destacamos que o professor considere os conhecimentos e as experiências pessoais trazidas pelo aluno à sala de aula. E, a partir desses pressupostos, que ele colabore - enquanto mediador da aprendizagem - de modo que o aluno se torne partícipe da sua própria aprendizagem.

Em relação a essa questão, tomamos, mais uma vez, considerações defendidas por Placha e Moro (2009) a esse respeito, como a seguir:

> Starepravo (1997) pontua que a ação mental é empobrecida quando as crianças recebem informações prontas e, em seguida, aplicam essas informações em exercícios escolares; a ação mental só ocorre quando a criança coloca o novo em relação com aquilo que já conhece e vivenciou. Papert (1994) sublinha que a aprendizagem significativa ocorre a partir da solução de problemas e do estabelecimento de relações com as experiências vividas. O autor ressalta que os conhecimentos que as crianças têm devem conectar-se aos problemas propostos em sala de aula; caso contrário, a aprendizagem não será significativa (PLACHA e MORO, 2009, p.8).

No que se segue, apresentamos resultados de pesquisas recentes que relatam experiências e estudos relacionados com a apropriação, desenvolvimento e o exercício do raciocínio combinatório com alunos dos anos iniciais do ensino fundamental.

No artigo "Psicogênese do raciocínio combinatório e problemas de produto cartesiano na Escola Fundamental", Soares e Moro (2006) descreveram níveis e sub-níveis da construção inicial do raciocínio combinatório de alunos de 5ª e de 6ª série do Ensino Fundamental, com o objetivo de verificar a possibilidade de descrição psicogenética do raciocínio combinatório.

O trabalho contou com a participação de sessenta alunos, pertencentes a uma escola pública localizada na periferia de uma grande cidade, sendo trinta e um deles da 5ª série e vinte e nove da 6ª série, com idades entre 10 anos e 7 meses e 11 anos e 11 meses, na resolução de quatro problemas que envolviam ideias de produto cartesiano com duas e com três variáveis; dados com valores numéricos pequenos e grandes, e contendo ou não valores distratores (valores que não fazem parte dos dados utilizados para resolver a questão) distribuídos entre eles.

Para a análise dos resultados obtidos, as autoras categorizaram quatro níveis de construção de raciocínio combinatório, a saber: ausência de solução combinatória; primeiros indícios de soluções combinatórias; alguma aproximação de soluções combinatórias e presença de soluções combinatórias.

Desse modo as autoras puderam quantificar as frequências e os percentuais das soluções apresentadas pelos participantes, em cada um dos níveis de raciocínio combinatório que haviam categorizado, e os resultados revelaram indícios de relação negativa entre o avanço na escolaridade (soluções de nível mais adiantado obtidos na 5ª série e não na 6ª série).

Mas, segundo as autoras, esses "indícios são muito perturbados pela alta incidência de soluções de nível 1. Ou seja, de ausência de solução combinatória em ambas as séries, independentemente do problema, com percentuais que variaram de 60,0% a 82,8%".

Por outro lado, ressaltam as autoras, "não são claros os indícios de relação entre níveis de solução e tipo de problema trabalhado, pois, para qualquer um deles há percentuais relativamente altos de soluções correspondentes ao nível 1".

Por fim, as autoras destacam os limites do estudo relatado e de seus resultados, tais como "a amostra restrita, de grupos pequenos de alunos de 5ª e 6ª série, escolhidos por conveniência" e concluem "ser necessário um trabalho escolar com problemas de produto cartesiano desde as séries iniciais, devendo ocorrer em um crescendo entre séries em atenção ao seu significado matemático específico, como circunstância de construção do raciocínio combinatório, entre outras relações significativas ao desenvolvimento cognitivo do aluno, com prováveis reflexos em outras áreas de sua aprendizagem escolar".

No trabalho "Uso de um interactivo para el aprendizaje de algunas ideas sobre combinatoria en primaria", Sandoval, Trigueros e Lozano (2007) relatam os resultados obtidos com 25 alunos mexicanos com idades de 11 a 13 anos, de 5º e 6º Anos, após o uso do software "Diagrama de Arbol" - por eles desenvolvido - para explorar ideias de combinatória, tornando possível o cálculo de possibilidades em questões de produto cartesiano, arranjos, permutações e combinações utilizando cores para distinguir diferentes possibilidades, geradas a partir da árvore.

O desenvolvimento do software e o trabalho com as crianças ocorreram após uma avaliação nacional de educação realizada em todo o México, a qual apontou um número excessivo de crianças da escola primária que não conseguem resolver problemas que necessitam de conceitos básicos de combinatória.

Como resultados do estudo as autoras relatam que o software permitiu que as crianças desenvolvessem estratégias de resolução mais eficientes para os problemas propostos, bem como em relação a representações feitas por eles.

No trabalho "Análise Combinatória: uma abordagem através de contexto", Fontes e Fontes (2007) apontam para "a necessidade de se buscar suporte em meios de comunicação como internet, revistas e jornais para elaboração de questões que tenham significados para os alunos de modo que os conteúdos matemáticos abordados estejam relacionados ao cotidiano dos estudantes", avaliando como positiva a experiência vivenciada.

Na experiência, os autores relatam que

> [...] propuseram uma abordagem contextualizada de problemas de análise combinatória, visto que os alunos consideram este, um dos conteúdos da matemática dos mais difíceis de ser compreendido devido, segundo os alunos, à não aplicabilidade na vida cotidiana (FONTES e FONTES, 2007).

A metodologia adotada pelos autores foi a de elaboração de problemas "autênticos" segundo a concepção adotada, "baseados em situações que, embora por vezes fictícias, representassem os tipos de problemas encontrados na vida real" (FONTES e FONTES, 2007).

No trabalho "Problemas de Produto Cartesiano, raciocínio Combinatório e Intervenção do Professor", Placha e Moro (2009) ressaltam que o objetivo principal foi o de:

> [...] descrever a natureza das soluções de crianças a problemas de produto cartesiano conforme níveis de raciocínio combinatório ali implicados, para identificar a aprendizagem ocorrente e a natureza das intervenções de ensino (PLACHA e MORO, 2009, p.2).

Participaram da pesquisa cinco crianças de nove anos, alunas da 3ª série de uma escola municipal. As autoras identificaram os seguintes níveis de solução:

> [...] resposta contextualizada sem indício de combinação, primeiras aproximações à solução combinatória, obtenção de algumas combinações e presença de solução combinatória (PLACHA e MORO, 2009, p.10, 12).

Nas considerações relativas aos resultados da pesquisa as autoras fizeram indicações para professores e pesquisadores da área de Educação Matemática, conforme se constata na citação a seguir:

> [...] a relevância das estratégias de solução próprias das crianças, em particular suas interpretações a respeito de quando aprendem matemática na escola. [...] dá força à ideia de que, nas séries iniciais do Ensino Fundamental, deve-se trabalhar com problemas de produto cartesiano para ativar o raciocínio combinatório e sempre com base no patamar de compreensão em que as crianças se encontram. [...] sublinha a provável importância e a necessidade de os professores conhecerem o conceito matemático com o qual trabalham, e os patamares de sua construção, para que possam auxiliar seus alunos nessa construção em situações de aprendizagem (PLACHA e MORO, 2009, p.15).

Pesquisa 1, desenvolvida pelo autor

Na pesquisa *Construção da linguagem matemática no Ensino Fundamental: reflexões e práticas relativas ao raciocínio combinatório*, Teixeira (2012a) aborda situações-problema de contagem relacionadas aos significados dados à multiplicação com números naturais, notadamente aquelas relativas ao quarto grupo (ideia de combinatória), conforme apontam os autores dos PCN, em Brasil (1997, p.111).

A questão principal de pesquisa que norteou o trabalho, teve como propósito conhecer e compreender como ocorre o processo de aprendizagem das ideias iniciais relativas à obtenção de soluções para situações-problema de contagem que requerem o exercício do raciocínio combinatório.

Foram elaboradas e selecionadas diversas situações-problema de contagem para compor uma sequência de ensino as quais, todas, implicam no exercício e exploração do raciocínio combinatório.

O raciocínio combinatório - fundamental em Matemática - e igualmente aplicável na solução de problemas de outras áreas do conhecimento, favorece a compreensão e a aplicação do princípio multiplicativo (ou princípio da multiplicação ou princípio fundamental da contagem - PFC) em atividades com alunos, desde os anos iniciais, sem que seja necessário formalizar precocemente alguns conceitos de combinatória, e sem o uso de fórmulas. Seu exercício está diretamente relacionado com a perspectiva de vir a oferecer subsídios para responder à seguinte questão principal, formulada para a pesquisa:

> *De que maneira ocorre o processo para a apreensão de padrões de sistematização para a tomada de decisões relacionadas com o exercício do raciocínio combinatório, sob condições de intervenção do professor, durante a solução de situações-problema de contagem envolvendo noções iniciais do princípio multiplicativo com alunos da 4ª Série/ 5º Ano do Ensino Fundamental?*

De modo a subsidiar a problemática da pesquisa com diferentes aspectos que a envolvem e viabilizar, assim, respostas à questão da pesquisa, o autor levantou quatro questões específicas, a saber:

> *1. Quais relações existem entre a busca de sistematização própria de padrões de raciocínio para efetuar a pintura de listras de bandeiras, dispondo-se de alguns bastões de cera em cores (podendo ou não haver listras não pintadas) e a construção do raciocínio combinatório em crianças na 4ª Série/ 5º Ano do Ensino Fundamental?*
>
> *2. Como se caracterizam as soluções e as interpretações das crianças relativamente a aspectos gestuais, verbais e notacionais, quando estas*

> *estão solucionando situações-problema nas quais o raciocínio combinatório esteja aí implicado, direta ou indiretamente, na contagem e/ou na apresentação das soluções?*
>
> *3. Que influências têm o uso de material concreto na resolução de situações-problema em crianças na 4ª Série/ 5º Ano do Ensino Fundamental que favorecem tomar decisões para a construção de uma árvore de possibilidades?*
>
> *4. Quais foram as formas diferenciadas de intervenção que caracterizaram o trabalho do pesquisador quando assumiu para um pequeno grupo de crianças da 4ª Série/ 5º Ano do Ensino Fundamental também o papel de professor durante as observações feitas em sala de aula durante as soluções de situações-problema propostas em uma sequência de ensino?*

A primeira parte da pesquisa - pesquisa de campo - está relacionada com a coleta de dados, e foi realizada por meio da aplicação de um questionário semiestruturado a alunos de um curso de formação inicial em Pedagogia (destinado a graduar profissionais para o exercício nos dois primeiros ciclos do ensino fundamental). Foi realizada em duas universidades privadas: uma delas localizada na cidade de São Paulo e outra localizada na cidade de São Caetano (na periferia da Cidade de São Paulo).

A segunda parte da pesquisa de campo está relacionada com a aplicação de uma sequência de ensino estruturada, com o propósito de identificar o desenvolvimento de padrões de raciocínio que favorecem a apreensão do raciocínio combinatório por meio da resolução de situações-problema que envolveram conceitos iniciais relacionados à ideia combinatória, no ensino fundamental.
Seis crianças (três meninas e três meninos) participaram desta atividade, sendo quatro de uma mesma turma e duas de outra turma, todas estudando no horário da manhã, idades na faixa etária de 9 a 10 anos, matriculadas em um colégio particular pertencente à mantenedora de uma Universidade localizada em área urbana da cidade de São Paulo.

A professora docente das turmas procedeu à escolha aleatória das crianças tomando por base a disponibilidade dos alunos e dos pais e/ou responsáveis que se dispuseram a participar da pesquisa. As crianças compareceram em cinco encontros, duração aproximada de 60 minutos cada, horário da tarde, das 15h00min às 16h00min, sempre às 3ªs feiras. Os encontros aconteceram em uma sala do próprio colégio, e contaram somente com a presença das crianças, da professora e do pesquisador.

A terceira parte da pesquisa de campo relacionou-se à aplicação de questionários semiestruturados destinados a conhecer o perfil de professores que atuam nos anos iniciais do ensino fundamental.

A investigação reuniu forte cunho descritivo, incluindo transcrições dos diálogos havidos entre os sujeitos da pesquisa, gravações em áudio e relatórios de observações feitas em sala de aula, ao longo da aplicação de toda a sequência de ensino.

O pesquisador esteve atento a todos os elementos presentes nas situações estudadas, sabendo de antemão que aspectos por vezes considerados triviais e aparentemente considerados sem importância podem se transformar em informações valiosas para compor o conjunto de dados de pesquisa. Portanto, aspectos carregados de significados, os quais ajudam na compreensão dos fenômenos em questão.

Assim, considerando-se alguns aspectos que caracterizam uma investigação qualitativa, como os que estão presentes no artigo de Menezes (1995), a pesquisa foi considerada como uma investigação de natureza qualitativa.

Fato é que os ambientes em que a pesquisa foi desenvolvida (salas de aula) foram ambientes naturais para a coleta direta de dados, nos quais o pesquisador exerceu papéis que o colocaram como o instrumento central para tal.

Então, nesse ambiente, o pesquisador não se valeu do propósito de recriar experimentalmente questões de pesquisa que não aquelas propostas no trabalho investigativo, e sobre as quais se propôs a estudar, observar e coletar dados para a pesquisa.

Assim é que os dados analisados - tanto os oriundos dos questionários semiestruturados quanto as observações e registros coletados dos cinco encontros objeto da sequência de ensino proposta - não foram situações criadas para a pesquisa, pois eles poderiam, a qualquer tempo, ter sido aplicados e analisados dentro de uma programação regular de tais cursos: o de formação inicial de professores, e uma sala de aula de 4ª Série/5º Ano do Ensino Fundamental. E, como tal, esses particulares contextos foram levados em conta nas análises, uma vez que exercem influência sobre o fenômeno a ser estudado.

A sequência de ensino foi realizada ao longo de cinco encontros, uma Ficha de Atividades aplicada em cada um deles, e estas apresentaram os enunciados das situações-problema, com duração média de 60 minutos cada, em horário contrário ao das aulas regulares - 15h00min às 16h00min -, como mencionado antes.

Toda a sequência de ensino foi desenvolvida com o grupo de seis sujeitos de pesquisa divididos em dois grupos, com três sujeitos em cada, os grupos constituídos por afinidades entre os seus membros, sem a interferência do pesquisador.

Os registros notacionais e verbais apresentados pelos sujeitos da pesquisa, e as observações de registros feitas pelo pesquisador, tiveram o objetivo de possibilitar análises mais robustas acerca dos processos de interação ocorridos no interior dos trios, e nas discussões de todo o grupo em conjunto com o pesquisador, ocorridos em todos os encontros.

Os resultados obtidos, após os alunos vivenciarem a descoberta e discussão das soluções para 18 (dezoito) variadas situações-problema de contagem, permitiram identificar um razoável número de estratégias próprias variadas apresentadas pelos alunos, tais como: na construção de esquemas, tabelas de dupla entrada, árvore de possibilidades, enumeração de agrupamentos e a apresentação de cálculos - utilizados por eles na busca das soluções às situações propostas.

Essas estratégias permitiram ao pesquisador, por vezes revestido ao papel de professor, poder identificar, acompanhar e intervir (poucas vezes) no processo de aprendizagem dos alunos.

A condução das atividades encontro a encontro para a solução das situações-problema - independente do fato de o grupo ser em pequeno número ou de estar em uma sala de aula habitual, com mais alunos - teve como propósito poder identificar atitudes de reflexão, análise e elaboração de hipóteses sobre os dados apresentados, em cada situação; o estabelecimento de relações com conhecimentos prévios, os quais permitem o confronto de ideias para a construção e a reconstrução de conceitos subjacentes às situações que foram propostas e/ou colocadas.

Tais ações estão em consonância com recomendações presentes na literatura, acerca da importância de conhecer, valorizar e valorar estratégias próprias de cálculo, e a busca de representações na compreensão dos conceitos da Matemática. Em particular, aos objetos presentes nas resoluções das soluções às situações-problema propostas relacionados à apropriação do raciocínio combinatório. Como referência básica, os conhecimentos e as experiências prévias dos alunos e a disponibilidade de possibilitar que eles pudessem se tornar partícipes efetivos de suas próprias aprendizagens.

Assim é que se pode creditar que o estilo intervencionista do pesquisador - enquanto revestido na função de professor - por vezes permitiu que ele pudesse conhecer e acompanhar o processo de aprendizagem dos alunos. Nessas ocasiões, ao propor intervenções pertinentes e significativas que favoreceram a apropriação dos conceitos - apenas quando julgava conveniente fazê-las – foi possível fazer associações entre os padrões de sistematização utilizados quando da pintura de listras de bandeiras com as etapas de ações e tomadas de decisões pertinentes ao uso do raciocínio combinatório, durante a construção das respectivas árvores de possibilidades.

Por conta disso, a apropriação de padrões próprios de sistematização de pinturas de faixas/listras de bandeiras (e de bandeiras como um todo) está diretamente relacionado às tomadas de decisões relativas às ações oriundas das etapas do exercício do raciocínio combinatório.

Por sua vez, elas puderam ser identificadas quando o pesquisador registrou as ações dos alunos enquanto construíam determinada representação gráfica: esquema, árvore de possibilidades ou tabela de dupla entrada para determinar a totalidade de soluções, bem como em relação às representações notacionais objeto dos cálculos.

Ao longo de toda a sequência de ensino foi possível elencar algumas concepções que os alunos apresentavam enquanto se debruçavam na busca das soluções para os problemas.
Estas, por sua vez, tiveram impactos diretos no desenvolvimento das atividades, uma vez que dificultaram o ensino e a aprendizagem das noções iniciais relacionadas com o princípio multiplicativo.

Assim, foi possível identificar e registrar as seguintes dificuldades, encontradas pelos alunos durante a resolução das situações-problema propostas:

- Não foi identificado que os alunos tivessem tido a percepção de terem se apropriado de um padrão próprio para procederem às pinturas das faixas das bandeiras;
- Identificou-se dificuldades para a pintura e a contagem de bandeiras que deveriam ser contabilizadas - possivelmente por conta da falta de um padrão sistemático de pintura elaborado/estabelecido pelo aluno, de modo que em algumas situações alguns não encontraram todas as possibilidades de soluções;
- Faltou confiança a alguns alunos - de modo que devessem utilizar os procedimentos por eles estabelecidos, de início, de maneira consistente - para a obtenção de todas as possíveis pinturas distintas, uma vez que ainda não tinham estabelecido um padrão próprio de pintura para as listras das bandeiras;
- Foram identificadas dificuldades que ocorriam quando os alunos partiam para apresentar as soluções através da enumeração das possibilidades utilizando-se de procedimentos de tentativa e erro. Principalmente na situação em que a formação de todas as possibilidades os obrigavas ao estabelecimento de um quantitativo razoavelmente grande de possibilidades. Nesses casos a tarefa se tornou exaustiva, levando-os à desistência ou à falta de concentração para prosseguir;
- Em um único caso - quando de uma resposta errônea, sem que o aluno soubesse justificá-la ou explicar o porquê de tal resposta – identificou-se a ausência de iniciativa na busca de saídas para dar prosseguimento à resolução;
- A necessidade que alguns alunos sentiam de apresentar uma operação aritmética que pudesse dar conta da totalidade de soluções (ressaltando que tal postura não foi cobrada ou incentivada em nenhum momento pelo pesquisador). Mas, em princípio, tal solicitação parecia natural, uma vez que, diziam eles, em outras situações assim faziam;
- O uso da árvore de possibilidades ou a tabela de dupla entrada apenas quando o pesquisador assim sugeria fosse feito ou o enunciado da situação pedia, e não porque eles entendessem ser um procedimento disponível que serviria para verificar se todas as possibilidades estavam sendo consideradas;
- As poucas vezes em que a construção da árvore de possibilidades apresentou situações inadequadas - as quais se justificam claramente pelo pouco uso dessa representação na resolução de uma situação-problema de contagem, em curto espaço de tempo.

O registro e a análise de tais dificuldades - por vezes, consideradas rotineiras no ensino e aprendizagem da Matemática, em muitas salas de aula Brasil afora -, constitui tarefa precípua no trabalho de um pesquisador. Em relação às atividades objeto da pesquisa em questão há que considerar que, possivelmente, se constituíram em novidade para as crianças no que concerne ao conteúdo, e o modo como ele foi explorado.

Sempre se espera, de todo pesquisador, uma posição rígida em relação à coleta dos dados e uma postura crítica no tocante à análise destes, de modo a conhecer os resultados de um trabalho de pesquisa - independentemente dos sujeitos de pesquisa envolvidos.

Por outro lado elas são próprias ao objeto pesquisado e aos sujeitos envolvidos, uma vez que se trata de resultados de pesquisa científica. Portanto, cabe ao investigador ater-se à recolha dos dados, identificação, apresentação e à análise de todos eles.

As análises acerca dos resultados coletados ganharam maior evidência a partir do 3º encontro - quando o pesquisador tomou por base as experiências que os alunos tiveram oportunidade de vivenciar em situações similares durante os encontros anteriores.

É interessante comparar os resultados apresentados pelos alunos dessa faixa etária com experiências feitas com alunos do Ensino Médio, por exemplo.

Em geral, depois de algumas atividades de construção de árvores de possibilidades e de tabelas de dupla entrada, os alunos do ensino médio abandonam essas representações para se utilizarem quase que exclusivamente de procedimentos na forma de uma ou mais operações aritméticas para dar conta da totalidade de possibilidades que atendem à solução de um problema de contagem.

E, por se sentirem seguros quanto à não necessidade de fazerem uso de uma árvore de possibilidades para encontrar a solução de um problema de contagem, por vezes os alunos cometem erros em problemas considerados simples quando fazem uso de uma representação numérica, nos quais a construção de uma árvore resolveria a contento.

Para alunos do ensino médio a constatação acima foi confirmada em pesquisa de Navarro-Pelayo, Batanero e Godino (1996), os quais ressaltam “o escasso uso que os estudantes fazem da árvore de possibilidades e, quando a utilizam, têm pouco êxito” (tradução nossa) (NAVARRO-PELAYO, BATANERO e GODINO, 1996, p. 3).

Salienta-se a evolução conceitual e à relativa aos procedimentos e às estratégias de resolução, obtidas pelos alunos ao longo de toda a sequência de ensino objeto da pesquisa em questão, passo a passo, a cada encontro, e o modo como se apropriaram dos procedimentos relativos à construção e à compreensão de uma representação gráfica.

Também evoluíram, no que refere às reflexões e discussões travadas entre eles com a mediação do pesquisador. Por vezes o pesquisador se colocou no papel de professor com o propósito de estimular os alunos para que eles prosseguissem na busca das soluções às situações propostas. Credita-se à metodologia de ensino empregada durante toda a sequência de ensino - uma abordagem que envolveu os alunos em diferentes situações, por vezes reais, distribuídos em grupos menores e, depois, as discussões travadas por todo o grupo -; ao pequeno número de alunos em sala, e ao ambiente (propício para que esses comportamentos se fizessem presentes), parcela significativa para o sucesso que foi alcançado na resolução e no encaminhamento das situações-problema, ao engajamento dos alunos e os resultados que foram alcançados.

Um dado importante foi que em muito poucas vezes os alunos apresentaram dificuldades na interpretação dos enunciados, o que credencia a preocupação do pesquisador em objetivar o que precisava ser feito de forma clara e concisa, nos textos dos enunciados, não deixando margem a mais que a única interpretação.

Também se destaca o empenho dos alunos na busca das soluções às situações-problema propostas: expondo ideias e dúvidas; indo até o quadro de giz, apresentando dúvidas, inquietações e soluções; defendendo-as quando necessário; a facilidade com que se apropriaram das ideias necessárias à construção de uma árvore de possibilidades e as análises que dela faziam, bem como a percepção clara que tiveram acerca do exercício do raciocínio combinatório, a partir da sexta situação-problema proposta.

As dificuldades que os alunos encontraram para resolver as situações propostas - e elas foram muito poucas - são aceitáveis, considerando o universo de crianças nessa faixa etária e a novidade que as experiências trouxeram a elas.

A oferta de situações-problema como as que foram desenvolvidas com os sujeitos da pesquisa dá início à possibilidade de eles terem um novo olhar em relação aos problemas da matemática: a existência de situações-problema, em matemática, cuja solução pode ser obtida de diferentes maneiras.

Tal constatação é significativa para o aprendizado dos alunos, não apenas em relação às questões da Matemática como, também, para que constatem a existência de alternativas para a solução de problemas que, por vezes, a vida apresenta a qualquer um de nós.

No trabalho de pesquisa foi possível identificar que o ensino e a aprendizagem que foram oferecidos - segundo o qual o aluno procura construir o seu próprio conhecimento, com a mediação do professor - é significativo e precisa ser incentivado pelos professores.

Os resultados obtidos com a pesquisa mostraram, com credibilidade, que é possível desenvolver conceitos básicos de combinatória desde os anos iniciais do Ensino Fundamental, em sala de aula, de maneira significativa - sob o ponto de vista da apropriação de conceitos e procedimentos pelas crianças.

Por sua vez, tais conceitos de combinatória acompanharão as crianças por toda a trajetória escolar, até as séries finais do Ensino Médio.

Ademais, em relação aos professores que atuam neste segmento de ensino, credita-se que estas iniciativas favorecem o crescimento pessoal e o amadurecimento docente relacionado à prática que desempenha no dia a dia. Sem dúvida, tais ganhos pessoais têm valor inestimável, e não podem ser quantificados.

Portanto, os resultados mostraram que uma proposta de sequência de ensino que envolva uma abordagem, com a efetiva participação do aluno na construção de seu próprio conhecimento - ao longo das ações de ensino e aprendizagem de conceitos da Matemática -, que explora e incentiva o uso de representações gráficas para dar conta de resolver situações-problema de contagem, têm alcances que vão além da apropriação dos conceitos básicos de análise combinatória. Por vezes, podem se aproximar de situações-problema reais do cotidiano escolar, familiar e comunitário das crianças.

Uma proposta, tal qual a que foi desenvolvida, traz consigo a alegria de identificar o engajamento dos alunos em trabalhar com situações próprias da Matemática; o papel e a responsabilidade que a escola tem para a formação da personalidade das crianças; o valor que a escola representa em suas vidas; a constatação acerca da importância que os alunos precisam ter quanto ao fato de não se afastarem da escola; a importância da Matemática para o crescimento de cada aluno, enquanto cidadão; a responsabilidade que a criança precisa adquirir desde cedo com o estudo, contando com a ajuda dos pais e professores. Tais valores puderam ser constatados quando da realização desta experiência, uma vez que os alunos - objeto da pesquisa em questão - abraçaram a proposta, se engajaram com responsabilidade e estiveram presentes em todos os cinco encontros - chegando antes mesmo do horário estabelecido, e fora do turno de aulas normais.

Enfim, o incentivo que a professora dos alunos - sujeitos da pesquisa - emprestou à pesquisa, considerando a relevância da proposta, desde o início.

Salientamos que grande parte do sucesso no engajamento dos alunos, nesta etapa da pesquisa, se deveu à maneira como o colégio onde eles estudam desenvolve suas atividades - segundo uma proposta pedagógica que está próxima àquela desenvolvida na sequência de ensino.

Logo, o trabalho do pesquisador foi bastante favorecido, uma vez que as crianças compreenderam o papel ativo que deveriam desempenhar ao longo de todos os encontros.

Também favorecido por conta da importância que os alunos emprestaram à proposta, ao se empenharem em construir os seus próprios conhecimentos. Diferentemente, talvez, do que seria se a experiência tivesse se desenvolvido com um grupo de alunos que tivesse tido, como experiência didática, a de experimentarem um papel passivo e apático de assistirem (única e exclusivamente) a aulas que se baseiam apenas na transmissão de conteúdo.

Nesta última situação - acredita-se existem muito poucas, hoje em dia - os alunos são "*convidados a copiarem o que está escrito no quadro de giz*", e a reproduzirem resoluções de exercícios similares àqueles exemplos que o professor acabou de apresentar. Uma vez que tenham feito isso em diversas outras situações, acreditam terem aprendido o conteúdo e estarem preparados para resolver outros exercícios.

Por essas razões não foi preciso esforço algum para convencer os alunos do papel que deveriam desempenhar nos encontros, qual seja: o de assumirem, por inteiro, o papel de construtores dos próprios conhecimentos, apropriando-se de procedimentos e estratégias que ali seriam desenvolvidos por conta da resolução dos problemas.

No último encontro, quando utilizaram o material pedagógico *Blocos Lógicos,* os alunos sentiram-se bastante à vontade para manuseá-lo, durante a resolução de algumas situações-problema. Não apenas porque já o conheciam de outras experiências mas porque o colégio tem por opção pedagógica o uso de diversos outros materiais pedagógicos em diferentes experiências de ensino e aprendizagem, que desenvolve com os seus alunos.

A combinação entre o manuseio do material concreto (as peças dos *Blocos Lógicos*) e a construção da árvore de possibilidades mostrou-se bastante propício para a obtenção da solução à situação-problema proposta.

A situação contrária: quando a árvore de possibilidades foi apresentada, totalmente construída, e foi pedido que eles identificassem os elementos constituintes dos *galhos da árvore,* e os seus respectivos quantitativos, favoreceu melhor compreensão relativa à maneira como é possível construir uma árvore de possibilidades, além das análises, daí decorrentes, em relação ao que poderia ou não ser feito.

O pesquisador salienta que diferentes abordagens que tratam de introduzir as ideias iniciais relacionadas com conceitos de análise combinatória (problemas de contagem), não apenas nos anos iniciais do Ensino Fundamental, e das quais tem conhecimento, iniciam por trabalhar com situações-problema que envolvem "*combinações entre objetos, familiares dos alunos*", tais como: saias, blusas e sapatos, em sua maioria. Na pesquisa em questão, a opção foi pela pintura de listras de bandeiras.

Tais abordagens diferem da que foi desenvolvida na pesquisa, por meio da sequência de ensino, tanto no que refere às pinturas de listras de bandeiras quanto na ênfase: a importância de construir uma representação gráfica (preferencialmente, a árvore de possibilidades) para fundamentar a apropriação de conceitos, procedimentos e estratégias, bem como em relação ao exercício continuado do raciocínio combinatório (durante a construção de uma representação, ou em uma resolução numérica).

Ademais, o pesquisador acredita firmemente nos propósitos que foram empreendidos por meio deste encaminhamento pedagógico, pois os resultados obtidos com esse grupo de alunos confirmam essa crença.

Assim é que a utilização da metodologia mostrou-se relevante no propósito de favorecer os alunos no tocante ao ensino, resolução e aprendizagem de problemas de contagem desde os anos iniciais do ensino fundamental.

A metodologia desenvolvida, oportunizou condições favoráveis aos alunos para que eles se apropriassem de conceitos, procedimentos e estratégias, as quais emergiram durante a resolução das situações-problema.

Por conta dos resultados obtidos, o pesquisador está convicto de que este é o caminho para incentivar a aprendizagem de problemas de contagem nos anos iniciais.

Por sua vez, o uso desta metodologia e o desenvolvimento das atividades também podem ser seguidos pelos professores de matemática que atuam neste segmento de ensino nos 3º e 4º anos - não apenas com os alunos do 5º Ano do ensino fundamental, como os da pesquisa - e, também, em anos posteriores, mas com ênfase e grau de complexidade das situações-problemas compatíveis com o desenvolvimento cognitivo dos alunos envolvidos, inclusive com alunos da EJA - Educação de Jovens e Adultos.

Por fim, e mais uma vez, o pesquisador está convicto de que o ensino e a aprendizagem de análise combinatória (problemas de contagem) nos anos iniciais do ensino fundamental necessariamente devam se dar com a utilização de ações metodológicas que incentivem situações-problema significativas, próprias ao desenvolvimento da temática, tais como: incentivar os alunos ao exercício constante do raciocínio combinatório quando são confrontados em situações-problema atraentes e desafiadoras; incentivar a construção e a exploração de representações gráficas; valorização às ideias intuitivas dos alunos na resolução de problemas de contagem e nas descobertas de padrões; não se valer de precoce massificação dos conceitos, apresentados de maneira formalizada, e não desenvolver o conteúdo de modo estruturado, segundo tais e tais tipos de problemas de contagem; não incentivo à exploração dos conceitos no tocante à nomeação e à utilização de rótulos para os diferentes tipos de agrupamentos de objetos; negar, fortemente, o uso de quaisquer fórmulas.

E, por fim, não propor problemas fechados do tipo calcule isto, faça aquilo, unicamente. Pelo contrário, o incentivo predominante está relacionado à proposição de situações-problema de contagem abertos, segundo as quais os conceitos, procedimentos e a estratégia de resolução possam ser decididos e apropriados pelos alunos - para cada situação-problema proposta - sem que haja necessidade de formalizá-los precocemente. Ou seja, propor atividades que requeiram o mínimo de ingerência do professor. Preferencialmente, nenhuma ingerência.

Pesquisa 2, desenvolvida pelo autor

Na pesquisa *Um estudo sobre os conhecimentos necessários ao professor de matemática para a exploração de problemas de contagem no Ensino Fundamental*, Teixeira (2012b) investigou os conhecimentos de um grupo de 20 (vinte) professores que atuam nos ensinos fundamental e/ou médio da rede estadual de ensino de São Paulo.

A pesquisa foi desenvolvida dentro de uma linha experimental que seguiu etapas do método científico. Caracteriza-se como uma pesquisa qualitativa, considerando uma aproximação do fenômeno em suas condições naturais: a sala de aula, em sua complexidade habitual e sem o controle das variáveis intervenientes.

Teve como objetivos identificar, conhecer, relacionar e analisar os conhecimentos, a apropriação e o desenvolvimento do raciocínio combinatório por meio da proposição de situações-problema de contagem em uma sequência de ensino.

Para atingir os objetivos da pesquisa, o autor começou por perguntar a seguinte questão principal, objeto da investigação:

> *Que experiências um professor de Matemática do Ensino Fundamental deve vivenciar em sua formação continuada para selecionar e dirigir situações de aprendizagem com vistas a desenvolver o raciocínio combinatório de seus alunos por meio da proposição de problemas de contagem, de modo a compreender as dificuldades que os alunos enfrentam na resolução de problemas de contagem e para ajudá-los a superar essas dificuldades e atender às orientações do Currículo do Estado de São Paulo (2010)?*

Prosseguindo com os objetivos da pesquisa, o pesquisador se propõe responder às seguintes questões específicas:

> *1. Quais são as inovações propostas pelos Parâmetros Curriculares Nacionais (1998) e pelo atual Currículo do Estado de São Paulo (2010)*

> *para os processos de ensino e de aprendizagem de conceitos relativos a Problemas de Contagem?*
> *2. Quais são os conhecimentos dos professores a respeito da resolução de Problemas de Contagem e suas concepções sobre o desenvolvimento desse tema no Ensino Fundamental?*
> *3. Uma sequência de atividades que explore a resolução de Problemas de Contagem, sem a utilização de fórmulas, pode favorecer a ressignificação dos conhecimentos dos professores sob os pontos de vista do conteúdo, didático e curricular, de noções relativas a esse tema?*

A sequência de ensino foi desenvolvida em oito encontros, com duração média de 4 horas cada e contou com orientações provenientes da metodologia Design Experiments, segundo Cobb et al (2003), como estratégia de intervenção e enfrentamento de situações em fenômenos tipicamente escolares.

A pesquisa teve como sujeitos de pesquisa professores da Rede Estadual de Ensino de São Paulo, em um contexto de mudança curricular advinda da implementação do novo Currículo de São Paulo (2010).

Os registros notacionais e verbais feitos pelos sujeitos da pesquisa e as observações de registro feitas pelo pesquisador tiveram o objetivo de possibilitar análises mais aprofundadas acerca dos processos de interação havidos em todos os encontros, e ocorridos no interior dos grupos menores e nas discussões de todo o grupo, com a mediação do pesquisador.

O desenvolvimento da sequência permitiu reflexões, análises e soluções às situações propostas, nas quais conceitos e procedimentos emergiram e foram ressignificados, bem como habilidades e competências foram apropriadas.

O ambiente da sala - com divisão dos sujeitos em grupos de até quatro e a escolha de um deles para apresentar soluções, reflexões e discussões no quadro branco - estimularam a dialogicidade e as interações, significativas para a apropriação de conceitos construídos e a ampliação destes através da solidariedade entre os sujeitos da pesquisa.

A proposta de utilizar o ambiente descrito para favorecer a promoção de conhecimentos, procedimentos e conceitos associada à sequência de ensino legitimaram a contribuição e o potencial do uso da metodologia.

A pesquisa permitiu conhecer e identificar aspectos relacionados aos conhecimentos de conteúdo, conhecimentos pedagógicos de conteúdo e conhecimentos curriculares, segundo aportes teóricos de Shulman (1986, 1987) e os relacionados com práticas reflexivas do conhecimento profissional docente, segundo Zeichner (2003, 2008).

Os resultados da pesquisa mostraram que os professores precisam certificar-se de que o fato de disporem de fórmulas, definições e procedimentos exaustivamente utilizados por eles na resolução de outros problemas de contagem por vezes não é suficiente para garantir sucesso na empreitada de solução de alguns problemas de contagem. Nestes, a mobilização de nova estratégia e procedimentos se fazem necessários junto com o exercício do raciocínio combinatório e a aplicação dos princípios multiplicativo e aditivo (quando for o caso, em conjunto).

Além do mais, a pesquisa favoreceu um princípio de reflexão, uma atitude crítica a respeito de orientações pedagógicas. Não apenas a atitude que examina o material disponível para compreender os conteúdos que são indicados ou as estratégias sugeridas, mas a que toma posse da liberdade de tornar possível poder esquadrinhar, avaliar, concordar, discordar, sugerir, aceitar, recusar, modificar ou decidir acerca de todo e qualquer material para o ensino e a aprendizagem da temática, presentes em livros didáticos ou não.

Os resultados da investigação mostraram, além disso, que os conceitos concernentes aos problemas de contagem, em toda a sua complexidade e abrangência, precisariam ser tratados ao longo das diferentes etapas da escolaridade pelos alunos, e não em um único módulo de formação continuada para os professores ou para os alunos.

Não obstante, ressalte-se que a investigação não foi capaz de provocar significativas alterações no que diz respeito às concepções individuais de alguns professores relativamente aos conhecimentos de conteúdo, pedagógicos e curriculares. Por exemplo, os concernentes à prevalência do aspecto algorítmico presente no uso de uma fórmula em relação aos aspectos intuitivo e formal, próprios dos conteúdos de combinatória e probabilidade.

E, também, quanto ao fato de alguns professores não considerarem que o uso de uma representação gráfica para obter a solução de um problema de contagem representa uma alternativa viável e oportuna, pois suas concepções e crenças relativas a essa questão consideram que a Matemática aí utilizada é menor.

Esses professores creem que uma solução matematicamente correta deve vir acompanhada da aplicação de uma fórmula que legitime o resultado obtido.

O pesquisador considera que alguns professores ainda precisam conhecer mais sobre noções básicas de combinatória e probabilidade, e refletir de modo que possam aprofundar seus conhecimentos de conteúdo e pedagógicos de conteúdo.

E, assim, convencerem-se de que o fato de não estarem utilizando uma fórmula para proceder à contagem total das possibilidades que satisfazem a solução de um problema de contagem, não significa que não estejam se utilizando de princípios próprios da matemática no que diz respeito ao rigor matemático.

Mais uma vez, e em relação aos professores sujeitos da pesquisa, eles não devem achar que por utilizarem-se de uma representação gráfica e efetuar a contagem direta das possibilidades não estejam ensinando Matemática conceitual e efetiva a seus alunos.

Não devem considerar que essa maneira de resolução não seja ensinar Matemática. Ou, então, que a Matemática que utilizam quando estão ensinando desse modo *seja mais enfraquecida* que a que quando se faz uso da aplicação de uma fórmula para determinar a solução quantitativa para um problema de contagem.

Assim, é importante que o professor se convença que a construção de uma representação gráfica para obter a solução para muitos problemas de contagem tem um papel significativo e fundamental para a compreensão acerca de quais maneiras os tipos de agrupamentos de objetos envolvidos na solução vão sendo formados. Também, como a totalidade dos agrupamentos poderá ser obtida, uma vez que elas possibilitam fazer a contagem direta ou indireta de todas as possibilidades que atendem ao problema.

Assim, por exemplo, mesmo que uma árvore de possibilidades não tenha sido construída por completo para, em seguida, se determinar a totalidade de possibilidades que atendem ao problema proposto, o simples ato de fazer um rascunho acerca dela já favorece, em muito, a compreensão acerca da representação numérica que poderá ser utilizada para obter a solução do problema. O rascunho da árvore de possibilidades dá uma pista, aponta a possibilidade de contabilizar todas as soluções, ajuda a refletir a respeito dos agrupamentos-solução envolvidos.

O professor precisa, também, estar convencido de que o elo que liga a representação gráfica à fórmula não é necessário e suficiente. Ou seja, que ambos: representação gráfica e fórmula, podem ser utilizados de maneira isolada sem prejuízo de um ou do outro, para a obtenção da solução para um problema de contagem.

O pesquisador considera que a utilização da fórmula é legítima e aceitável e não condena seu uso, tomando como premissa teórica o aspecto algorítmico tal qual Fischbein (1994) se refere, mormente quando se tratar da resolução de problemas de contagem nas quais o quantitativo de objetos é demasiado grande, e feita por meio de diferentes combinações.

Os resultados evidenciaram a importância de considerar o contexto da escola associado à formação permanente do professor, ao se perceberem mudanças significativas relacionadas ao conteúdo e às práticas docentes relacionadas com o tema.

CAPÍTULO 4

O Raciocínio Combinatório, o Princípio Multiplicativo e o Princípio Aditivo – Ferramentas básicas para o ensino de análise combinatória

4.1 Problemas de contagem

Por situação-problema o autor entende como um desafio a ser enfrentado por qualquer pessoa, desde que ainda não tenha experimentado resolver algo similar ao que lhe é proposto. Ou ainda, quando tal pessoa não viu algo parecido ter sido resolvido por alguém.

Assim, uma situação-problema constitui-se de um desafio com a qual o autor que a enuncia (o desafiante) tem o propósito de oportunizar a quem vai resolvê-la (o desafiado) que este se aproprie de um ou mais conceitos[1] subjacentes ao texto objeto do enunciado da situação-problema.

Portanto, o desafiante tem como propósito que o desafiado produza/atribua significado(s) para a(s) operação(ões) que utilizar, com ou sem o uso de uma representação gráfica ou numérica[2], enquanto se debruça na resolução da situação-problema que lhe está sendo proposta resolver.

---

1 Vergnaud (1996) considera que o núcleo do desenvolvimento cognitivo é a conceitualização. O autor destaca que é preciso dar toda atenção aos aspectos conceituais dos esquemas e à análise conceitual das situações nas quais os aprendizes desenvolvem seus esquemas, na escola ou na vida real. Essa ideia leva à definição de **conceito**, segundo a Teoria dos Campos Conceituais, como um tripleto de três conjuntos: C = {**S**, **I**, **R**}, onde: **S** é um conjunto de situações que dão sentido ao conceito, ou seja, o conjunto de situações refere-se ao conceito; **I** é um conjunto de invariantes (objetos, propriedades e relações) sobre os quais repousa a operacionalidade do conceito. Assim, o conjunto de invariantes operatórios refere-se ao significado do conceito, e os invariantes estão associados ao conceito. Ou ainda, refere-se ao conjunto de invariantes que podem ser reconhecidos e usados pelos sujeitos para analisar e dominar as situações do conjunto **S**; **R** é um conjunto de representações simbólicas (linguagem natural, gráfica, diagramas) e de sentenças formais que podem ser usadas pelos aprendizes para indicar e representar esses invariantes e, consequentemente, representar as situações e os procedimentos para lidar com elas. O conjunto de representações simbólicas é referente ao significante. Então, para se estudar a apropriação, desenvolvimento e o uso correto de um conceito ao longo da aprendizagem de determinado conteúdo, ou de sua utilização, são necessários considerar, simultaneamente, esses 3 (três) conjuntos.

2 Representações gráficas: Esquema, Produto Cartesiano, Tabela de dupla entrada, Árvore de possibilidades (ou árvore de enumeração); Representação numérica: que se utiliza de uma ou mais operações, adição, subtração, multiplicação ou divisão, com números naturais positivos.

Assim, situações-problema diferem de problemas porque os problemas exigem do leitor que ele mobilize alguma estratégia e procedimentos para resolvê-lo, diferentemente de uma situação-problema que acrescenta um pouco mais que apenas isso: a apropriação do(s) conceito(s), representações e invariantes.

Por situações-problema de contagem o autor refere-se àquelas situações cujo propósito é conhecer todas as possibilidades (ou apenas a totalidade delas) que satisfazem ao enunciado e, igualmente, que oportunizem o desafiado a apropriar-se de conceitos básicos, representações e significados, necessários e suficientes à resolução de problemas de análise combinatória na educação básica.

Neste livro, o leitor (o desafiado) estará diante da proposição e resolução de problemas de contagem e não de situações-problema de contagem, pois os conceitos, invariantes e representações já estarão presentes nas colocações que o autor - de maneira indireta - vai apresentar ao longo de todo o texto, durante e após a exploração de diferentes exemplos.

De início recomenda-se que o professor explore ao máximo a construção de uma representação gráfica elaborada pelos alunos para resolver problemas de contagem, uma vez que esses primeiros contatos podem ser feitos com o propósito de familiarizá-los com a contagem de agrupamentos de objetos de maneira informal e direta – fazendo uma listagem de todos os casos possíveis e depois contá-los, mesmo que por vezes essa contagem possa ser um pouco longa.

Preferencialmente, deve-se explorar a construção de árvores de possibilidades[3] e, quando couber, tabelas de dupla entrada. Porém, deve-se ter em mente que a construção de uma das duas representações não é algo intuitivo, pois requerem do aluno o exercício do raciocínio combinatório com a aplicação do princípio multiplicativo, e o conhecimento do conceito de produto cartesiano (a ideia de relacionar "todos" com "todos"), respectivamente.

Por sua vez, desenvolver o raciocínio combinatório significa se apropriar de uma das ferramentas mais útil, poderosa e motivadora para resolver problemas de contagem, pois a sua apropriação

---

3 Pesquisa de Fischbein e Gazit (1988) identificou que crianças de 10 anos podem aprender ideias combinatórias explorando situações-problema em que a árvore de possibilidades se constituiu em uma representação gráfica adequada para introduzir ideias relativas ao raciocínio combinatório.

oportuniza ao aluno enfrentar com mais segurança e criatividade a resolução de problemas de contagem de caráter aleatório, que dependem de uma contagem sistematizada.

Portanto, será preciso paciência e cautela do professor de modo que o aluno compreenda como deve mobilizar os conhecimentos necessários para construir cada uma delas, e deles se aproprie. Ainda, o fato de serem representações concisas (objetivas, diretas), elas revelam certo grau de abstração ao qual os alunos ainda não apresentam, mormente nesta etapa inicial de familiarização com a resolução de problemas de contagem.

Suponha o problema de contagem a seguir, que ilustra as considerações pertinentes desenvolvidas até aqui:

Exemplo 1: Com as cores verde, amarela, azul e preta, de quantos modos é possível pintar as 3 (três) listras horizontais de uma bandeira, com a condição de as listras adjacentes (juntas) não poderem ser pintadas com a mesma cor?

A primeira listra da bandeira pode ser pintada por quaisquer das quatro cores disponíveis. Escolhida a cor verde para pintar a primeira listra, a segunda listra pode ser pintada com uma das cores: amarela, azul ou preta.

Assim, parte de uma árvore de possibilidades, como desenhado abaixo, ilustra bem a possibilidade do raciocínio combinatório ser exercitado, para esta situação:

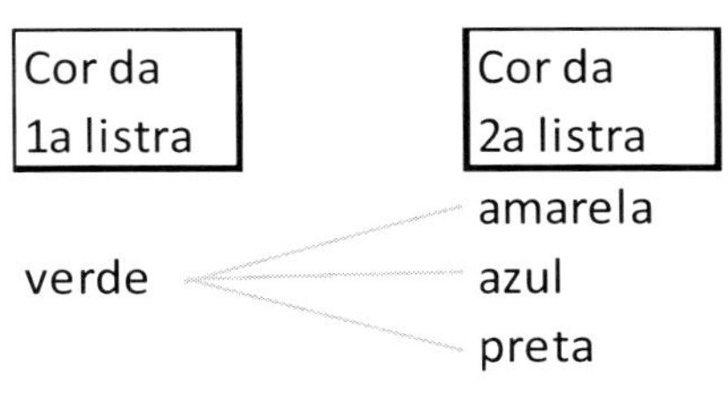

Combina-se, a cada vez, a cor verde da primeira listra com umas das cores: amarela, azul ou preta para a segunda listra. Uma vez que as duas primeiras listras da bandeira tenham sido pintadas, conforme acima, a cor da terceira listra deve ser diferente, apenas, da cor utilizada para pintar a 2ª listra.

Assim, a parte final de uma árvore de possibilidades, segundo a escolha da cor para pintar a primeira listra ter sido a cor verde, como desenhado abaixo, ilustra bem a possibilidade de o raciocínio combinatório continuar sendo exercitado, para esta situação, agora combinando as cores atribuídas às duas primeiras listras com as possíveis cores para pintar a terceira listra:

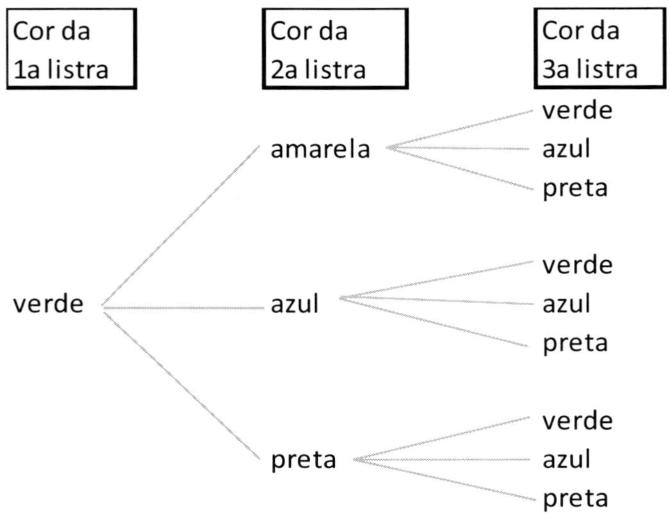

Uma vez que as possibilidades de escolhas das cores das listras, conforme acima, tenham sido possíveis segundo a escolha da primeira listra ter sido verde, de modo similar o mesmo pode ser feito em relação às escolhas da primeira listra recaírem sobre as cores amarela, azul ou preta.

Portanto, nessa fase de aprendizagem recomenda-se que os problemas de contagem oportunizados aos alunos contenham algumas características. A primeira delas é que a quantidade de objetos envolvidos deve ser pequena para dar a oportunidade de o aluno formar os agrupamentos possíveis e, em seguida, contá-los diretamente.

Ademais, é importante que o professor deixe aos cuidados dos alunos a iniciativa de considerarem a importância de fazerem uso de uma representação gráfica (sem apontar a representação) - desde que o quantitativo de possibilidades não seja tão numeroso a tal ponto de inviabilizar o entendimento do exercício do raciocínio combinatório.

Assim, e de início, não se deve apontar no enunciado de cada problema de contagem proposto a construção de uma ou outra representação gráfica para encaminhar a resolução. Quando muito, se pode indicar que a solução seja apresentada por meio da construção de uma representação gráfica.

Para ilustrar as sugestões apresentadas acima, considere um mesmo problema de contagem, com 3 (três) possibilidades de o enunciado apontar a representação gráfica a ser construída, como apresentado no Exemplo 2, a seguir, de modo que o aluno avalie a representação gráfica que ele iria construir caso o enunciado não fizesse a indicação:

Exemplo 2:

- Construa um produto cartesiano que mostre quais números pares com três algarismos distintos são possíveis formar quando se dispõe dos algarismos 0, 1, 2 e 3;
- Construa tabela(s) de dupla entrada que mostre(m) quais números pares com três algarismos distintos são possíveis formar quando se dispõe dos algarismos 0, 1, 2 e 3;
- Construa uma árvore de possibilidades que mostre quais números pares com três algarismos distintos são possíveis formar quando se dispõe dos algarismos 0, 1, 2 e 3.

O produto cartesiano entre os conjuntos A = {algarismo para a posição centenas simples do número}, B = {algarismo para a posição dezenas simples do número} e C = {algarismo para a posição centenas simples do número}, A x B x C, é mostrado a seguir:

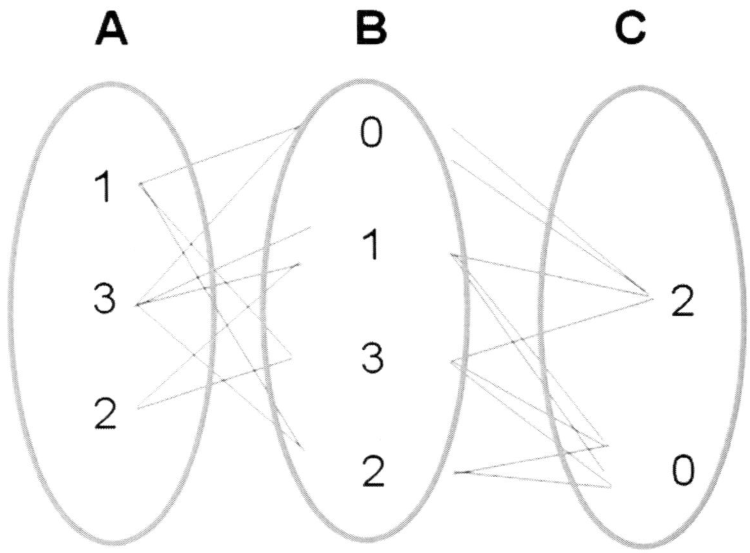

Eis os números, possíveis de serem formados:

102	302	312	132	310	210	130	230	120	320

Assim, há quatro números terminados em 2, e seis números terminados em zero.

Será preciso construir duas tabelas de dupla entrada de modo a atender às 2 (duas) condições: números terminados em 0 (zero) e números terminados em 2 (dois). Considere, nas duas tabelas de dupla entrada, as seguintes indicações: c.s – centenas simples e d.s – dezenas simples.

Tabela de Entrada 1: formação das centenas simples e das dezenas simples, para os números terminados em 0 (zero)

c.s \ d.s	0	1	2	3
0				
1			12	13
2		21		23
3		31	32	

Tabela de Entrada 2: formação das centenas simples e das dezenas simples, para os números terminados em 2 (dois)

c.s \ d.s	0	1	2	3
0				
1	10			13
2				
3	30	31		

Abaixo está desenhada uma árvore de possibilidades, a qual mostra a formação de todos os números possíveis que atendem às condições estabelecidas pelo problema:

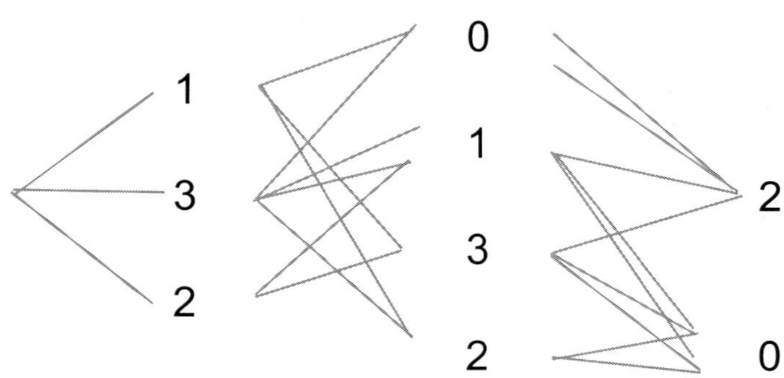

A escolha do problema de contagem acima, como exemplo, foi sugestiva por conta de o autor esperar que o leitor identifique que uma única representação numérica sob a forma de um produto - independente da representação gráfica utilizada na resolução - não é capaz de dar conta de contar todos os 4 + 6 = 10 (dez) números com 3(três) algarismos distintos que atendem ao enunciado do problema.

Tal fato também é perceptível, por exemplo, pelo fato de a árvore de possibilidades ser "*assimétrica*" (há 4(quatro) números com final 2, e há 6(seis) números com final 0).

Chamamos a atenção do professor quanto ao fato de ser interessante que a proposição dos primeiros problemas de contagem seja feita aos alunos acompanhada do pedido para que discutam as resoluções em sala de aula, tendo em vista a possibilidade de socializarem diferentes soluções por meio da apresentação no quadro.

Assim, em um primeiro momento, é recomendável incentivar os alunos a descreverem todos os casos possíveis por extenso, por enumeração. E, com essa prática, eles vão tomando contato com um dos três procedimentos acima - o qual permite compreender como os números com três algarismos que atendem à condição do problema vão sendo formados. Ou seja, permitir que os alunos compreendam como as possibilidades (agrupamentos) são elaboradas por meio do recorrente exercício do raciocínio combinatório.

As diferentes soluções para um mesmo problema de contagem - que tenham sido elaboradas pelos alunos, e apresentadas no quadro - têm o propósito de permitir que eles próprios façam análises críticas acerca dos registros apresentados pelos colegas.

Igualmente, espera-se que os registros apresentados pelos alunos, no quadro, sirvam para que eles identifiquem quais deles são mais descritivos; quais são mais sucintos e econômicos, e os registros que mais diretamente informam.

Por conta disso, espera-se que os diferentes registros sirvam ao propósito de permitir avanços conceituais no tocante à linguagem matemática e em relação às respectivas ferramentas combinatórias envolvidas.

Recomendações ao professor:
Recomendamos ao professor incentivar a socialização dos mais diversos registros e representações produzidas pelos alunos, em sala de aula ou não, para dar conta de resolver um problema de contagem que tenha sido proposto. Igualmente, que a partir daí os alunos decidam entre si, com a mediação do professor, quanto à definição de quais representações consideram mais eficientes (mais efetivas) para os registros das resoluções - principalmente em relação aos problemas de contagem que têm um quantitativo elevado de objetos a ser combinados, os quais demandam um elevado número de possibilidades - não viáveis de enumerar via a construção de uma representação gráfica.

Possivelmente, o tipo de agrupamento de objetos que interessa formar para atender à solução do problema proposto será objeto de discussão entre os alunos.

Assim, o professor também aproveita para explorar com os alunos o fato de a leitura atenta do enunciado oferecer a possibilidade de eles perceberem que o contexto do problema oferece a indicação para decidir como devem ser feitos os agrupamentos de objetos e, daí, como eles podem ser contados.

Por exemplo, permitir que diferenciem os agrupamentos formados por grupos de nomes de dois alunos (dentre quatro nomes disponíveis) dos agrupamentos de dois desses alunos que podem se sentar em um banco que dispõe de dois lugares, por exemplo.

Após uma razoável quantidade de problemas de contagem serem propostos aos alunos com a indicação de que sejam resolvidos por meio da construção de uma representação gráfica para encaminhar a resolução, recomenda-se que o professor não mais aponte esta sugestão nos enunciados dos problemas que venha a propor, em prosseguimento, de modo a oportunizar que o aluno tenha liberdade de decidir qual estratégia de resolução prefere utilizar.

De início, não obstante a recomendação para que o aluno construa uma representação gráfica para resolver cada problema de contagem que é proposto (com o objetivo de que os alunos se familiarizem com cada tipo de construção), é recomendável que o professor faça alusão à possibilidade de ser possível estabelecer o quantitativo de possibilidades por meio de uma expressão numérica. Contudo, recomenda-se que o professor não antecipe a aplicação e a nomeação do princípio multiplicativo, bem como em relação ao princípio aditivo.

Assim, é importante que o professor deixe para o aluno a decisão acerca de qual momento ele deve considerar conveniente para abandonar a construção de uma representação gráfica (por completo ou não) cada vez que ele estiver diante da necessidade de resolver um problema de contagem.

Fato é que, em algum momento, cedo ou tarde não importa, pesquisas têm mostrado que o aluno sente necessidade de ter de abandonar (ao menos para um particular problema de contagem) a prática de se valer de uma representação gráfica para encontrar a solução para este particular problema. Em muitos casos, porque o tempo gasto é menor, dizem os alunos.

Ora, enquanto o aluno continuar a resolver problemas de contagem por meio da construção de uma árvore de possibilidade, por exemplo, que bom. Que continue assim. Se optar pela representação numérica, que tenha segurança para encaminhar a avaliação das possibilidades.

Habitualmente, o momento da tomada de decisão quanto ao abandono da prática de construir uma representação gráfica pelo aluno está associada à apropriação segura do raciocínio combinatório, e da sua confiança em exercitá-lo.

Mas essa ruptura não se dá por completo: por vezes o aluno considera que é conveniente o esboço de parte de uma árvore de possibilidades, por exemplo, como uma estratégia para encaminhar a resolução por meio de uma representação numérica.

A partir de então, a decisão é tomada, independentemente do modo como a resolução do problema poderá ser encaminhada: de início, por meio da ideia de fazer a construção de uma representação gráfica por completo (ou a construção de parte dela) e, em seguida, finalizando com o uso de uma representação numérica. Ou somente fazendo uso de uma representação numérica.

A sugestão acima, de fazer uso, de início, de uma representação gráfica para encaminhar a resolução para um problema de contagem, também é seguida pelo autor quando propõe os primeiros problemas de contagem para os leitores (ao final deste capítulo, e no capítulo 9).

De maneira a determinar todas as possiblidades que satisfazem à solução de um problema de contagem, quantificando-as ou não, é preciso fazer "combinações"[4] entre os objetos constituintes, no todo ou em parte.

Uma possibilidade que satisfaz à solução de um problema de contagem é dito um "agrupamento-solução"[5] - obtido por combinações entre os objetos associados ao problema.

Assim, um agrupamento-solução constitui um elemento que figura no conjunto de todas as possibilidades que atendem à solução de um problema de contagem, e deve ser computado como um integrante do quantitativo total de todas as possibilidades que atendem à solução do problema.

Por vezes, como será visto no exemplo a seguir, durante a resolução de alguns problemas de contagem é conveniente formar agrupamentos entre os objetos do universo do problema considerado, mesmo que estes agrupamentos não sejam agrupamentos-solução[6].

---

4 Por "combinações" entende-se o ato de combinar; ações de: associação, arrumação ou agrupamento de objetos em iguais ou diferentes quantidades; ações pertinentes a fazer correspondência entre um objeto e outro, de modo a construir todos os agrupamentos-solução que atendem à solução para um problema de contagem proposto, ou seja, que o conjunto formado por meio dessas "combinações" entre dois ou mais objetos dê origem a um agrupamento-solução ou, simplesmente, um agrupamento. Assim, um agrupamento-solução é um agrupamento de objetos, letras, algarismos, nomes etc., parte integrante da solução de um problema de contagem, cuja resolução está sendo encaminhada. Ao realizar tais ações, o sujeito está aperfeiçoando maneiras de contabilizar todos os possíveis agrupamentos-solução por meio da operação de classificação: identificando as características próprias a esses agrupamentos-solução por meio da leitura atenta do enunciado. Por sua vez, essas ações exigem do sujeito exercitar e desenvolver o raciocínio combinatório (o raciocínio que permite realizar todas as possíveis "combinações"). Assim, um agrupamento-solução é simplesmente uma "combinação" possível entre objetos, letras, algarismos, nomes etc. que atende às condições impostas no enunciado do problema de contagem em questão. Na maioria das vezes em que se resolve um problema de contagem se quer determinar o total de agrupamentos-solução. Ou seja, se quer determinar o total de agrupamentos-solução que atendem às condições impostas pelo enunciado do problema de contagem proposto. Em outros casos, o que se quer é conhecer (enumerar) todos os agrupamentos-solução que satisfazem o problema de contagem considerado. Optamos por utilizar aspas nas palavras "combinação" e "combinações" de modo que o leitor não faça associação dessas ações com um tipo de agrupamentos de objetos da análise combinatória conhecido pelas características que guardam entre si seus elementos constituintes: agrupamentos de objetos que se caracterizam pela formação de grupos (simples escolhas de objetos, sem a imposição de ordenação), conhecidos na literatura como: ***combinação simples*** (grupos formados por objetos distintos) ou ***combinações com repetição*** (grupos formados com a repetição de pelo menos um dos objetos constituintes).

4 Um agrupamento de objetos é dito um agrupamento-solução quando o agrupamento atende às condições estabelecidas no enunciado do problema de contagem. Assim, o agrupamento-solução constitui-se de um elemento que será computado na contagem total de todas as possibilidades que satisfazem a solução para o problema de contagem que está sendo proposto. Por vezes, durante a resolução de alguns tipos de problemas de contagem será preciso formar agrupamentos que não são considerados agrupamentos-solução, com o propósito de estes serem contados e a quantidade total destes ser abatida de um total de possibilidades que contemplam agrupamentos-solução e não, sobrando apenas o total de agrupamentos-solução.

Ou seja, alguns agrupamentos que são formados (e contados) podem não atender à solução do problema de contagem em questão, mas serem úteis para contabilizar o total de possibilidades da solução.

Por exemplo, de modo a contabilizar o total de números com três algarismos distintos que podem ser formados quando se dispõe dos algarismos 0, 1 e 2, é possível proceder assim: ao contar o total de números com três algarismos distintos considerando 3 x 2 x 1 = 6 números, os "números" começados por 0 - em um total de 1 x 2 x 1 = 2 números - foram incluídos na contagem total de 6, como acima, mas estes "números" não podem ser considerados. Assim, há um total de 6 - 2 = 4 números com três algarismos distintos possíveis formar, a saber: 102, 120, 201 e 210.

Ao resolver um problema de contagem, é possível que se queira fazer a enumeração (solução qualitativa) de todas as possibilidades: agrupamentos-solução que atendem à solução do problema, e apresentá-las segundo uma representação gráfica.

Ou, simplesmente, se queira fazer a contagem de todas as possibilidades (solução quantitativa) que satisfazem à solução do problema de contagem, e apresentá-la segundo cálculo obtido por meio do uso de uma representação numérica.

Para a enumeração da totalidade de agrupamentos-solução de um problema de contagem (desde que essa quantidade não seja numerosa) uma representação gráfica poderá ser construída. Preferencialmente, uma árvore de possibilidades.

Já para a obtenção do quantitativo de possibilidades (total de agrupamentos-solução, de soluções) que atendem à solução de um problema de contagem, poderá ser utilizada uma representação numérica (formada por uma ou mais operações de adição, multiplicação, subtração e/ou divisão). Ou, ainda, a solução de um problema de contagem poderá ser obtida com a utilização de 2 (duas) representações, em conjunto, uma gráfica e uma numérica.

---

5 Considere o seguinte exemplo: Quantos números pares, com três algarismos distintos, é possível formar quando se dispõe dos algarismos 0, 1, 2 e 3? Total de agrupamentos (agrupamentos-solução e não): 2 x 2 x 2 = 12; total de agrupamentos não-solução: 1 x 2 x 1 = 2 (agrupamentos nos quais o algarismo 0(zero) "ocupa a posição centenas simples" no número); Total de agrupamentos-solução (a resposta do problema): 12 – 2 = 10 números podem ser formados.

Como visto, um agrupamento-solução de um problema de contagem é resultante da combinação entre dois ou mais objetos do universo do problema.

De maneira a efetuar todas as combinações possíveis entre objetos, letras, algarismos, cores etc., é preciso que o sujeito que está resolvendo o problema de contagem se coloque na posição da pessoa que vai executar as ações e mobilize um particular raciocínio, conhecido como raciocínio combinatório - o raciocínio que permite fazer todas as combinações.

Entretanto, colocar-se na posição da pessoa que vai executar as ações não é uma tarefa simples, como veremos mais adiante.

De modo decisivo, tal raciocínio caracteriza todo o universo de problemas relacionados com a temática análise combinatória, pois consideramos imprescindível que o sujeito que está resolvendo um problema de contagem o exercite sempre que estiver efetivando as combinações que se fazem necessárias entre os objetos constantes do problema, durante toda a construção de uma representação gráfica. Ou ainda, quando o sujeito mobiliza uma particular estratégia de dê conta de contabilizar todos os agrupamentos-solução, por meio de uma representação numérica. Portanto, a apropriação, o desenvolvimento e o exercício do raciocínio combinatório configuram-se como passos decisivos para o leitor obter desenvoltura e sucesso na resolução de problemas de contagem, sejam eles simples ou complexos.

4.2 O exercício do raciocínio combinatório na resolução de problemas de contagem – refletir é bom

O raciocínio combinatório faz parte do universo cognitivo e simbólico da mente humana e da matemática. Seu cultivo é uma arte tanto quanto o bem falar.

Assim, o raciocínio combinatório é parte da linguagem do pensamento e das combinações de diferentes "objetos", constituintes do enunciado de um problema de contagem: letras, algarismos, cores, objetos etc.

É no raciocínio combinatório que germinam conjecturas que se transformam em tomadas de decisões, possibilidades, ações e combinações entre objetos - vitais na construção de representações gráficas e nas representações numéricas.

É com o raciocínio combinatório que se elabora a estratégia de resolução de um problema de contagem, os procedimentos a serem seguidos e se dá a apropriação de um conceito combinatório.

É por meio da experiência do raciocínio combinatório que as pessoas compreendem melhor os enunciados dos problemas de contagem, se envolvem e participam na formação dos tipos de agrupamentos-solução de objetos na inteireza da análise combinatória.

O sujeito, mergulhado em breves momentos de reflexão e raciocínio experimenta a ação vigorosa e objetiva do pensar, abre a mente, se coloca na posição da pessoa que vai executar a ação e se pergunta de quantos modos pode executá-la para, em seguida, fazer o registro desse valor como um fator multiplicativo em uma representação numérica.

O raciocínio combinatório, refletido e participativo, é fruto do exercício constante de experiências anteriores e de correlações com as características dos agrupamentos-solução de objetos por conta dos conceitos que aí estão envolvidos.

É fruto da compreensão de todas as possibilidades para a formação dos agrupamentos-solução de objetos, da incorporação de particularidades gerais dos tipos de agrupamentos e de reflexões acerca da necessidade ou não de repartir as análises encaminhadas na resolução do problema para considerar a melhor maneira de incorporar todas as possibilidades, e efetuar a contagem total (ou as contagens parciais).

O raciocínio combinatório é uma atitude pessoal do ser humano que inspira a compreensão. Felizmente o raciocínio combinatório é transferível para outras pessoas e é capaz de contagiar quem o passa a compreendê-lo e dele se apropria.

Resolver um problema de contagem não é um exercício mecânico, burocrático e repetitivo por meio da aplicação de procedimentos similares, onde são feitas correlações com situações tipo padrão, tais como, por exemplo, quando da resolução de exercícios de álgebra.

Muito menos, a resolução de um exercício de combinatória é resultante de ações próprias que consistem na mera aplicação direta de uma fórmula, por meio da qual a resposta é obtida.

Para resolver um problema de contagem, é preciso que uma cuidadosa leitura do enunciado seja feita, bem como uma criteriosa análise acerca do(s) tipo(s) de agrupamento(s) de objetos envolvidos, considerando que eles precisam ser combinados entre si.
Assim, após essas etapas quem está encaminhando a resolução do problema exercita o raciocínio combinatório, e mobiliza a estratégia de resolução que considera conveniente e adequada, para cada problema.

Ao resolver um problema de contagem é conveniente evitar ao máximo a aplicação direta de uma fórmula sem ter feito uma análise cuidadosa dos dados constantes do enunciado, pois o seu uso não garante que todas as possibilidades que devem ser consideradas para atender à solução do problema de contagem tenham sido computadas. Isto é, pode ser que algumas possibilidades não tenham sido contempladas pela aplicação da fórmula.

Conclui-se, portanto, que o raciocínio combinatório é uma poderosa ferramenta combinatória que está disponível para a resolução de problemas de contagem, mas é preciso que ele seja corretamente compreendido, apropriado e mobilizado.

4.3 - Como apropriar-se do raciocínio combinatório?

O raciocínio combinatório é exercitado quando uma pessoa tem necessidade de realizar ações (procedimentos) que permitem conhecer e/ou determinar a totalidade de possibilidades distintas que existem para combinar[7] objetos, letras, algarismos, cores etc., conforme seja a proposta de resolver um problema de contagem.

Ou, por exemplo, acerca de algo que uma pessoa esteja conjecturando a respeito da(s) possibilidade(s) de combinar ou não objetos, e que exija exercitá-lo para fazer o levantamento de hipóteses.

O exercício do raciocínio combinatório também é utilizado quando da construção de uma representação gráfica ou quando é feito o registro por meio de uma representação numérica, com

[7] Por combinar entende-se a ação ou o ato de associar e estabelecer relações entre objetos, algarismos, letras ou pessoas segundo especificidades que atendem às condições estabelecidas em enunciados de problemas de contagem, com o propósito de conhecer os agrupamentos-solução (resultantes das combinações que tenham sido feitas).

o propósito de dar conta de contabilizar a totalidade de possibilidades que há para se fazer distintas combinações entre os objetos envolvidos.

Por exemplo, considere o seguinte problema de contagem:

Exemplo 3: De quantos modos é possível arrumar, lado a lado, três diferentes carrinhos?

Uma vez que o primeiro carrinho c_1 esteja colocado, o segundo carrinho c_2 pode ser colocado à direita ou à esquerda do primeiro carrinho.

Para quaisquer das duas possibilidades de arrumação dos dois primeiros carrinhos, o terceiro carrinho c_3 pode ser colocado à direita dos dois, entre os dois ou à esquerda dos dois carrinhos. A árvore de possibilidades, desenhada a seguir, ilustra essas possibilidades.

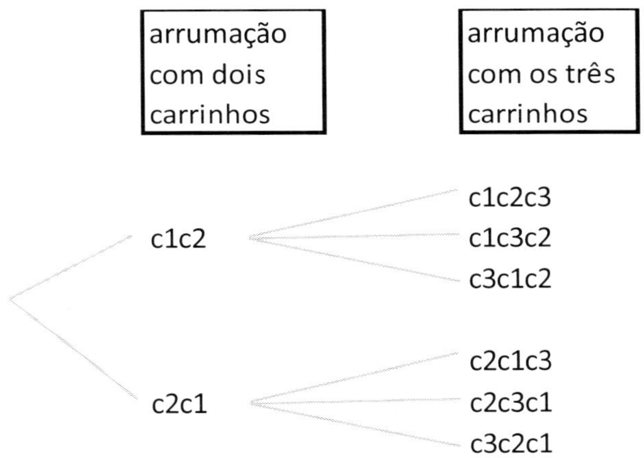

De modo a fazer considerações a respeito do exercício do raciocínio combinatório na resolução de problemas de contagem, considere, por exemplo, o problema a seguir:

Exemplo 4: De quantas maneiras é possível que Maria possa se vestir cada vez que use uma saia e uma blusa, se ela possui 2 (duas) saias nas cores verde e azul, e 3 (três) blusas nas cores branco, amarelo e laranja?

Para resolver este problema de contagem será preciso quantificar as maneiras como Maria pode se vestir sem que seja preciso conhecer todos os conjuntos saia-blusa que podem ser formados segundo as cores de cada uma das peças constituintes de cada conjunto, e em seguida contá-los, um a um.

Para tal, basta que o leitor compreenda que é necessário estabelecer um modo de contabilizar todas as combinações possíveis entre as cores de cada saia e as cores das blusas disponíveis quando da formação dos diferentes conjuntos saia-blusa.

Assim, estamos diante da situação que mencionamos antes: o leitor deve se colocar na posição da pessoa que irá selecionar uma blusa e uma saia, e formar todos os possíveis conjuntos saia-blusa.

Em outros tipos de problemas de contagem nos quais se faça necessário estabelecer um modo sistemático para proceder à contagem de todas as possibilidades - por conta da quantidade e da diversidade dos objetos constituintes - será preciso estar atento à maneira como devem ser formados os agrupamentos-solução de modo a não correr o risco de fazer contagens a menor ou a maior.

O autor entende que, muito além de apenas lidar com as ações de combinar objetos, é preciso oferecer condições para o leitor conhecer e compreender os procedimentos que encaminham na direção dessas ações.

Ou seja, é preciso propor problemas de contagem nas quais o leitor se aproprie, exercite e desenvolva o raciocínio combinatório e se envolva com as adequadas ações de combinar objetos por meio do exercício constante do raciocínio combinatório.

O esquema, apresentado a seguir, mostra as combinações que podem ser feitas quando a escolha da cor da saia recai sobre a cor azul e sobre todas as cores de blusas disponíveis, formando conjuntos saia-blusa (todos eles com a escolha da saia de cor azul):

Saia	Blusa	Conjunto saia-blusa formado
	Blusa branca	Saia azul-Blusa branca
Saia azul →	Blusa amarela	Saia azul-Blusa amarela
	Blusa laranja	Saia azul-Blusa laranja

O mesmo ocorre quando a escolha da cor da saia recai sobre a cor verde e sobre todas as cores de blusas disponíveis, formando conjuntos saia-blusa (todos eles com a escolha da saia de cor verde):

Saia	Blusa	Conjunto saia-blusa formado
	Blusa branca	Saia verde-Blusa branca
Saia verde	Blusa amarela	Saia verde-Blusa amarela
	Blusa laranja	Saia verde-Blusa laranja

As ações de combinar - segundo as quais o leitor reúne condições para realizar todas as combinações possíveis entre os objetos envolvidos - requerem o constante exercício do raciocínio combinatório de modo a serem feitas todas as possíveis combinações até que todas as possibilidades se esgotem. Nesse exemplo, esgotar todas as combinações entre as cores das saias e das blusas, de modo a formar os possíveis conjuntos saia-blusa.

No universo dessas ações se situa a correspondência "um-para-muitos"[8], presente no exemplo acima, qual seja: a cada cor de saia disponível que é escolhida pelo sujeito que está realizando a ação, é possível fazer a correspondência com todas as 3 (três) diferentes cores de blusas disponíveis.

Formam-se, então, 3 (três) diferentes conjuntos, ou seja, os conjuntos saia-blusa que têm em comum a mesma cor de saia. Assim, à cada cor de saia: (um), se deve associar todas as cores de blusas disponíveis: (para muitos).

Ou seja, para cada conjunto saia-blusa que vai ser formado a cor escolhida para a saia é sempre a mesma e as cores das blusas diferem entre si.

Portanto, o conceito de proporção se aplica assim: uma cor de saia está associada a 3 conjuntos saia-blusa; duas cores distintas de saias estão associadas a 6 conjuntos saia-blusa, etc.

Neste problema de contagem, o que se espera é que o leitor compreenda que por não haver restrições no enunciado do problema quanto às combinações que podem ser feitas, independente de escolha da cor da saia recair sobre a cor azul ou sobre a cor verde, a quantidade de conjuntos saia-blusa é sempre a mesma: 3 conjuntos para cada cor (correspondência "um-para-muitos").

8 A correspondência "um-para-muitos" refere-se a um termo, segundo Nunes e Bryant (1997), para distinguir uma situação multiplicativa, base para o entendimento do conceito de proporção.

Uma vez que só há 2 (duas) cores de saias disponíveis, para fazer todas as combinações com as 3 (três) cores de blusas disponíveis, os conjuntos saia-blusa apresentados nas figuras acima configuram todas as combinações possíveis.

Ou seja, os conjuntos saia-blusa apresentados nos esquemas apresentados acima podem ser identificados por meio da construção de uma única árvore de possibilidades, como a árvore que está desenhada a seguir:

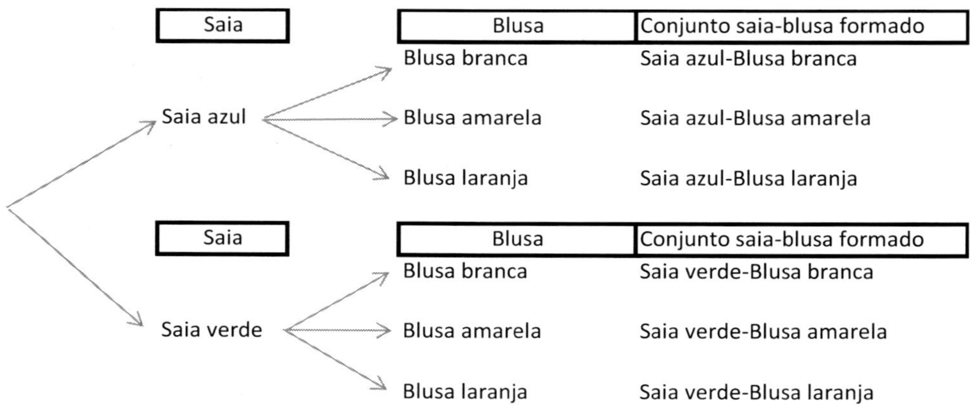

Os 6 (seis) conjuntos saia-blusa, mostrados na árvore e nos esquemas desenhados acima, conforme as resoluções apresentadas, foram obtidos por meio da construção de uma representação gráfica: esquemas ou árvore de possibilidades.

Mais adiante voltaremos a este problema para apresentar a solução por meio de uma representação numérica.

Para resolver um problema de contagem - principalmente problemas que têm um número elevado de objetos a serem combinados, o que inviabilizaria construir uma representação gráfica - será preciso que o leitor se aproprie de conceitos básicos de análise combinatória oriundos da aplicação de 2 (dois) princípios básicos de contagem: o Princípio Fundamental da Contagem[9] (ou

9 *Princípio Multiplicativo*: Se uma decisão d_1 pode ser tomada de **m** maneiras e, uma vez que a decisão d_1 tenha sido tomada, uma decisão d_2 pode ser tomada de **n** maneiras para cada uma das m decisões anteriores, então o número de maneiras de tomar as decisões d_1 e d_2, uma a seguir da outra, é m.n. Este Princípio pode ser generalizado para mais que 2 (duas) decisões. O Princípio Multiplicativo também é conhecido na literatura acadêmica matemática como Princípio da Multiplicação ou Princípio Fundamental da Contagem – PFC.

Princípio Multiplicativo ou, ainda, Princípio da Multiplicação) e o Princípio da Adição[10] (ou Princípio Aditivo).

Os conceitos relacionados à obtenção de todas as possibilidades que atendem à solução de um problema de contagem são apropriados pelo leitor quando ele aplica apenas o Princípio Multiplicativo ou quando aplica os 2 (dois) princípios em conjunto, associados a estratégias e procedimentos para a resolução de problemas de contagem, conhecidos como *ferramentas combinatórias*.

Assim, para resolver um problema de contagem é possível enumerar todas as possibilidades (agrupamentos-solução) que atendem ao enunciado do problema (desde que essa quantidade não seja muito grande) e apresentá-las (solução qualitativa). E, em seguida, procede-se à contagem das possibilidades.

Ou, então, é possível apenas fazer a contagem de todas as possibilidades que satisfazem ao problema (solução quantitativa), sem haver necessidade de fazer a enumeração de todas elas. Para a enumeração dos agrupamentos-solução de um problema de contagem poderá ser construída uma representação gráfica, e proceder à contagem de todas as possibilidades, uma a uma, ou por meio da aplicação do princípio aditivo.

Assim, retomando à árvore de possibilidades do problema acima, e redesenhada a seguir, tem-se dois conjuntos disjuntos: A = {conjuntos saia-blusa cuja cor da saia é azul} e B = {conjuntos saia-blusa cuja cor da saia é verde}.

---

10 *Princípio Aditivo*: Se A e B são conjuntos disjuntos (conjuntos que não têm elementos em comum: $A \cap B = \emptyset$), com x e y elementos, respectivamente, então $A \cup B$ possui x + y elementos. Este Princípio pode ser generalizado para mais que 2(dois) conjuntos disjuntos entre si. No caso de 3(três) conjuntos, por exemplo os conjuntos A, B e C, com x, y e z elementos, respectivamente, desde que os conjuntos sejam disjuntos dois a dois entre si, ou seja: $A \cap B = \emptyset$, $A \cap C = \emptyset$, $C \cap B = \emptyset$ e, também, desde que os conjuntos sejam disjuntos três a três entre si, isto é: $A \cap B \cap C = \emptyset$, então o conjunto $A \cup B \cup C$ possui x + y + z elementos.

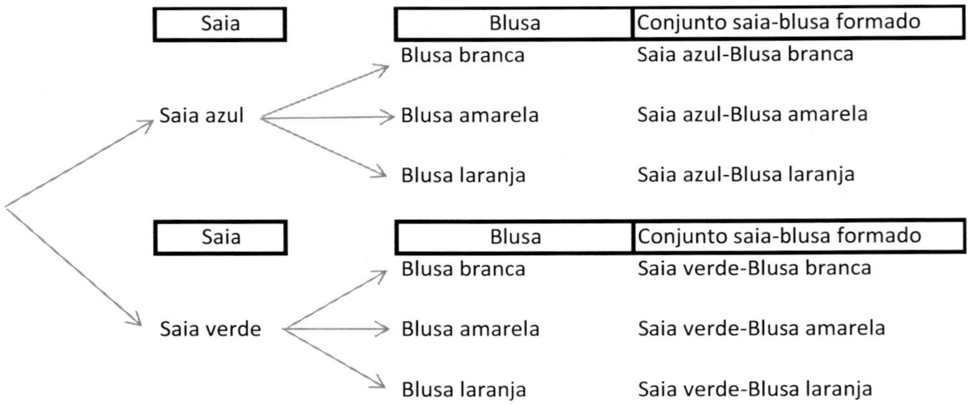

É natural, perceber que esses conjuntos saia-blusa são disjuntos (diferem pela cor da saia) e, portanto, por meio da aplicação do princípio aditivo, tem-se o total de possibilidades determinado pelo resultado da operação 3 + 3 = 6 (duas parcelas iguais a 3), uma vez que há 2 (dois) conjuntos: A e B, cujos elementos são os conjuntos saia-blusa resultantes de todas as combinações possíveis conforme a cor de cada saia.

A estratégia utilizada nesta resolução foi a de repartir o problema em dois conjuntos, conforme as cores das saias; realizar todas as combinações possíveis entre as cores de saias e blusas em cada conjunto e, pelo fato de os conjuntos serem disjuntos, o princípio aditivo pode ser aplicado às totalidades parciais de todas as possibilidades.

Ao final, tem-se a obtenção de todas as possibilidades possíveis, por meio da operação de adição entre os totais de elementos constituintes de cada um dois conjuntos disjuntos.
Assim, se for o caso, para cada nova cor de saia acrescentada ao problema, teríamos uma nova parcela igual a 3 na soma 3 + 3, como indicada acima.

É importante compreender que o princípio aditivo não é aplicado apenas quando da construção de uma representação gráfica (aqui, uma árvore de possibilidades) - o princípio será aplicado sempre que se queira contabilizar a totalidade de possibilidades (solução quantitativa) da união de conjuntos disjuntos.

Quando da decisão de contabilizar a totalidade de possibilidades (solução quantitativa), que atendem à solução de um problema de contagem apenas por meio de uma representação numérica, o princípio aditivo poderá ou não ser aplicado, dependendo do fato de a resolução ter sido repartida ou não.

Assim, quando a resolução de um problema é repartida, faz-se necessário aplicar o princípio aditivo a todas as partes em que a tal resolução foi encaminhada.

Se a repartição da resolução de um problema de contagem, por meio da construção de uma árvore de possibilidades, resultar em uma árvore simétrica (quantidades iguais nas folhas terminais), o resultado da aplicação do princípio aditivo será uma adição de parcelas iguais.

Ora, a adição de parcelas iguais identifica o significado da multiplicação como procedimento combinatório e, portanto, a resolução do problema de contagem não precisaria ter sido repartida. Isto é, o princípio multiplicativo poderia ter sido aplicado diretamente por meio de uma representação numérica para encaminhar a resolução do problema.

No caso do exemplo 4, acima, as igualdades são possíveis de serem escritas quando da resolução do problema (solução quantitativa): 3 + 3 = 6 (aplicação do princípio aditivo em dois conjuntos); 2 x 3 = 3 x 2 = 6 (aplicação do princípio multiplicativo).

Por outro lado, se a repartição da resolução de um problema por meio da construção de uma árvore de possibilidades resultar em uma *árvore assimétrica* (quando da repartição da resolução, as quantidades de combinações presentes nas folhas terminais, para cada uma das repartições iniciais, não são necessariamente iguais), o resultado da aplicação do princípio aditivo será uma adição de parcelas de valores não todos iguais entre si.

Nestes casos, a única saída para encaminhar a resolução do problema seria a que foi adotada, ou seja: repartir o problema, e a árvore de possibilidades resultante ser assimétrica. Assim, a adição das parcelas de valores não todos iguais entre si não pode ser escrita sob a forma de um produto, com fatores resultantes da aplicação do princípio multiplicativo. Resumindo: Nestes casos, o Princípio Multiplicativo não é aplicável.

Vamos relembrar esse fato por meio de considerações acerca da resolução do Exemplo 2, já resolvido no início deste capítulo, cujo enunciado é reapresentado aqui:

Exemplo 5: Construa uma árvore de possibilidades que mostre quais números pares com três algarismos distintos são possíveis formar, quando se dispõe dos algarismos 0, 1, 2 e 3.

A árvore de possibilidades relativa à resolução do problema é desenhada a seguir:

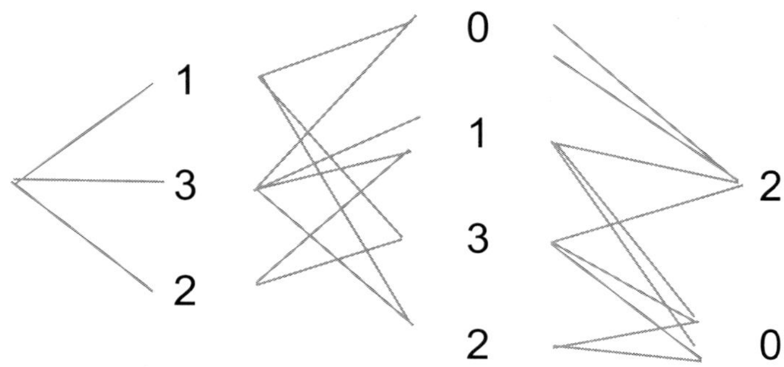

Note que a árvore de possibilidades é *assimétrica*: quatro números terminados em 2 e seis números terminados em 0. O total de números que atendem à solução do problema, determinado pela adição 4 + 6 = 10, não pode ser obtido por meio de uma única representação numérica sob a forma de um produto, - com os fatores representativos - por meio do significado da multiplicação - via um procedimento combinatório relacionado com os objetos presentes no problema de contagem em questão.

É claro que 10 = 5 x 2 = 2 x 5, mas estes fatores não tem relação com os quantitativos de algarismos que devem ser relacionados entre si, de modo a formar os números pares com 3 algarismos distintos que atendem à solução.

Para a obtenção direta do quantitativo de possibilidades que atendem à solução de um problema de contagem (total de agrupamentos-solução, total de soluções), também poderá ser utilizada uma representação numérica formada por operações numéricas que envolvem a adição, multiplicação, divisão e/ou divisão, por meio da aplicação do princípio multiplicativo.

Assim, no caso do exemplo 5, tem-se 2 (possibilidades de escolha do algarismo para a posição centenas simples) x 2 (possibilidades de escolha do algarismo para a posição dezenas simples) x 1 (única possibilidade, ocupada pelo algarismo dois, na posição unidade simples) + 3 (possibilidades de escolha do algarismo da posição centenas simples) x 2 (possibilidades de escolha do algarismo da posição dezenas simples) x 1 (única possibilidade, ocupada pelo algarismo zero, na posição unidade simples) = 4 + 6 = 10.

No caso do problema acima, exemplo 2, há 2 (duas) cores de saias possíveis e para cor de saia é possível combinar com 3 cores de blusas.

Essa constatação pode ser representada por meio de uma operação multiplicativa, assim: 2 x 3 = 6 conjuntos saia-blusa, por conta da aplicação do princípio multiplicativo.

O mesmo poderia ter sido feito se considerássemos que há 3 (três) cores possíveis de blusas, e para cada cor de blusa é possível combinar com 2(duas) cores de saias, e essa constatação pode ser representada por meio da operação multiplicativa 3 x 2 = 6 conjuntos saia-blusa, por conta da aplicação do princípio multiplicativo.

A partir da constatação de que há necessidade de fazer combinações de cada cor de saia com todas as cores de blusas disponíveis (ou a necessidade de fazer combinações de cada cor de blusa com todas as cores de saias disponíveis), será preciso que o leitor exercite o raciocínio combinatório.

Por conta disso, compreender que o exercício do raciocínio combinatório está diretamente relacionado com as ideias que sustentam a aplicação conceitual do princípio multiplicativo, um dos 2(dois) princípios básicos da análise combinatória.

Portanto, é fato que a aplicação do princípio multiplicativo permite resolver um número considerável de problemas de contagem, mas não todos.

Por exemplo, a aplicação do princípio multiplicativo em problemas nos quais a relação "um-para-muitos" se aplica - independente da escolha inicial que seja feita em relação ao(s) objeto(s) que deve(m) ser combinado(s) com os demais.

Ou seja: para cada objeto escolhido, de início, para fazer as combinações com outros objetos será preciso verificar se a quantidade de possibilidades para formar as combinações com este particular objeto se altera ou não, para cada uma das demais escolhas que precisem ser feitas com cada novo objeto a ser escolhido.

Mas, tal verificação não se restringe apenas aos primeiros objetos escolhidos. É preciso estar atento se a quantidade possibilidades de combinar cada combinação feita de início, com novos objetos disponíveis, se altera ou não (não, necessariamente, a mesma quantidade inicial).

Uma vez mantida essa regularidade, para cada uma das etapas necessárias para esgotar todas as combinações, o princípio multiplicativo é aplicável. Caso contrário, não.

Por exemplo, suponha que as cores das blusas e das saias (do exemplo anterior) precisam ser combinados com a escolha de um calçado conveniente, assim: se saia azul, use sandália ou tênis; se saia verde, use apenas sapato.

Para as combinações: (saia azul, blusa branca), (saia azul, blusa amarela) e (saia azul, blusa laranja), é possível que cada uma dessas combinações combine com um par de sandálias ou um par de tênis. Portanto, 2(duas) possibilidades de combinação para cada uma dessas três combinações iniciais, contendo a saia de cor azul.

Para as combinações: (saia verde, blusa branca), (saia verde, blusa amarela) e (saia verde, blusa laranja), é possível que cada uma dessas combinações combine com um par de sapatos. Portanto, 1(uma) possibilidade de combinação para cada uma dessas três combinações iniciais, contendo a saia de cor verde.

Nesta situação, o princípio multiplicativo não se aplica diretamente. Será preciso aplicar o princípio aditivo em conjunto com o princípio multiplicativo: $3 \times 2 + 3 \times 1 = 6 + 3 = 9$ agrupamentos-solução (saia, blusa, calçado).

Assim, se tal não for possível fazer (combinações em igual quantidade, para cada objeto escolhido) para todas as possibilidades de formar os agrupamentos-solução, o problema precisa ser repartido, por exemplo, assim: uma parte com uma igual totalidade de combinações que podem ser feitas para alguns objetos (os quais devem ser agrupados), e outra(s) parte(s) conforme a(s) possibilidade(s) de combinações em quantitativos diferentes daqueles que são obtidos na(s) outra(s) parte(s), anteriores, para os objetos restantes.

Para ilustrar a não necessidade de repartir a resolução de um problema de contagem para obter a sua solução, a seguir será apresentada a resolução de um problema de contagem.

O objetivo é permitir apresentar algumas considerações a respeito de como o leitor poderá identificar quando é preciso ou não repartir a resolução de um problema de contagem (necessidade que não existiu quando da resolução do exemplo 5, mas foi necessária na resolução acima). Eis o problema de contagem a considerar:

Exemplo 6: Quando se dispõe dos algarismos 1, 2 e 3 é possível formar números com 3 (três) algarismos, com a condição de os algarismos que ocupam as posições centenas simples e dezenas simples serem distintos entre si. Quais e quantos números satisfazem a essas condições?

Por vezes, em problemas de contagem como o do enunciado acima, logo de início o leitor fica na expectativa de construir uma árvore de possibilidades ou escrever a operação multiplicativa 3 x 2 x 3 = 18 para contabilizar a totalidade de números possíveis de formar, atendendo às condições impostas no enunciado. Quaisquer uma das duas possibilidades está correta, mas para os leitores pouco familiarizados com a temática convém atentar para as seguintes recomendações:

Recomendações ao professor:

Nos casos em que você for se utilizar de um exemplo apresentado no livro didático para permitir que os seus alunos se apropriem de certos procedimentos próprios à resolução é importante que você reproduza o enunciado do problema no quadro. Em seguida, peça aos alunos para não abrirem o livro didático na página correspondente ao exemplo e tentem resolvê-lo sozinhos. Ao fazer isso o professor oportuniza que os alunos façam reflexões críticas a respeito do texto do enunciado e, também, dá oportunidade para que eles travem discussões, no coletivo, acerca de possíveis procedimentos que precisam ser utilizados para encaminhar a resolução.

Assim, o professor terá condições de mediar as discussões e fazer intervenções adequadas, quando necessárias, enquanto todo o coletivo se debruça em resolver o problema proposto - possivelmente resolver não só de uma maneira. Talvez, quem sabe, possa aparecer uma ou mais soluções diferentes da que está apresentada no livro didático.

Daí resulta uma particularidade didática importante para a apropriação dos conceitos básicos associados à resolução de problemas de contagem: à luz da leitura do enunciado de um problema de contagem, fazer com que os alunos reflitam sobre a estratégia e os procedimentos que precisam ser feitos, e o fato de o professor oportunizar que eles exercitem o raciocínio combinatório desde os primeiros problemas propostos.

Infelizmente, em muitos casos essas oportunidades não são ofertadas pelos autores de livros didáticos de modo que o leitor aproveite para fazer reflexões em relação à qual estratégia e quais procedimentos teria o autor utilizado durante a fase de resolução do problema de contagem em questão de modo a obter o resultado final que é apresentado. O resultado já é apresentado sob a forma de uma representação gráfica ou de uma representação numérica.

Assim, de modo que todo o coletivo de alunos possa fazer reflexões a respeito do problema proposto o professor pode/deve questionar seus alunos, perguntando:

- Tomando por base a leitura que fizeram do enunciado, o que vocês acham que precisa ser feito para encaminhar a resolução?

Em relação ao exemplo acima, se os números que devem ser formados contém 3 (três) algarismos, então se terá de fazer escolhas quanto aos possíveis algarismos que poderão ocupar a posição centenas simples; escolhas dos algarismos para ocupar a posição dezenas simples e possíveis escolhas de algarismos para ocupar a posição unidades simples.

- Quaisquer dos 3 (três) algarismos disponíveis poderá ocupar qualquer posição no número a ser formado?
- Dentre os 3 (três) algarismos escolhidos para formar um número pode haver repetição ou eles têm que ser distintos entre si?
- Há alguma restrição quanto ao uso de qualquer algarismo disponível, em qualquer das 3 (três) posições dos números que devem ser formados, e que deve ser atendida durante a resolução?

Uma vez que os alunos (se necessário, o professor) tenham feito os questionamentos iniciais acima, o professor pode/deve deixar que os alunos, em coletivos menores de até quatro alunos, façam reflexões e discutam entre si acerca da melhor maneira que considerem adequada encaminhar a resolução. Neste momento, o professor percorre os grupos, observa, pode levantar conjecturas, mas não responde. E fica à espera do desfecho de todos os grupos quanto à solução que obtiveram.

De maneira a iniciar uma discussão coletiva para a resolução de um problema de contagem, o professor pode/deve recomendar aos alunos de um escolhido grupo que indiquem um representante para ir ao quadro, e que este inicie a enumeração de todos os números que atendem à solução do problema utilizando um procedimento similar ao que é feito quando se escreve um número com três algarismos: iniciando pela posição centenas simples, e em seguida as posições dezenas simples e unidades simples.

Terminada esta resolução, o professor indica outro grupo e pede que o representante inicie a enumeração de todos os números que atendem à solução do problema pela posição dezenas simples, e em seguida as posições centenas simples e unidades simples.

Terminada esta resolução, o professor indica outro grupo e pede que o representante inicie a enumeração de todos os números que atendem à solução do problema pela posição unidades simples, e em seguida as posições dezenas simples e centenas simples.

Assim, o professor pede que os alunos reflitam quanto ao que pode ser feito de início: se um representante está tomando a decisão inicial de escrever os números com três algarismos começando pela posição centenas simples, a primeira ação deve ser a de escolher um algarismo que pode ocupar essa posição. Então, é preciso que cada membro deste grupo decida acerca de quais algarismos podem ocupar a posição centenas simples. O mesmo se aplica para os alunos dos outros grupos em relação às respectivas posições iniciais dos números que devem ser formados.

Diante das reflexões que os alunos façam, o professor pode/deve pedir que eles representem todas as possibilidades por meio de um desenho (uma "árvore de possibilidades") como a que é apresentada a seguir (relativo às escolhas do primeiro grupo), que se assemelha aos "galhos de uma árvore real", pedindo que o aluno representante do grupo mostre a representação para todos, no quadro.

centena simples	dezena simples	unidade simples

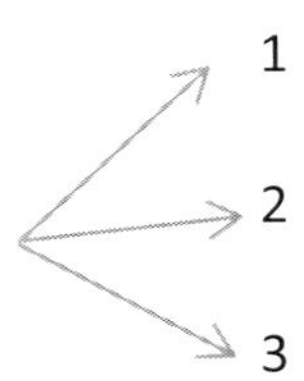

Quando a representação gráfica iniciada conforme o desenho acima estiver completa, ela permitirá que sejam conhecidos todos os números que atendem à solução do problema proposto e se contabilize o total de números com 3 algarismos, segundo as condições estabelecidas.

Ademais, essa representação gráfica inicial favorece a construção do restante da árvore de possibilidades, passo a passo, acerca dos possíveis números com 3 algarismos que devem ser contabilizados. Ou seja, a representação adotada é uma maneira sistemática de computar todos os números, sem que se corra o risco de esquecer de contar algum ou de contar mais de uma vez um ou mais deles.

Em seguida, o professor deve esclarecer os alunos quanto às "setinhas" que têm origem no "tronco da árvore". Assim, pode fazer a associação das referidas "setinhas" com os galhos de uma árvore real, os quais se originam do seu tronco, de início. Quando a árvore de possibilidades estiver concluída, diz-se que os números obtidos estão representados nas "folhas terminais da árvore de possibilidades". Tantas "folhas terminais" quanto o quantitativo de possibilidades.

Neste problema, na posição centenas simples, tratam-se de 3 (três) "galhos da árvore" que estão "presos" diretamente ao "tronco da árvore".

Em continuidade, o professor esclarece que a árvore, quando concluída, é chamada de árvore de possibilidades - pelo fato de ele conter todas as possibilidades que atendem à solução do problema de contagem proposto.

Uma vez que a árvore de possibilidades contém todas as três possibilidades como a posição centenas simples pode ser ocupada por um algarismo, de início, de modo a formar todos os números com três algarismos, a razão de continuar com a sua construção a partir desses "galhos" está diretamente associada às possíveis escolhas em relação aos algarismos que devem ocupar a posição dezenas simples e, em prosseguimento, à posição unidades simples.

Feito isso, o professor prossegue: os alunos deste grupo precisam tomar uma segunda decisão, ou seja, precisam definir quais algarismos podem ocupar a posição dezenas simples (ou a posição unidades simples) levando em conta cada escolha feita em relação aos algarismos que podem ocupar a posição centenas simples considerando a primeira decisão que tenha sido feita, caso a caso.

De modo similar, pede para os alunos dos outros 2 (dois) grupos: a segunda escolha deve recair para a posição centenas simples (ou para a posição unidades simples) se alunos do segundo grupo; e recair para a posição dezenas simples (ou para a posição centenas simples), se alunos do terceiro grupo.

Em prosseguimento, o professor pede para que os alunos do primeiro grupo reflitam acerca de quais algarismos podem ocupar a posição dezenas simples - para cada escolha feita em relação ao algarismo ocupante da posição centenas simples.

Para fazerem isso os alunos do primeiro grupo devem utilizar o símbolo de interrogação (?) na posição dezenas simples, conforme a figura a seguir, como uma maneira de refletirem a respeito de quais algarismos poderão ocupar esta posição (apenas apagando o símbolo de interrogação (?) quando tiverem certeza de que algarismos poderão ocupar essa posição).

centena simples	dezena simples	unidade simples

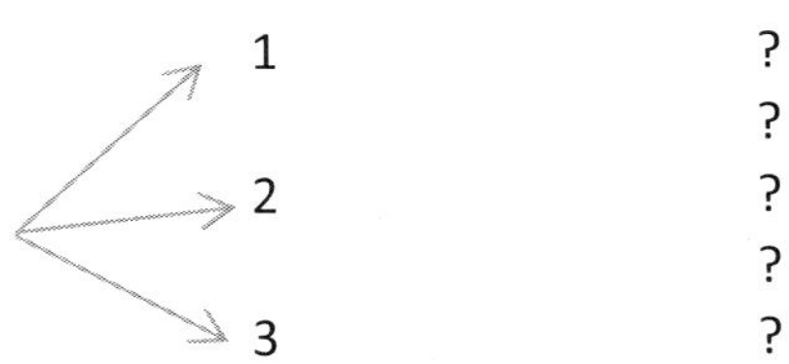

Assim, o indicativo interrogação (?) considera a dúvida, o “depende”. Ou seja, orienta acerca da necessidade de refletir para, em seguida, decidir sobre quais algarismos podem ocupar essa posição, para cada escolha que tenha sido feita em relação à posição centenas simples - considerando que os algarismos das 2(duas) posições (centena e dezena simples) devem ser distintos entre si.

Ou seja, os alunos precisam refletir quanto à questão do “depende”, da dúvida em prosseguir na construção da árvore de possibilidades, das decisões sobre as escolhas que podem ser feitas diante da presença do símbolo (?) de interrogação, que exige a tomada de decisão para prosseguir.

Ora, em cada caso, parece-nos natural que a decisão a ser tomada quanto à escolha do algarismo que pode ocupar a posição dezenas simples depende da escolha que foi feita em relação ao algarismo escolhido para ocupar a posição centenas simples, uma vez que este mesmo algarismo não poderá ser escolhido para ocupar a posição dezenas simples.

Após esses momentos de reflexão coletiva, o professor aguarda, por instantes, que os alunos complementem cada uma das árvores de possibilidades que estão sendo construídas nesta etapa construtiva, considerando as restrições que precisam ser respeitadas, caso a caso.

Uma vez que os alunos tenham complementado esta etapa construtiva de cada árvore de possibilidades, o total de decisões que foram tomadas, nesta etapa, corresponde ao total de novas "setinhas" que devem aparecer na árvore, como apresentado no desenho a seguir.

Assim, em um sentido figurado, cada decisão que tenha sido tomada é um "nó" da árvore que é "desatado" e, a partir dele se lança um novo "galho da árvore", que avança para as tomadas de decisão quanto às escolhas de possíveis algarismos para o preenchimento da posição unidades simples.

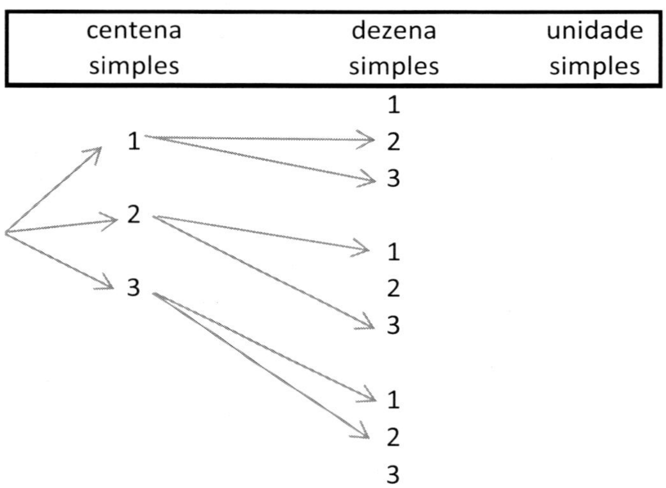

Após o desenho parcial da árvore de possibilidades ter sido apresentado no quadro, o professor questiona os alunos quanto ao significado das 6 (seis) "setinhas" acrescentadas ao desenho, pedindo que eles reflitam acerca de cada uma das ações que acabaram de fazer, assim: vocês combinaram cada um dos algarismos que podem ocupar a posição centenas simples com os possíveis algarismos que podem estar presentes na posição dezenas simples. O total de combinações, até aqui, é 3 x 2 = 6.

Assim, ao fazerem isso, vocês exercitaram um raciocínio capaz de combinar as possibilidades entre cada algarismo que pode ocupar a posição centenas simples com cada possibilidade de um algarismo ocupar a posição dezenas simples.

Ora, como sabido, esse raciocínio é o raciocínio combinatório. Ou seja, é o raciocínio derivado das possíveis combinações que vocês fizerem entre a escolha do algarismo que ocupe a posição centenas simples com os possíveis algarismos que podem ocupar a posição dezenas simples, caso a caso.

Agora, de modo a completar a árvore de possibilidades será preciso realizar as últimas ações: tomar a decisão de estabelecer quais algarismos podem ocupar a posição unidades simples, considerando as duas decisões conjuntas, anteriormente feitas.

Ou seja, será preciso considerar cada escolha do algarismo da posição centena simples, combinado com o algarismo da posição dezena simples, de maneira a decidir como combinar esses dois algarismos com cada escolha possível relativa ao algarismo que pode ocupar a posição unidades simples.

Em prosseguimento, o professor volta a questionar os alunos, perguntando:

- Quais algarismos poderão ocupar a posição unidades simples, em cada caso, relativo à cada escolha feita em relação aos algarismos das posições centenas simples e dezenas simples?
- Há alguma restrição às possíveis escolhas dos algarismos que poderão ocupar a posição unidades simples, considerando as escolhas já feitas?

Diante das reflexões que os alunos façam, o professor deve pedir que cada um complemente a sua árvore de possibilidades, ora em construção. Em seguida, pode pedir que um dos alunos complemente a árvore de possibilidades que está desenhada no quadro, a exemplo da árvore de possibilidades, já completa, apresentada a seguir:

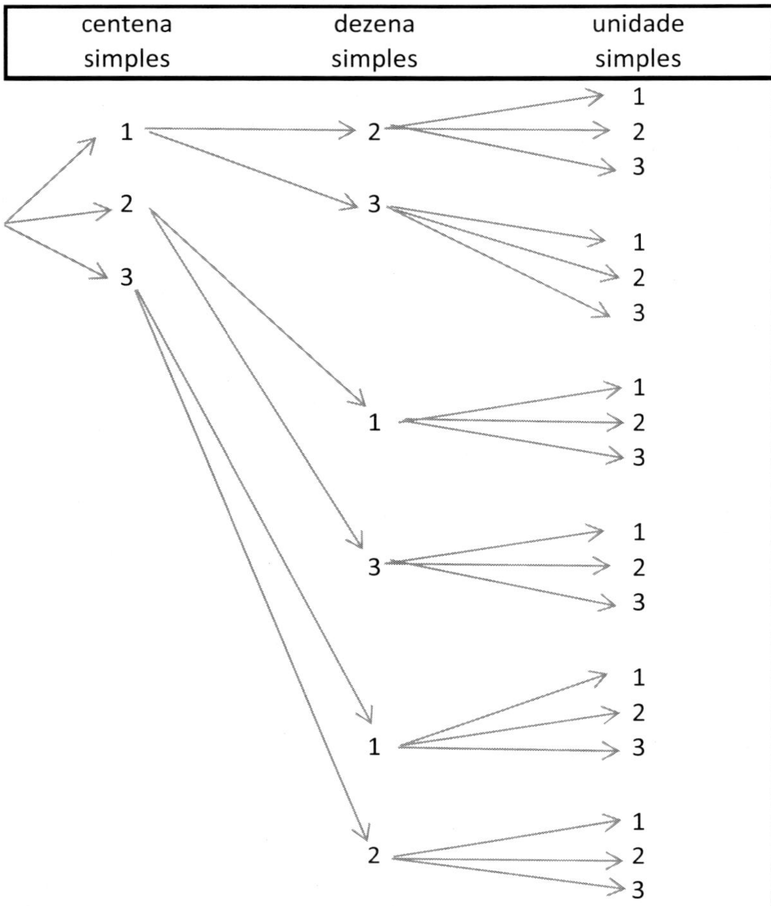

Número formado
121
122
123
131
132
133
211
212
213
231
232
233
311
312
313
321
322
323

Uma vez estabelecida a enumeração de todas as possibilidades (todos os números que podem ser formados), o professor deve pedir que os alunos façam a contagem total de números com três algarismos que satisfazem à solução do problema proposto.

Nesta oportunidade, o professor aproveita para mostrar aos alunos como o princípio aditivo é aplicado: a contagem de todos os agrupamentos-solução (os números com três algarismos que foram formados, todos distintos entre si). Por conta de os agrupamentos-solução serem distintos entre si, conjuntos unitários disjuntos, é possível que a contagem entre todas as possibilidades listadas nas "folhas da árvore de possibilidades" seja feita diretamente, via o somatório um a um ou então, a contagem ser feita em blocos.

Assim, o professor oportuniza que o aluno identifique que a contagem de todas as possibilidades pode ser feita, em blocos, como: 3 + 3 + 3 + 3 + 3 + 3 (resultante da soma de 6 parcelas, cada uma de valor igual a 3. Ou então, a contagem resultante do produto sob a forma (3 x 2) x 3 = 6 x 3). Ou ainda, a contagem ser feita como 6 + 6 + 6 = 3 x (2 x 3) = 3 x 6 = 18.

É interessante perguntar aos alunos a respeito do valor que cada parcela, em cada caso, representa: se 3 + 3 + 3 + 3 + 3 + 3 ou 6 + 6 + 6, questionando-os assim:

De onde se originam as 6 parcelas iguais a 3, como acima? De onde se originam as 3 parcelas iguais a 6, como 6 + 6 + 6 ou da forma 3 x 6? É possível, à luz da árvore de possibilidades, escrever o total de possibilidades como 9 + 9 ou 2 x 9? Por que não caberia escrever (2 x 3) x 3 = 18? A propriedade comutativa da multiplicação não se aplica?

Ora, essas 6(seis) parcelas iguais a 3 são resultantes das 6 (seis) combinações feitas entre os algarismos escolhidos para as posições centena simples e dezena simples. Ou seja, para cada uma dessas 6(seis) combinações, relativas aos algarismos ocupantes das posições centena e dezena simples, é possível escolher qualquer um dos 3 (três) algarismos disponíveis: 1, 2 ou 3 para ocupar a posição unidades simples.

As 3(três) parcelas iguais a 6 são resultantes das 3 (três) possibilidades que há para se escolher o algarismo que pode ocupar a posição centenas simples. E, para cada algarismo da posição centenas simples, se pode fazer as combinações possíveis entre os 2(dois) algarismos que poderão ocupar a posição dezenas simples com os 3(três) algarismos que poderão ocupar a posição unidades simples, resultando em 6(seis) combinações.

Assim, para cada uma das 3(três) escolhas possíveis do algarismo que pode ocupar a posição centenas simples, se pode escolher qualquer uma das 6 (seis) combinações entre os algarismos que podem ocupar as posições dezenas simples e unidades simples, e escrever os 6(seis) distintos números - neste caso tendo o mesmo algarismo na posição centenas simples.

Portanto, a árvore de possibilidades permite conhecer a totalidade de números de 3(três) algarismos que satisfazem à solução do problema. Por sua vez, essa totalidade pode ser determinada por meio das seguintes operações:

3 + 3 + 3 + 3 + 3 + 3 = 6 x 3 = (3 x 2) x 3; 6 + 6 + 6 = 3 x 6 = 3 x (2 x 3) = 3 x (3 x 2) (neste caso, passa-se da posição centenas simples para o resultante da combinação entre os algarismos das

posições unidades simples e dezenas simples, nessa ordem. Ou então, passa-se da posição unidades simples para o resultante da combinação entre os algarismos das posições centenas simples e dezenas simples, nessa ordem). Ou então: (3 x 3) x 2 (neste caso, passa-se da posição centenas simples para a posição unidades simples e, por último, para a posição dezenas simples.

Ou então, passa-se da posição unidades simples para a posição centenas simples e, por último, para a posição dezenas simples). Por que não cabe escrever (2 x 3) x 3? A propriedade comutativa da multiplicação não se aplica? É possível, à luz da árvore de possibilidades, escrever o total de possibilidades como: 9 + 9 ou 2 x 9? E escrever (3 x 3) x 2? E escrever 9 x 2?

Cabe aqui, rapidamente, um alerta aos professores: em geral, é importante saber que a priori os problemas não se classificam em função unicamente das operações que estejam a eles relacionadas (por exemplo, adição ou multiplicação), mas sim no tocante aos procedimentos e/ou estratégias de resolução utilizados pelo sujeito que está encaminhando a resolução. Também, que a dificuldade na resolução de um problema de contagem não está diretamente relacionada à operação (ou operações) as quais é preciso lançar mão para obter a solução.

Quando se fez menção ao estabelecimento de uma relação entre a adição de parcelas iguais e a multiplicação (ou seja, toma-se a multiplicação como um caso particular da adição, porque as parcelas são todas iguais) se deve atentar para o fato de que será preciso definir distintos papéis para o multiplicando (que se repete) e para o multiplicador (a quantidade de repetições). Mas, nem sempre é possível que se tome um pelo outro.

Razão porque - e se pode afirmar sem quaisquer reticências - é preciso que se deem aos alunos oportunidades para eles experimentarem situações relacionadas à multiplicação com ênfase na "ideia combinatória da multiplicação" desde os anos iniciais, por meio da aplicação dos 2(dois) princípios básicos e fundamentais da combinatória: O Princípio Aditivo e o Princípio Multiplicativo. Porém, e isso é fato, em algumas situações esta oportunidade acarreta provocar certa ambiguidade em relação à propriedade comutativa da multiplicação entre números naturais positivos (a x b = b x a), que é o caso das considerações em questão, postas acima.

Assim, nesta oportunidade salienta-se a necessidade de o professor refletir acerca da importância de realizar um trabalho conjunto que explore a multiplicação e a divisão, por exemplo, com base em situações presentes no campo multiplicativo de diferentes significados das operações, segundo Gerárd Vergnaud (1991).

Também se deve atentar para a quantidade de combinações entre objetos e os elementos de um produto cartesiano, por exemplo, bem como o fato de que um mesmo problema pode ser resolvido por meio de diferentes representações numéricas, como visto acima, ou gráficas.

Ademais, considerar que uma operação pode estar associada a diferentes enunciados de problemas, com diferentes objetos envolvidos.

Além disso, a ideia da combinação entre objetos também se apresenta em situações-problema combinatórios relacionados com a operação de divisão, como por exemplo: "Um total de 28 conjuntos saia-blusa são possíveis formar quando se dispõe de 4 saias distintas. Quantas são as distintas blusas?"

Finalizando esta inserção, salientamos a importância de o professor dar ênfase ao estudo da construção de representações – gráficas e numéricas – para propor e resolver problemas de contagem que apontem para uma constante nos dias atuais por conta da demanda crescente em se abordar elementos presentes no estudo da combinatória, desde os anos iniciais, qual seja a de preparar o aluno para que ele saiba ler e interpretar dados apresentados de modo organizado - como é o caso em uma árvore de possibilidades ou em uma tabela de dupla entrada, por exemplo.

As igualdades válidas, acima, são suficientes para mostrar-nos que para determinar quantos são os números de 3(três) algarismos que atendem à solução do problema, não há a obrigatoriedade de ter de fazer a escolha inicial recair sobre a posição centenas simples, e, em seguida, fazer as escolhas para as posições dezenas simples e unidades simples nessa ordem, por exemplo.

Portanto, neste exemplo a estratégia de resolução escolhida independe da escolha da posição do número que é feita de início e da sequência das 2(duas) escolhas seguintes, para as demais posições do número.

Ademais, o fato de a escolha inicial recair sobre qualquer uma das três posições do número, e as duas decisões seguintes em relação às escolhas para as outras posições do número, não altera a complexidade para encaminhar a resolução.

Ou seja, elas se equivalem em termos de dificuldades. E isto reafirma, para este problema, que quaisquer sequências de ações referentes às escolhas de início, meio e fim para as posições do número a ser formado são equivalentes.

A compreensão acerca da afirmação acima configura-se em uma importante conclusão - que muito contribui para ampliar a visão conceitual do leitor em relação ao exercício do raciocínio combinatório em situações simples ou mais embaraçosas.

Por vezes durante a resolução de um problema de contagem, uma escolha natural em relação à sequência de ações que o sujeito precisa empreender para encaminhar a resolução precisa ser modificada para uma resolução segura e menos complexa. Esta postura, não traz em si nenhum resquício de insegurança. Muito pelo contrário, mostra conhecimento.

Assim, para o exemplo de problema de contagem apresentado acima qualquer que seja a decisão de iniciar a contagem das possibilidades pela escolha de determinada posição do número a ser formado, em determinada posição do número, constitui-se de dificuldades equivalentes que devem ser vencidas.

Isso mostra-nos que, por vezes, em outros problemas de contagem, vale a pena aventurar-se em uma estratégia menos convencional para encaminhar a resolução do problema, procurando caminhos mais arrojados, mesmo que se tenha de percorrer obstáculos desafiadores.

Agora, voltemos ao mesmo problema de contagem, objeto do Exemplo 6, para acrescentar outras considerações:

Exemplo 6: Quando se dispõe dos algarismos 1, 2 e 3 é possível formar números com 3 (três) algarismos, com a condição de os algarismos que ocupam as posições centenas simples e dezenas simples serem distintos entre si. Quais e quantos números satisfazem a essas condições?

Considere, por exemplo, a seguinte estratégia de resolução: a primeira ação deverá recair sobre a escolha de possíveis algarismos para ocupar a posição dezenas simples.

Nesse caso, qualquer um dos 3(três) algarismos: 1, 2 ou 3 poderá ocupar essa posição. Qualquer que tenha sido a opção de escolha do algarismo que vai ocupar a posição dezenas simples, só há 2(duas) possibilidades para a escolha do algarismo que vai ocupar a posição centenas simples: um algarismo diferente daquele que foi escolhido para a posição dezenas simples. Há, portanto, 3 x 2 = 6 combinações possíveis entre os algarismos escolhidos para ocuparem as posições dezena simples e centena simples.

Para cada uma dessas 6(seis) combinações entre os algarismos das posições dezena simples e centena simples, há 3 (três) possibilidades de escolha para o algarismo que vai ocupar a posição unidades simples. Assim, há um total de (3 x 2) x 3 = 18 números que atendem às condições impostas no problema.

A estratégia e os procedimentos aplicados na resolução acima são similares à situação de a primeira escolha recair sobre a posição dezenas simples e, em seguida, recair sobre a posição unidades simples. Por último, a escolha deve recair sobre a posição centenas simples. Nesse caso teríamos a seguinte representação numérica: (3 x 3) x 2 = 18 números.

Considere, agora, a seguinte estratégia: a primeira ação vai recair sobre a posição unidades simples. Nesse caso, qualquer um dos 3 (três) algarismos poderá ocupar essa posição. Qualquer que tenha sido a opção de escolha do algarismo para ocupar a posição unidades simples, há 3 (três) possibilidades para a escolha do algarismo que vai ocupar a posição centenas simples, e 2(duas) possibilidades para a escolha do algarismo que vai ocupar a posição dezenas simples: um algarismo diferente do que foi escolhido para a posição centenas simples (o mesmo valeria se a escolha inicial tivesse recaído para a posição dezenas simples e, em seguida a escolha para a posição centenas simples).

Há, portanto, 3 x 3 = 9 combinações possíveis entre os algarismos das posições unidade simples e centena (ou dezena) simples. Para cada uma das 9 combinações entre os algarismos das posições unidade simples e centena (ou dezena) simples, há 2 (duas) possibilidades de escolha para o algarismo que vai ocupar a posição dezenas (ou centena) simples. Assim, há um total de (3 x 3) x 2 = 18 números.

Finalmente, considere uma resolução distinta das resoluções anteriores: há 3 x 3 x 3 = 27 números com 3(três) algarismos, distintos e não, que podem ser formados com os algarismos 1, 2 e 3. Desse 27 números há 3 x 1 x 3 = 9 números em que as posições centena simples e unidades simples são ocupadas pelo mesmo algarismo. Assim, há 27 – 9 = 18 números que não têm algarismos iguais nas posições centena simples e dezena simples.

Porém, em alguns problemas de contagem pode não ser verdade que não importa a posição no número segundo a qual se vai começar a contabilizar todas as possibilidades, o que acarreta afirmar que é possível que se tenha de enfrentar novas dificuldades.

Estas dificuldades, por sua vez, precisarão ser vencidas ou então se deve escolher outra estratégia menos problemática, quando possível.

Assim, em alguns problemas de contagem, inclusive, até pode se tornar inviável continuar avaliando as possibilidades em outras posições do número a ser formado devido à estratégia de solução que foi escolhida para a resolução. Isto obriga que o sujeito que está resolvendo o problema tenha de fazer nova escolha acerca da estratégia a ser adotada, para poder encaminhar a resolução.

Para ilustrar o que foi dito acima, considere o seguinte exemplo:

Exemplo 7: Quando se dispõe dos algarismos 0, 1, 2, 3 e 4 é possível formar números pares com 3 (três) algarismos distintos. Quantos números satisfazem essas condições?

Neste exemplo, o algarismo 0 (zero) não pode ocupar a posição centenas simples pelo simples fato de o número a ser construído com essa indicação não ser um número com 3 (três) algarismos. Assim, uma restrição já se configura em relação ao algarismo 0 e a posição centenas simples. Outra restrição é relativa à posição unidades simples, que só pode ser ocupada pelos algarismos 0, 2 ou 4 (formação de números pares). Vamos utilizar uma estratégia similar àquela utilizada para resolver o exemplo 6 na resolução deste exemplo 7.

Há 4(quatro) possibilidades para a escolha do algarismo que pode ocupar a posição centenas simples: 1, 2, 3 ou 4. Para qualquer uma das quatro escolhas há 4(quatro) possibilidades para a escolha do algarismo que pode ocupar a posição dezenas simples: o algarismo 0 ou qualquer um dos 3(três) algarismos que não tenha sido escolhido para a posição centenas simples. Finalmente, para ocupar a posição unidades simples há (?) possibilidades.

O símbolo de interrogação (?) indica que não há certeza acerca de quais algarismos podem ocupar essa posição, pois não se sabe quais algarismos foram utilizados nas 2(duas) posições anteriores. Assim, a estratégia escolhida não é boa para concluir essa resolução. É preciso pensar em outra estratégia.

Utilizar uma estratégia semelhante: iniciar pela posição unidades simples também não é uma estratégia adequada para este problema, pois a interrogação já caberia na segunda decisão a ser avaliada conforme seja a posição centenas simples ou a posição dezenas simples.

Quando a interrogação é colocada por conta de uma dúvida em relação à decisão que pode ser tomada, uma sugestão é repartir o problema em partes: uma parte conforme a posição e o algarismo que tenham criado o embaraço e outra(s) parte(s) que não causa(m) embaraço(s).

Neste exemplo é importante observar que o algarismo 0(zero) foi motivo para o embaraço causado na estratégia anterior, razão porque fazemos a contagem das possibilidades estando o algarismo zero isolado dos demais outros 2(dois) algarismos: 2 e 4, - disponíveis para ocupar a posição unidades simples.

Assim, a contagem das possibilidades pode ser feita em três partes conforme o algarismo que pode ocupar a posição unidades simples seja um dos três algarismos: 0, 2 e 4. Ou então a contagem pode ser feita em 2(duas) partes, conforme a posição unidades simples possa ser ocupada pelo algarismo 0(zero) ou pelos outros dois algarismos disponíveis: 2 e 4.

Quando um dos algarismos: 2 ou 4 (duas possibilidades) ocupar a posição unidades simples parece-nos não haver embaraço, pois a posição centenas simples pode ser ocupada por um dos três algarismos: 1, 3 e o 2 ou 1, 3 e o 4 - dependendo de qual dos dois últimos algarismos foi utilizado na posição unidades simples (três possibilidades). Para a posição dezenas simples, tanto o algarismo 0 pode ser usado como um dos outros dois algarismos restantes que não tenham sido utilizados nas duas posições anteriores, totalizando três possibilidades. Assim, há 2 x 3 x 3 = 18 números pares com três algarismos distintos, todos eles terminados em 2 ou em 4.

Quando a posição unidades simples for ocupada pelo algarismo 0, configura-se uma possibilidade apenas. Por conta disso, há quatro possibilidades para a escolha do algarismo que pode ocupar a posição centenas simples e três possibilidades para a escolha do algarismo que pode ocupar a posição dezenas simples. Assim, há 1 x 4 x 3 = 12 números pares, com três algarismos distintos, todos eles terminados em 0.

Portanto, o total de números pares com três algarismos distintos que podem ser formados pelos algarismos 0, 1, 2, 3 e 4 é: 2 x 3 x 3 + 1 x 4 x 3 = 18 + 12 = 30.

A expressão numérica aditiva acima aponta que de fato não é possível aplicar diretamente o princípio multiplicativo de modo a formar os números que atendem às condições estabelecidas no enunciado do problema, pois não é possível substituir a soma 2 x 3 x 3 + 1 x 4 x 3 por um único produto com três fatores de valores 2, 3 e/ou 4. Ou seja, não é possível escrever uma única expressão multiplicativa que dê conta de contabilizar todos os 30 números que podem ser formados. Isso é fato!

Embora se possa escrever 30 = 2 x 3 x 5, é importante salientar que esses 3(três) fatores não têm relação direta com a aplicação do Princípio Multiplicativo segundo os dados deste problema. Senão vejamos: dentre as 3(três) posições dos números a serem formados a posição dezenas simples é a única em que há condições de qualquer dos 5(cinco) algarismos virem a ocupá-la. Assim, se fosse o caso, teríamos 30 = 2 x 5 x 3 = 3 x 5 x 2, o que implicaria em haver 2 ou 3 possibilidades para as posições centena simples e unidade simples para cada algarismo que ocupasse a posição dezenas simples, o que não é o caso, como mostra a tabela a seguir:

centena simples	dezena simples	unidade simples	Possibilidades
?	0	?	3 x 1 x 2 = 6
?	1 ou 3	0	3 x 2 x 1 = 6
?	1 ou 3	2 ou 4	2 x 2 x 2 = 8
?	2 ou 4	0	3 x 2 x 1 = 6
?	2 ou 4	2 ou 4	2 x 2 x 1 = 4

De modo semelhante ao que foi feito no exemplo 6, é possível ignorar momentaneamente uma das restrições: o fato de o algarismo zero não poder ocupar a posição centenas simples, e contar todos os “números” pares com três algarismos distintos, incluindo os “números” que têm o zero na posição centenas simples, totalizando 4 x 3 x 3 = 36 "números", e abater o total de "números" que não podem ser contados ("números" começados por zero): 1 x 3 x 2 = 6, o que resulta em 30 números pares, com três algarismos distintos, tendo os algarismos 0, 1, 2, 3 e 4 disponíveis.

Poderíamos, ainda, escolher uma nova estratégia procedendo assim: contar todos os números com três algarismos distintos, que resulta em 4 x 4 x 3 = 48 números, e desse total abater a totalidade de números ímpares com três algarismos distintos: 3 x 3 x 2 = 18 números, o que resultaria no quantitativo de números pares com três algarismos distintos. Assim, há 48 – 18 = 30 números pares, com três algarismos distintos, tendo os algarismos 0, 1, 2, 3 e 4 disponíveis.

Recomendações ao professor:
Embora o autor reconheça que os diversos procedimentos apresentados acima possam ter sido cansativos para o leitor, consideramos importante que o professor oportunize essa experiência com os seus alunos, de modo que eles possam conhecer, reconhecer, identificar e compreender algumas estratégias que podem ser utilizadas para resolver um mesmo problema de contagem. Afinal de contas, estratégias de resolução que não dão certo para alguns problemas são ingredientes para aprofundar conhecimentos, uma vez que uma estratégia pode ser adequada para resolver alguns problemas de contagem, mas para outros ela pode não funcionar bem. Tal iniciativa contribui para aumentar a visão conceitual acerca de diferentes estratégias e procedimentos disponíveis para a resolução de problemas de contagem.

No problema de contagem objeto do exemplo 6, as diferentes estratégias se diferenciaram pela sequência como as ordens do número a ser formado eram escolhidas. E, como consequência, implicavam nas possíveis ações que podem ser feitas em relação às escolhas dos algarismos para as respectivas posições do número.

Mais ainda: é preciso que o professor esclareça para os alunos que as diferentes estratégias de resolução, para um mesmo problema de contagem, se estendem a muitos outros tipos de problemas de contagem. Estes, por sua vez, são habitualmente propostos ao longo de toda a Educação Básica.

Portanto, é importante que os alunos conheçam diversas estratégias de resolução de problemas de contagem uma vez que um diferenciado leque de problemas terão de ser enfrentados e resolvidos por eles - com a responsabilidade de terem de escolher a estratégia que considerarem adequada para encaminhar a resolução daquele particular problema. E, talvez, até ser necessário que outra escolha precise ser feita.

No caso de a escolha da estratégia inicial não ter sido boa - no sentido de que não atendeu ao cômputo de todas as possibilidades -, tal situação vai exigir do leitor que tome a decisão de fazer reformulações, quando possível, na estratégia por ele escolhida. Ou então, terá de partir para a escolha de uma nova estratégia.

Porém, tal iniciativa deve ser considerada pelo leitor como algo positivo e natural, quando se está resolvendo problemas de contagem, uma vez que, a princípio, nada se sabe em relação ao caminho a escolher para a resolução.

Ademais, é oportuno que o leitor compreenda e reconheça que a variedade e a quantidade de estratégias e procedimentos de resolução de problemas de contagem são derivadas das múltiplas possibilidades de tomar decisões - segundo as quais o sujeito que está resolvendo o problema pode tomar - para encaminhar a resolução. E que tudo isso é muito bom.

Por vezes, como foi possível constatar em algumas resoluções apresentadas, as tomadas de decisões independem da ordem em que são tomadas durante a formação dos números, bem como em relação às diferentes ações cognitivas que o raciocínio combinatório oportuniza ao sujeito exercitar para encaminhar a resolução de um problema de contagem.

Ou seja, são tomadas de decisões que se equivalem em relação a qualquer ordem escolhida para encaminhar a resolução – no sentido de que elas poderiam ter sido feitas uma ou outra igualmente pelo sujeito que está resolvendo o problema de contagem.

Uma vez que o professor oportunize essas iniciativas aos alunos estará ajudando-os a adquirir confiança em relação às decisões que eles podem/devem tomar diante de um impasse ou da necessidade de fazê-las, durante a resolução de um problema de contagem.

Inclusive, estará igualmente ajudando-os a agirem assim no que refere a decisões relacionadas às suas vidas pessoais uma vez que também em problemas pessoais - quando se precisa tomar determinada decisão -, é recomendável que se analise todas as possibilidades disponíveis para a tomada de decisão não sem antes avaliar as consequências que cada decisão pode acarretar adiante.

Ou seja, tal iniciativa oportuniza que o aluno compreenda as variantes estratégicas acerca daquilo que está em questão quando encaminha a resolução de um problema de contagem - principalmente a variante segundo a qual o sujeito que está resolvendo o problema deve se colocar na posição de quem vai realizar cada ação pedida pelo problema.

É preciso, pois, que o sujeito que está resolvendo passo a passo um problema de contagem tenha consigo um viés investigativo, que o permita levantar hipóteses acerca de todos os modos possíveis como cada decisão pode ser tomada e a abrangência de todas as ações relacionadas à totalidade de agrupamentos-solução que precisam ser contados.

Assim, para cada decisão que possa ser tomada o leitor deve certificar-se das consequências que acarretam essa tomada de decisão, avaliando-as e quantificando-as em seguida, quando se tratar da resolução de um problema de contagem.

Por outro lado, ações semelhantes - de levantamento de hipóteses e de possibilidades de tomadas de decisão - devem ser igualmente tomadas pelo leitor quando está construindo uma árvore de possibilidades, por exemplo.

Para ilustrar essas questões, considere o seguinte problema de contagem:

Exemplo 8: Quantos números com 3 (três) algarismos são possíveis formar com os algarismos 1, 2 e 3?

Há 3 (três) "ramificações" da árvore de possibilidades que devem ser construídas, conforme seja a escolha do algarismo que pode ocupar a posição centenas simples:1, 2 ou 3. Cada uma das "ramificações" são partes componentes de uma árvore de possibilidades, conforme mostrado na árvore de possibilidades a seguir:

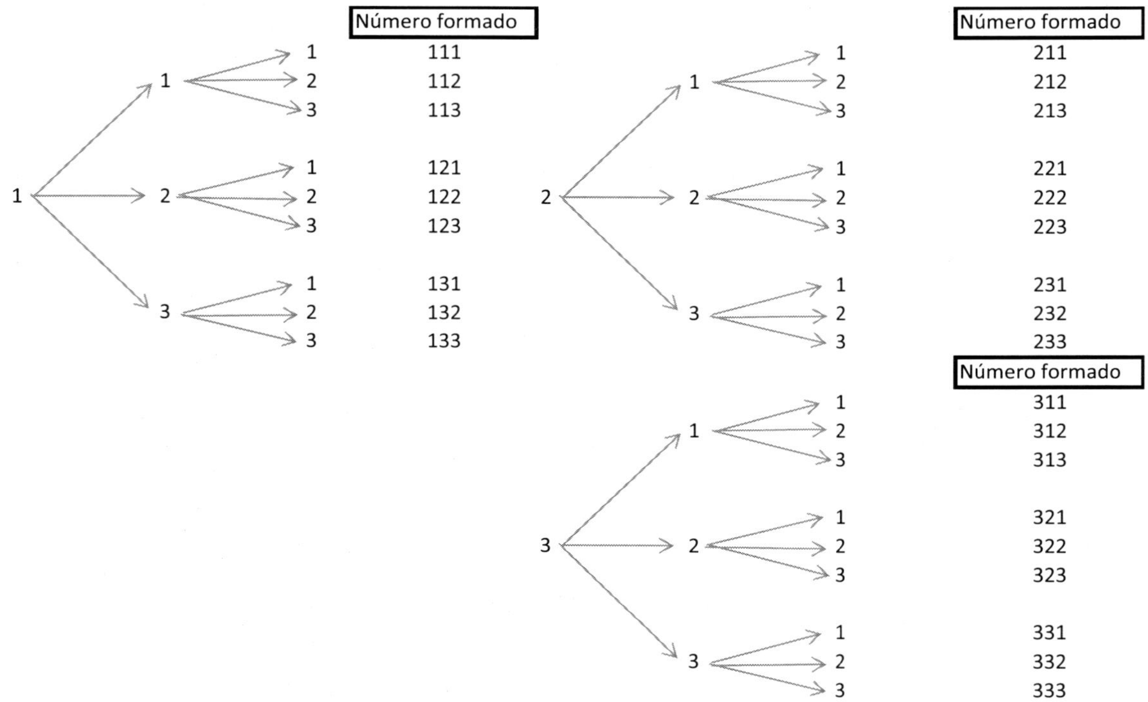

É preciso que fique claro para o leitor que para o problema de contagem em questão, um esquema ou um duplo produto cartesiano também dariam conta de, igualmente, responder à questão.

No caso de a escolha da representação gráfica recair sobre a construção de tabelas de dupla entrada, seria preciso construir 2 (duas) tabelas de dupla entrada, de modo que por meio de uma delas sejam combinados os algarismos de duas posições do número (centena e dezena simples, ou centena e unidades simples, ou dezena e unidades simples), e em outra tabela sejam combinados os resultados de qualquer uma das combinações anteriores e o algarismo da posição que restaria combinar, de modo a formar e apresentar a totalidade de números possíveis que atendem à solução do problema.

Assim, entre tais representações gráficas, a árvore de possibilidades mostra-se como a mais conveniente para ser construída quando o propósito for o de mostrar todos os números com 3(três) algarismos que podem ser obtidos quando se tem 3(três) algarismos disponíveis (distintos ou não, nulo ou não), para formar os números - desde que o quantitativo de algarismos disponíveis não seja grande (maior que 3).

Ademais, é preciso ficar claro para o leitor que tal escolha não se restringe apenas à formação de números com 3(três) algarismos.

No caso em que fosse pedido somente determinar a totalidade de números possíveis de serem formados, uma representação numérica seria a mais conveniente utilizar por conta da aplicação direta do princípio multiplicativo, a saber: 3 x 3 x 3 = 27 números.

Ampliação conceitual, e não apenas para o professor:
Na literatura matemática, a expressão numérica acima (3 x 3 x 3 = 27) é conhecida como uma representação de um arranjo com repetição de três, tomados três a três, ou arranjo com repetição do 3 por três vezes, e é indicado como $AR_{3,3.}$ Com esses mesmos três algarismos (1, 2 e 3), caso se queira contar a totalidade de números com 4(quatro) algarismos que podem ser formados, o resultado é dado por: $AR_{3,4}$ = 3 x 3 x 3 x 3 = 81 números. No primeiro caso, com os algarismos 1, 2, 3, 4 e 5 disponíveis, é possível formar 5 x 4 x 3 x 2 = 120 números com 4(quatro) algarismos distintos. Tal resultado pode ser representado por $A_{5,4}$ = 5 x 4 x 3 x 2 = 120 números. Com o objetivo de favorecer a compreensão do leitor, considere uma quantidade finita de objetos, algarismos, letras, peças ou brinquedos - todos distintos entre si. Qualquer ordenação de alguns elementos (não todos) é dita ser um *arranjo simples* quando a troca de posição entre pelo menos 2(dois) elementos presentes na ordenação implica na formação de um novo *arranjo* (novo agrupamento, nova possibilidade, nova ordenação). Quando nos referimos a *arranjos simples*, também cabe a ordenação de diferentes nomes de pessoas ou as próprias pessoas - vez que pessoas são diferentes entre si. Por outro lado, considere uma quantidade finita de objetos, algarismos, letras, peças ou brinquedos formada por elementos nem todos distintos entre si (em que há pelo menos dois elementos em repetição, ou considerados iguais). Qualquer ordenação de alguns elementos (não todos) é um *arranjo com repetição* quando a troca de ordem entre pelo menos dois elementos distintos entre si (presentes na ordenação) implica na formação de um novo *arranjo* (novo agrupamento, nova possibilidade, nova ordenação). É natural pensar que nos casos de arranjos com repetição, por razões óbvias não cabe a ordenação de pessoas, vez que elas são distintas - embora possam aparecer nomes iguais de pessoas, mas referidos à pessoas distintas, os quais precisam ser diferenciados entre si.

O autor não considera necessário para o aprendizado de combinatória fazer menção aos rótulos "arranjos simples" ou "arranjos com repetição" para resolver problemas de contagem, uma vez que, de fato, o que está em questão é a aplicação do princípio multiplicativo nestes casos. Afinal de contas, saber que há 2 x 2 = 4 maneiras de pintar bandeiras com 2(duas) listras tais que todas as listras devem ser pintadas, dispondo de duas cores, ou então, que há 2 x 1 = 2 maneiras de pintar a mesma bandeira dispondo das mesmas cores (sabendo que todas as listras devem ser pintadas com cores distintas) não exige a necessidade de ter de saber que estas situações estão associadas à formação de agrupamentos tipo arranjos com repetição e arranjos simples, respectivamente.

Assim, este lembrete tem o propósito de alertar os leitores, alunos e professores em relação ao que o autor considera certo exagero, por conta de os livros didáticos, em sua maioria, insistirem em rotular os tipos de agrupamentos-solução em 3(três) caixinhas - isoladas entre si - quais sejam: arranjos, permutações e combinações. Tal prática, por vezes deixa o leitor com a errônea sensação de que qualquer problema de combinatória é resolvido por meio de procedimentos associados apenas a um desses tipos de agrupamentos-solução, o que não é verdade. Há muitas outras técnicas de contagem, mas que não serão objeto de estudo neste livro. Consulte o livro Tópicos Avançados de Análise Combinatória, deste mesmo autor, na mesma Editora.

Nos enunciados de muitos problemas de contagem (talvez, todos) não há qualquer indicação acerca da estratégia que é preciso utilizar para resolver o problema proposto, bem como em relação ao tipo de representação gráfica que melhor pode ser utilizada, se for o caso.

Ou seja, para dar conta de encaminhar a resolução de um problema de contagem a *priori* o leitor não é informado se é preciso que faça tais e tais combinações entre objetos ou não, e também, como deve decidir acerca da estratégia a ser escolhida.

No exemplo 7, acima, os objetos disponíveis são os algarismos 1, 2 e 3. Assim, a apropriação de conceitos acerca da formação dos tipos diferentes de agrupamentos-solução é que permitirá ao leitor decidir (após a leitura atenta do enunciado do problema) o que precisa ser feito para encaminhar a resolução.

Em relação ao exemplo 5, as combinações que precisam ser feitas são entre os algarismos 1, 2 e 3, de modo a formar todos os números com 3 (três) algarismos, obtidos com a utilização desses algarismos. Por sua vez, cada número formado constitui um agrupamento-solução do problema de contagem em questão.

Por outro lado, para a maioria dos problemas propostos será preciso apenas calcular o total dos agrupamentos-solução de objetos, o que pode ser feito por meio de uma representação numérica que apresente, por exemplo, uma ou mais operações de multiplicação.

Alguns problemas de contagem não exigem que o leitor utilize determinado procedimento específico ou uma particular representação gráfica para enumerar todas as possibilidades (formação de todos os agrupamentos-solução). A viabilidade das escolhas sempre cabe a quem está resolvendo o problema.

Porém, é importante que o leitor se lembre que o esboço de construção de uma árvore de possibilidades pode ser feito para cada problema de contagem, e que esse esboço visa dar conta de apontar pistas de como é possível resolver o problema por meio de uma representação numérica, por exemplo, e se for o caso.

Tal prática também permite ao leitor refletir quanto ao fato de que em muitas situações a representação numérica apresenta elementos constituintes que são tomados a partir da construção (por completo) da referida árvore de possibilidades que foi esboçada de início.

Mas, se for o caso, tal qual foi mostrado no exemplo 5, apresentado acima, é possível fazer a contagem de todas as possibilidades diretamente a partir da árvore de possibilidades (desde que ela seja construída por completo), por meio da aplicação do princípio aditivo.

Assim, quando muito há situações-problema de contagem em que ao leitor basta apenas lançar mão de construir uma árvore de possibilidades para dar conta de contabilizar a totalidade de possibilidades que atendem ao enunciado do problema de contagem em questão.

É importante que o leitor se certifique que a construção da árvore de possibilidades garante a obtenção da totalidade de possibilidades que atendem à solução do problema, tal qual seria obtido por meio de uma representação numérica correspondente.

Essa recomendação é importante, por conta de ainda haver certo ceticismo por parte de alunos e professores (verificado em pesquisa do autor) quanto ao fato de a árvore de possibilidades mostrar a totalidade de possibilidades que atendem à solução.

É preciso compreender que sempre há uma (ou mais que uma) árvore de possibilidades que dá(ão) conta de contabilizar todas as possibilidades que atendem a qualquer problema de contagem - embora para situações com enorme quantitativo de possibilidades se torne inexequível construir uma árvore de possibilidades.

Assim, há situações-problema em que o leitor precisa apenas fazer o esboço de como a árvore de possibilidades seria construída, e em seguida fazer uso de uma representação numérica para determinar a solução quantitativa que contemple todas as possibilidades que satisfazem o problema de contagem.

Ademais, julgamos que construir uma árvore de possibilidades (ou apenas o esboço de como ela seria construída) é um procedimento relativamente simples - que tem como mérito o de permitir o exercício do raciocínio combinatório, além de encontrar a solução para o problema.

Também o de constatar que o resultado final é eficiente, pois fica fácil o entendimento acerca de como os agrupamentos-solução são formados, bem como oportuniza a quem constrói a árvore de possibilidades estabelecer hipóteses que podem ser levantadas à vista de sua representação gráfica durante cada fase da construção.

Parece-nos razoável acreditar que o leitor concorde que a apresentação final de uma árvore de possibilidades é bastante atraente, e a razoável facilidade como ela pode ser construída possibilita a quem a está construindo (e a quem a vê pronta) que a utilize mais adiante, como um "*esqueleto*" para construir uma árvore de probabilidades.

As árvores de possibilidades, como coadjuvantes das soluções de problemas de contagem (e as árvores de probabilidades, como coadjuvantes das soluções de probabilidade), são de dois tipos:

- ✓ Árvore de possibilidades simétrica: aquela com iguais distribuições de possibilidades pelos "galhos terminais" (suas "folhas" terminais), como a árvore de possibilidades que está desenhada a seguir;

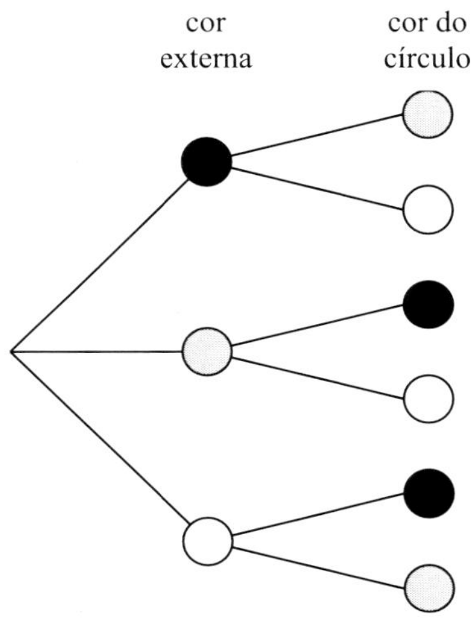

✓ Árvore de possibilidades não simétrica, ou assimétrica: aquela com distribuições de possibilidades diferentes pelos "galhos terminais" (suas "folhas"), como é o caso da árvore assimétrica desenhada a seguir, a qual mostra os nomes dos componentes de todos os grupos, com 2 (duas) amigas em cada, que podem ser formados por meio de escolhas que recaem entre as amigas Ana, Bia, Carla e Diva.

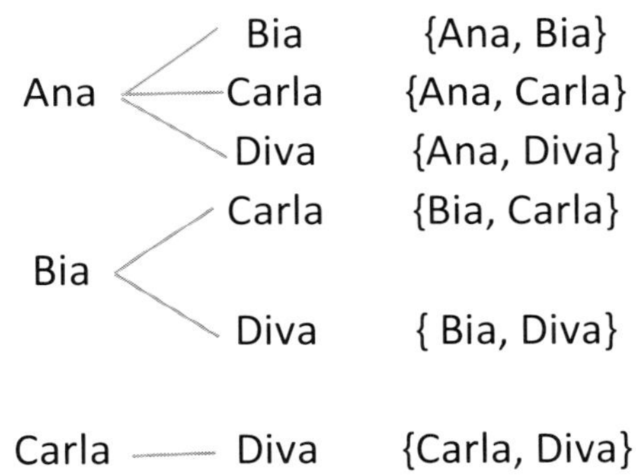

Para as 2(duas) situações mostradas acima, eis as respectivas árvores de probabilidades:

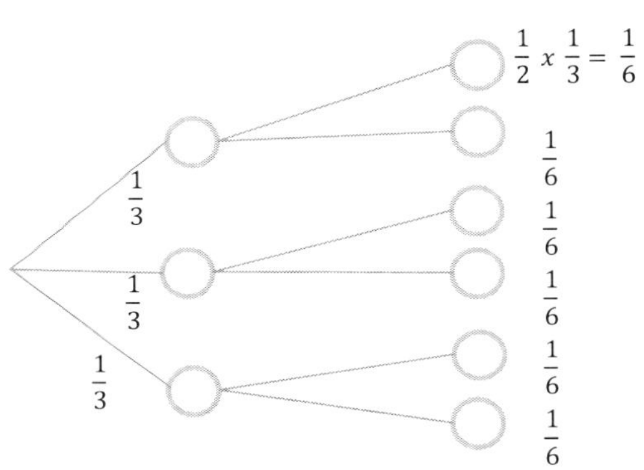

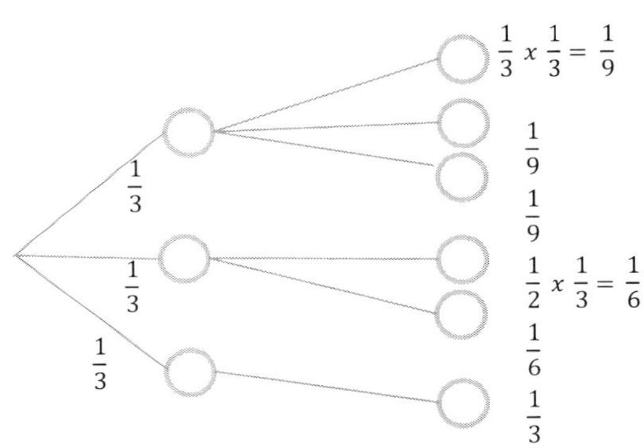

Para o problema de contagem acima, há 6 (seis) grupos com os nomes de 2 (duas) amigas em cada - possíveis de formar quando as escolhas recaem entre os nomes das quatro amigas. A probabilidade de Ana e Júlia formarem um grupo é de 1/9.

A árvore de possibilidades é assimétrica, pois há 3 "galhos" iniciais e cada um deles têm distribuições desiguais nos seus "galhos", assim: o primeiro "galho" possui três "folhas terminais"; o segundo "galho" possui duas "folhas terminais" e o terceiro "galho" possui uma "folha terminal".

A totalidade de grupos é obtida pela aplicação do princípio aditivo: 3 + 2 + 1 = 6. A expressão numérica aditiva 3 + 2 + 1 não pode ser substituída por uma representação numérica unicamente multiplicativa - com os fatores associados à quantidade de nomes disponíveis, dentre os nomes das amigas, e às quantidades de grupos que podem ser formados com os nomes de duas amigas em cada.

Para finalizar as considerações acerca da aplicação e o exercício do raciocínio combinatório na resolução de problemas de contagem vale lembrar, aqui, com um exemplo, a questão da postura desejável ao sujeito que está encaminhando a resolução de um problema de contagem.

Ao longo deste capítulo, dissemos que o leitor deve se colocar na posição da pessoa que vai executar as ações, mas nem sempre é fácil identificar quais ações precisam ser feitas para encaminhar a resolução de um problema de contagem. Para tal, considere o seguinte problema de contagem:

Exemplo 9: O triângulo da figura abaixo representa a vista de cima do jardim da escola que João estuda. No momento, há 2(dois) vasos de cerâmica vazios e iguais, pintados na cor branca, disponíveis para serem colocados junto aos lados do jardim. Existem alguns diferentes modos para arrumar os 2(dois) vasos junto aos lados do jardim.

Quantas possibilidades há para arrumar 2(dois) vasos, exatamente iguais, junto aos lados do jardim?

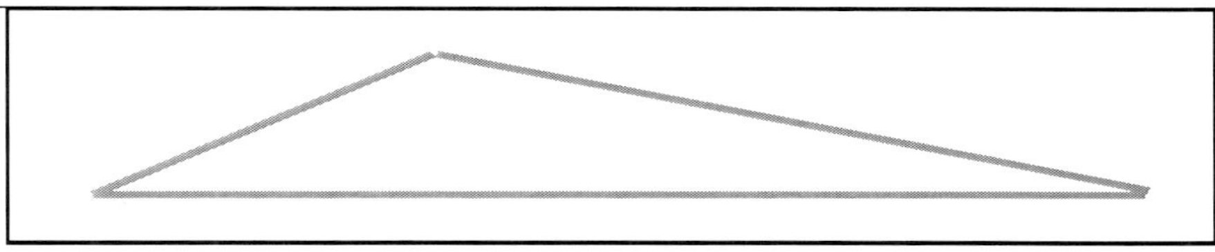

Para resolver este problema é preciso computar o total de possibilidades de arrumar os vasos junto aos lados do jardim. Mas não é recomendável, neste momento, listar todas as possibilidades, uma a uma, e depois contá-las.

Queremos que o leitor se coloque no lugar da pessoa que vai executar as ações.

Assim, pergunta-se: Qual ação o leitor considera como a primeira a tomar? O que fazer em seguida? Quais as decisões a tomar para finalizar a contagem?

Vamos fazer uso de uma representação numérica que dê conta de computar todas as possibilidades. Há 2(duas) possibilidades para uma primeira tomada de decisão (arrumar os 2(dois) vasos, juntos, em um mesmo lado do jardim, ou arrumar os 2(dois) vasos em lados diferentes do jardim).

Para qualquer uma dessas 2(duas) possibilidades há 3 (três) maneiras de arrumar os 2(dois) vasos junto aos lados do jardim. Quando os 2(dois) vasos estão juntos eles podem estar no primeiro lado, no segundo lado ou no terceiro lado do triângulo; quando os 2(dois) vasos estão separados, eles podem estar no primeiro e segundo lados; no primeiro e terceiro lados ou no segundo e terceiro lados.

Logo, aplicando o princípio multiplicativo, há 2 x 3 = 6 maneiras de arrumar 2(dois) vasos, exatamente iguais, pelos lados de um jardim com o formato triangular.

E, na situação em que há 2(dois) vasos diferentes disponíveis, um deles pintado na cor branco e o outro pintado na cor preto, quantas possibilidades há para arrumá-los? É o que será visto no Exemplo 10, a seguir.

Exemplo 10: O triângulo da figura abaixo representa a vista de cima do jardim da escola que João estuda. No momento há 2(dois) vasos de cerâmica vazios e iguais, um vaso pintado na cor branca e o outro vaso pintado na cor preta.

Quantas possibilidades há para arrumar os 2(dois) vasos junto aos lados do jardim?

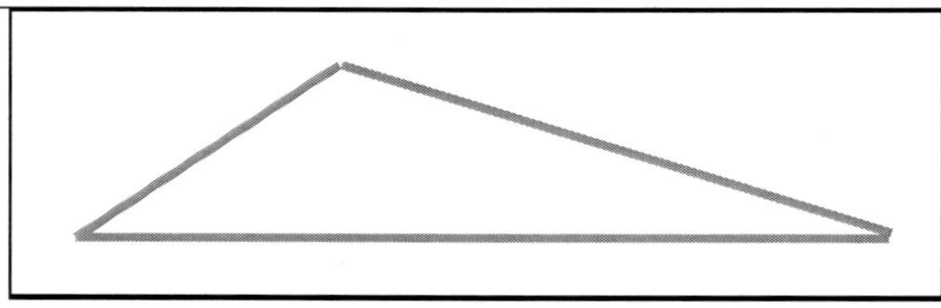

Para resolver este problema será preciso computar o total de possibilidades de arrumar os vasos junto aos lados do jardim, mas não é recomendável, neste momento, listar todas as possibilidades, uma a uma, e depois contá-las.

Vamos fazer uso de uma representação numérica. Há 2(duas) possibilidades para uma primeira tomada de decisão (arrumar os 2(dois) vasos juntos em um mesmo lado do jardim ou arrumar os 2(dois) vasos em lados diferentes do jardim).

Para qualquer uma das 2(duas) possibilidades há 6 (seis) maneiras de arrumar os 2(dois) vasos junto aos lados do jardim:

* Quando os 2(dois) vasos estão juntos eles podem estar no primeiro lado, no segundo lado ou no terceiro lado do triângulo e, em cada lado, é possível arrumar os vasos assim: branco-preto ou preto-branco. Pela aplicação da princípio multiplicativo, há 3 x 2 = 6 possibilidades de arrumar os 2(dois) vasos juntos, em cada lado, pelos três lados do jardim;

* Quando os 2(dois) vasos estão separados, eles podem estar no primeiro e segundo lados, no primeiro e terceiro lados ou no segundo e terceiro lados, e em cada uma dessas arrumações é possível arrumar os vasos assim: branco-preto ou preto-branco. Pela aplicação da princípio multiplicativo há 3 x 2 = 6 possibilidades de arrumar os 2(dois) vasos, juntos, pelos três lados do jardim.

Logo, pela aplicação do princípio multiplicativo às duas possíveis decisões, há 2 (modos de tomar a decisão quanto à maneira de arrumar os vasos) x 6 (modos de arrumar os 2(dois) vasos, de cores branco e preto, em um mesmo lado ou em lados diferentes do jardim) = 12 maneiras de arrumar 2(dois) vasos de cores diferentes pelos lados de um jardim com formato triangular.

Aproveite para pensar em resolver alguns problemas similares, como os que estão listados a seguir:

- Na situação em que há 2(dois) vasos iguais, ambos pintados na cor branca, e um outro vaso, pintado na cor preta, quantas possibilidades há para arrumar os 3(três) vasos junto aos lados de um jardim em formato triangular?;
- Na situação em que há 3(três) vasos: um deles pintado na cor branca, outro pintado na cor preta, e o outro vaso pintado na cor azul, quantas possibilidades há para arrumar os 3(três) vasos junto aos lados de um jardim em formato triangular?;
- Na situação em que há 2(dois) vasos exatamente iguais, ambos pintados na cor branca, quantas possibilidades há para arrumar os 2(dois) vasos junto aos lados de um jardim em formato quadrangular?;
- Na situação em que há 2(dois) vasos, um deles pintado na cor branca e o outro pintado na cor preta, quantas possibilidades há para arrumar os 2(dois) vasos junto aos lados de um jardim em formato quadrangular?;
- Na situação em que há 3(três) vasos exatamente iguais, ambos pintados na cor branca, quantas possibilidades há para arrumar os 3(três) vasos junto aos lados de um jardim em formato quadrangular?;
- Na situação em que há 3(três) vasos, um deles pintado na cor branca e os outros dois pintados na cor preta, quantas possibilidades há para arrumar os 3(três) vasos junto aos lados de um jardim em formato quadrangular?;
- Estabeleça um modo de determinar o total de possibilidades de arrumar n vasos, exatamente iguais, junto aos lados de um jardim em formato de um polígono de k vértices, $n \leq k$;
- Estabeleça um modo de determinar o total de possibilidades de arrumar n vasos, todos eles distintos entre si, junto aos lados de um jardim em formato de um polígono de k vértices, $n \leq k$;

Exemplo 11: De quantos modos 6 pessoas podem ser colocadas em fila (uma ao lado da outra, ou uma após a outra)?

Este é um problema clássico de contagem - conhecido como o problema das permutações simples -, facilmente resolvido com a aplicação do princípio multiplicativo. De fato, basta escolher, sucessivamente, as pessoas colocadas em cada posição da fila.

Para escolher a primeira pessoa da fila há 6 possibilidades; a segunda da fila pode ser qualquer uma das 5 pessoas restantes e, assim por diante. Logo, o número total de possibilidades é 6 x 5 x 4 x 3 x 2 x 1 = 720.

De modo geral, o número de modos para ordenar n objetos distintos (ou pessoas) é igual a n x (n–1) x (n – 2) x ...... x 3 x 2 x 1 = P_n, que pode ser representado por n! (total de permutações simples de n distintos objetos, ou o total de permutações de n objetos distintos).

Exemplo 12: Uma moeda "honesta" é lançada 6 vezes. Qual a probabilidade de aparecerem 2 caras e 4 coroas, nas faces voltadas para cima?

Como a moeda é "honesta", cada sequência de 6 caras ou coroas nas faces voltadas para cima é igualmente provável de ocorrer. O número total de tais sequências (ou seja, o número de casos possíveis) é obtido pela aplicação do princípio multiplicativo, assim: 2 x 2 x 2 x 2 x 2 x 2 = 64.

As sequências favoráveis são aquelas em que ocorrem 2 caras e 4 coroas, e para contá-las basta contar (escolher) o total de modos onde podem ocorrer as 2 caras (igualmente, onde podem ocorrer as 4 coroas) dentre todas as sequências de 6 resultados possíveis.
O número de escolhas é determinado por $C_6^2 = C_6^4 = \frac{6 X 5}{2 X 1} = 15$. Logo, a probabilidade desejada é igual a $\frac{15}{64}$.

4.4 Retomando questões associadas ao raciocínio combinatório

Resultados de uma pesquisa desenvolvida por Teixeira (2012) com um grupo de 20 professores identificou que uma causa de alunos e professores cometerem erros quando resolvem problemas de contagem está associada a algumas questões relacionadas ao modo como os conteúdos associados à resolução de problemas de contagem são desenvolvidos nos livros didáticos destinados à alunos da Educação Básica, nos dois segmentos de ensino.
Eis as questões relacionadas com as principais causas de erros cometidos por professores e alunos durante a resolução de problemas de contagem - identificadas nas respostas a um questionário, e durante um curso de formação continuada com os sujeitos da pesquisa, apontadas em Teixeira (2012):

- A crença, para a maioria dos professores, (os sujeitos da pesquisa) que tomam como frequentes premissas para a resolução de problemas de contagem a necessidade de fazer uso de uma fórmula, bem como o fato de que todos os problemas são possíveis ser resolvidos via cálculo direto. Também, que o cálculo direto envolve apenas o uso da operação produto ou a operação produto combinada com a adição ou a subtração, segundo o qual é preciso que todos os fatores presentes na(s) operação(ões) tenham de ser obtidos diretamente a partir do enunciado do problema;
- A pequena variabilidade de exemplos e exercícios propostos nos livros didáticos traz como consequência o desconhecimento de professores e alunos acerca da existência de outros tipos de problemas de contagem, e reforça, ainda mais, as crenças apontadas acima;
- O fato de que para resolver os problemas propostos nos livros didáticos, em sua maioria, basta apenas aplicar a fórmula apresentada na correspondente seção onde o exercício está proposto;
- A massificação do ensino de análise combinatória e probabilidade e, consequentemente, da aprendizagem dos dois conteúdos, assim: a proposição de inúmeros problemas similares repetitivos; a apresentação por meio de regras formativas relacionadas com os tipos de agrupamentos de objetos; apenas a apresentação das fórmulas - sem demonstrá-las -, e a aplicação direta e massificada de uma fórmula como a única maneira capaz de resolver o problema proposto;
- Os tipos de exemplos apresentados nos textos didáticos, e os exercícios propostos (geralmente, em listas ao final de cada seção (ou capítulo) nos livros didáticos), reforçam a errônea crença junto aos professores e aos alunos de que a operação numérica sob a forma de um produto é a única representação numérica capaz de dar conta de resolver um problema de contagem devido aos exemplos que são apresentadas, apenas desta maneira.
- Tal crença também é reforçada por conta do modo como as respostas aos exercícios são apresentadas ao final do livro, resultantes que são da aplicação direta de uma fórmula; sob a forma de um produto, ou apenas o resultado final do total de possibilidades.

Em sua maioria, os autores de livros didáticos propõem problemas de contagem que apontam para os leitores que a resolução de todos eles possa ser encaminhada via uso de uma representação numérica multiplicativa (na forma de um produto).

Ou ainda, que a resolução pode/deve ser obtida em consequência da aplicação direta de uma fórmula - em detrimento da sugestão de construir uma árvore de possibilidades, por exemplo, mesmo que apenas em algumas situações.

É claro que esta sugestão metodológica pode ser feita para uma enorme parcela de problemas de contagem, mas não é regra geral para todos os tipos de problemas de contagem.

E os problemas que ficam de fora desta sugestão? Por que razão eles não são explorados e/ou propostos nos livros didáticos?

Essa situação, se não relatada aos leitores dos livros didáticos, inibe a ampliação conceitual de professores e alunos, e os limita ao contato de uns poucos tipos de problemas de contagem.

Por conta disso, nos parece importante salientar que este livro cumpre o papel de ampliar e fundamentar conceitos e procedimentos relacionados à resolução de diferentes tipos de problemas de contagem.

Como visto em alguns exemplos deste capítulo, há alguns tipos de problemas de contagem que não podem ser resolvidos por meio da utilização de uma única representação numérica, na forma de produto.

Por que razões problemas desse tipo, raramente figuram nas listas de exercícios ou raramente são apresentados, como exemplos, na maioria dos livros didáticos?

A repetição exaustiva da prática de uso da representação numérica apenas sob a forma de um produto no decorrer das seções de combinatória, em um livro didático, traz como consequência ruim o fato de reforçar tal errônea certeza para o leitor (o aluno ou o professor).

Esta certeza se fortalece, infelizmente, à medida que o leitor avança na leitura, com o desenvolvimento de novos conteúdos, e chega ao final do capítulo mantendo-se nesta mesma tônica, ou seja, dando crédito maior à sua crença.

Assim, para o leitor de um livro didático que não tenha sido alertado para essa questão, ele amadurece sua crença ao longo de todo o texto segundo a qual é suficiente apenas escrever uma representação numérica na forma de um produto para que a resolução de um problema de contagem seja encaminhada, e em seguida, a solução quantitativa é logo obtida. E assim o faz, ora acertando, mas na maioria das vezes errando.

Por conta dessa errônea crença os desavisados leitores de livros didáticos fazem de tudo para encontrar uma maneira de apresentar uma representação numérica sob a forma de um produto, quando estão resolvendo um problema de contagem - e não estão seguros quanto aos procedimentos corretos a encaminhar com o propósito de obter uma solução quantitativa, a qualquer custo, segundo essa ótica.

Para tal, tais leitores buscam de todos os modos fazer uso de dados numéricos colhidos no enunciado do problema de contagem, e ficam frustrados quando constatam que o resultado a que chegaram segundo esse procedimento não está correto (após fazerem a comparação com a resposta apresentada ao final do livro - normalmente apenas o quantitativo total das possibilidades (a solução do problema) é apresentado ao final do livro, nas respostas.

Por outro lado, quando o autor de um livro didático apresenta ao final do livro as respostas de todos os exercícios segundo representações que contém os resultados apenas sob a forma de um produto, para o leitor fica ainda mais fortalecida sua crença de que o problema pode ser resolvido, apenas por meio desse procedimento.

Tal constatação também foi confirmada segundo os resultados apresentados na pesquisa feita com professores, e apresentados em Teixeira (2012).

Eis aí um dos grandes problemas relacionados à aprendizagem e o ensino de problemas de contagem na Educação Básica - tanto para alunos quanto para professores -, pois os professores também se deixam influenciar por essa perversa prática, presente na maioria dos livros didáticos. Ressalte-se que, em muitos casos, ao utilizarem apenas livros didáticos para prepararem suas aulas, os professores não dispõem de recursos didáticos suficientes para propor aos seus alunos uma razoável variedade de tipos de problemas de contagem.

Tudo isto, porque os problemas que são propostos nestes livros, em sua maioria, não abarcam todos os significados dos conceitos que precisam ser explorados com o propósito de aumentar a visão conceitual de alunos e de professores a respeito da temática.

Nesse sentido, e tomando por base os resultados obtidos com professores, na pesquisa de Teixeira (2012), por vezes as escolhas relativas aos conhecimentos de conteúdo feitas por parte de alguns autores de livros didáticos deixam para o leitor a impressão de que a resolução de todos os problemas de contagem se esgota segundo as técnicas de contagem apresentadas no texto, e apenas estas. Parece-nos, que aos autores há o julgamento de não haver mais nada o que acrescentar.

Em situações como esta, ou seja, a constatação, pelo professor, que possivelmente os alunos estejam se apropriando dessa errônea crença, é importante a intervenção do professor no sentido de esclarecer os alunos a respeito do que é correto considerar.

E a melhor maneira de fazer isso é o professor propor, de imediato, ao menos um problema de contagem em que a resolução tenha de ser encaminhada segundo uma técnica de contagem que não está contemplada no texto. Ou seja, em que tal situação de crença caia, de imediato, por terra.

Os autores de livros didáticos, em sua maioria, não apresentam tipos de problemas de contagem que podem ser resolvidos apenas por meio da estratégia de repartição da resolução - em que cada uma das partes deva ser resolvida, em separado, por meio da aplicação do princípio multiplicativo, e por fim aplicar o princípio aditivo ao conjunto de todas as partes.

Para os problemas com estas características, a resposta é obtida por meio de adições (ou subtrações) entre 2(dois) os mais produtos, conforme a repartição que tenha sido feita durante o encaminhamento da resolução.

Portanto, nas situações em que há necessidade de repartir a resolução do problema (devido a algum impasse), não será possível apresentar uma representação numérica final para obter o quantitativo de possibilidades, escrita apenas sob a forma de um produto.

Para ilustrar o que foi dito acima, considere o seguinte problema:

Exemplo 13: Quantos números pares, com 3 (três) algarismos distintos, é possível formar quando se dispõe de todos os algarismos presentes no sistema decimal?

Ora, os números que atendem às condições do problema podem, apenas, ter a posição unidades simples ocupada com um dos seguintes algarismos: 0, 2, 4, 6 ou 8.

O total de números terminados em 0 (zero) é: 9 x 8 x 1 = 72, que é a quantidade de elementos de um conjunto que será nomeado conjunto A: números com 3(três) algarismos distintos, terminados em 0; o total de números terminados em 2 ou 4 ou 6 ou 8 é: 8 x 8 x 4 = 256 (pois o algarismo 0 não pode ser escolhido para a posição centenas simples), que é a quantidade de elementos de um conjunto que será nomeado conjunto B: números com 3(três) algarismos distintos, terminados em 2 ou 4 ou 6 ou 8. Assim, o total de números que atendem às condições do problema é: 9 x 8 x 1 + 8 x 8 x 4 = 72 + 256 = 328 (aplicação do princípio aditivo, uma vez que os conjuntos A e B são disjuntos).

Outra maneira de resolver o problema poderia ser, como a seguir:
Começamos por computar todos os números pares com três algarismos distintos, sem considerar a restrição de que a posição centenas simples não pode ser ocupada pelo algarismo 0. Assim, iniciando pela posição unidades simples e, em seguida, pelas posições centena e dezenas simples, há 9 x 8 x 5 = 360 "números". O total de "números que não podem ser considerados (pois iniciam por 0 na posição centenas simples), e em seguida pelas posições unidades e dezenas simples", são: 1 x 8 x 4 = 32 ("números" começados em 0 e terminados em 2 ou 4 ou 6 ou 8). Portanto, o total de números que atendem às condições do problema é computado como: 9 x 8 x 5 - 1 x 8 x 4 = 360 - 32 = 328 números pares, com três algarismos distintos.

Poderíamos, também, começar por computar o total de números ímpares com três algarismos distintos, que são: 8 x 8 x 5 = 320 números. Quando esse total de números ímpares é abatido do total de números com três algarismos distintos, fica computada a totalidade de números pares com três algarismos distintos. O total de números com três algarismos distintos é: 9 x 9 x 8 = 648. Daí, há 648 – 320 = 328 números pares com três algarismos distintos.

Portanto, se os autores de livros didáticos ao menos apresentassem a resolução de um exemplo, como este acima, por meio de diferentes resoluções em seus textos, possivelmente cairia por terra a errônea crença de que a resposta a um problema de contagem obrigatoriamente tenha que ser obtida por meio de uma representação numérica na forma de um produto.

Ademais, a pertinente e insistente indicação deste autor acerca da necessidade de não perpetuar tal crença nesse fato serve não apenas para esclarecer os seus leitores a esse respeito, mas para que os alunos e os professores estejam atentos ao fato de que a construção de uma representação numérica nada mais é que o fruto de reiterados exercícios do raciocínio combinatório.

E, uma vez que as respostas ao final de um livro didático estejam escritas apenas com a indicação do resultado final da contagem de todas as possibilidades, isto obriga, de certo modo, que o leitor (professor ou aluno) se sinta obrigado a refletir quanto a questão de ter de decidir acerca da escolha da estratégia de resolução que deverá encaminhar. Também, de refletir para decidir quanto aos procedimentos que precisam ser utilizados durante a resolução.

Esta questão é mais aguda, e por vezes passa ao largo, por conta de os problemas de contagem cuja resolução exija ter de reparti-lo ser pouco explorada pelos autores de livros didáticos. Por vezes, tais problemas nem o são apresentados.

E, de certa forma, essa tal situação também contribui bastante para aprofundar ainda mais essa errônea crença, por grande parcela de professores, alunos e leitores que têm acesso apenas a esse tipo de leitura para o preparo de suas aulas, e para aprender o conteúdo, mesmo que de maneira indireta.

É claro que essa questão pode ser resolvida a contento se o professor que já está esclarecido a esse respeito propuser aos seus alunos, ao menos um problema desse tipo.

Nesse momento, o professor não deve esquecer de reforçar a importância do exercício do raciocínio combinatório durante a resolução dos problemas de contagem, mostrando aos alunos como exercitá-lo.

Ademais, preocupamo-nos em levantar questões pertinentes a essa questão com os nossos leitores de maneira que possam fazer reflexões pessoais e coletivas a esse respeito e, para tal, indicamos as seguintes questões:

- Como ficam os leitores dos livros didáticos (professores e alunos), nessa situação?
- Como deve proceder o professor que não está esclarecido a respeito dessas questões?

Julgamos que todos eles, igualmente, merecem ser alertados acerca dessa importante questão. Para tal, esperamos que o leitor deste livro faça chegar ao maior número possível de professores o alerta acerca dessa importante questão - associada às diversas questões que são tratadas neste livro com vistas à melhoria do ensino e a aprendizagem de problemas de contagem.

Assim, levando em conta que há um enorme número de professores da Educação Básica que são leitores, apenas, de livros didáticos, e por conta disso acostumaram-se a resolver problemas de contagem apenas por meio de representações numéricas sob a forma um produto, o alerta e o pedido acima são pertinentes.

E, portanto, merecem o apoio dos nossos leitores no sentido de fazerem esforços para tornar possível viabilizar a disseminação dessas questões.

Um grito de alerta: FORA COM ESSA ERRÔNEA CRENÇA!
Ademais, em relação ao fato de que para um pequeno número de problemas de contagem propostos neste livro possivelmente o leitor tenha obtido respostas erradas, esse fato, por si só, se espera que favoreça pertinentes reflexões e discussões acerca de todas as questões aqui colocadas.

Estas, por sua vez, sabe-se que em grande parte são decorrentes do fato de que ainda estão relacionadas à ainda pequena importância que é conferida ao exercício do raciocínio combinatório por parte de professores e estudantes durante a resolução de problemas de contagem.
Ainda mais: o erro presente em um problema de contagem alerta para o fato de que devem ser evitadas propostas metodológicas segundo as quais há insistência em promover a resolução de problemas de modo repetitivo, mecanizado e burocrático, tipo "conta pela conta", sem que um raciocínio matemático seja mobilizado pelo leitor, professor ou aluno, por conta de suposto conhecimento prévio acerca da estratégia de resolução envolvida basear-se exclusivamente em exercícios possivelmente similares.

Também é fato que o erro desestabiliza, gera insegurança, o desânimo toma conta, e o sujeito que está resolvendo um problema de contagem se vê perdido.

Possivelmente, porque talvez tenha se acostumado a uma metodologia sistemática de resolução de problemas (presente em outras áreas da Matemática) que, repetidamente, têm dado certo para alguns tipos de problemas, mas que, agora, aqui em combinatória, ela não se aplica e o sujeito não tenha se dado conta disso.

Problemas esses que, possivelmente, não exigem a todo momento que se tenha de mobilizar o pensar, o construir, o conjecturar, o decidir. Problemas cujo procedimento se repete, com mudanças apenas na apresentação e nas valores das variáveis envolvidas.

E assim, por vezes, quando o sujeito se vê diante de um problema de contagem que não pode ser resolvido pelo modo como se acostumou a resolver, não sabe o que fazer para sair dessa situação uma vez que já estava acostumado ao sucesso com esse "*tal tipo de procedimento sistemático na resolução de alguns problemas*" cujos objetivos de aprendizagem, julgamos, seriam sempre os mesmos e diferenciados, apenas, pelos textos dos enunciados.

Nesses casos - por conta da repetitiva prática de resolução de certos tipos de problemas e pelo fato de o exercício do raciocínio combinatório ficar distante dos procedimentos que se vê acostumado a praticar -, o sujeito envolvido nesse dilema não sabe o que fazer, fica triste, fica desanimado, e não tenta resolver o problema de outro modo (ou o deixa em branco).

Possivelmente, devido ao desânimo e à tristeza que toma conta do sujeito, ele nem se lembre do fato de que talvez é preciso que mobilize outra estratégia para encaminhar a resolução do problema. Por exemplo, a de construir uma árvore de possibilidades.
Essa constatação também foi identificada pelo autor, como dito, em pesquisa[11] realizada com um grupo de 20 (vinte) professores de matemática: 2(dois) deles atuavam apenas com alunos do Ensino Fundamental; 6(seis) deles com alunos do Ensino Médio, e 12(doze) professores atuavam em ambos os segmentos.

11 A pesquisa completa encontra-se em Teixeira (2012b), e um resumo dela foi apresentado aqui, neste livro, no Capítulo 3. A resolução de 2(dois) particulares problemas de contagem apresentou muitas dificuldades para a obtenção da resposta correta.

Alguns professores, sujeitos da pesquisa em questão, cometeram alguns erros durante a resolução de 2(dois) problemas de contagem que fizeram parte da sequência de ensino objeto da pesquisa[12].

Nos 2(dois) problemas propostos, os valores que poderiam ser utilizados como fatores (ou não) de uma possível representação numérica sob a forma de um produto, não estavam explicitamente escritos no enunciado.

Os enunciados dos 2(dois) problemas continham valores considerados não distratores[13], mas para os professores lhes pareciam desencontrados, quando tentavam resolver o problema por meio de uma representação numérica que continha apenas um produto, em cada caso, e a qualquer preço, o que ocasionou sucessivos erros.

Como consequência, veio o desânimo e a desmotivação de alguns professores em continuar tentando resolver os problemas propostos.

Durante a proposição de todos os problemas de contagem a metodologia utilizada pelo pesquisador considerava que ele apenas deveria informar aos sujeitos da pesquisa se o resultado por eles apresentado para avaliação, em cada caso, estava correto ou não, e nada mais.

Caso o valor (total de possibilidades) - em cada caso - não estivesse correto, cada professor deveria continuar insistindo na busca da resposta correta segundo um tempo estipulado pelo pesquisador, para cada problema.

Em caso de acerto no resultado final obtido em cada caso (o que não ocorreu para os 2(dois) problemas em questão), a proposta era discutir com o pesquisador como a resolução do problema foi encaminhada, de modo que pudessem ser feitos ajustes ou não.

Mas em relação aos 2(dois) problemas em questão, todos os professores continuavam insistindo em escrever uma outra representação numérica, sob a forma de um produto (alterando,

---

12 Eis os 2(dois) problemas de contagem que apresentaram maiores dificuldades: (1) O último jogo entre o Vasco e o Flamengo apresentou o resultado Vasco 5 x 2 Flamengo. De quantos modos a sequência de gols dessa partida pode ter ocorrido? (2) Paulo tem 4 (quatro) brinquedos para presentear entre seus 3 (três) irmãos. De quantos modos essa distribuição pode ser feita?

13 Uma informação, ou um valor, é dito distrator quando está presente no enunciado de um problema, mas não é utilizado para resolvê-lo.

acrescentando ou retirando fatores), uma potência, uma divisão etc. para dar conta de encontrar o resultado correto.

Ou seja, todos os professores insistiam no propósito de acreditar que o resultado apenas pudesse ser obtido sob a forma de um produto e que essa seria a única saída para obter a solução correta, para cada um dos 2(dois) problemas, sem se preocuparem em fazer esforços efetivos para mobilizar outra estratégia para encaminhar a resolução.

Ora, em alguns problemas de contagem - mesmo nos casos em que os valores numéricos estejam implícitos no texto do enunciado, por conta do tipo de problema de contagem envolvido -, já se sabe que nem sempre o resultado pode ser encontrado por meio de um único produto.

E eles, os professores, sabiam disso, por conta de experiências anteriores vivenciadas durante a mesma sequência de ensino objeto da pesquisa.

Embora os professores tenham resolvido inúmeros outros problemas de contagem com o uso de uma representação gráfica, essa estratégia não foi lembrada por nenhum deles.

Parece-nos que depois do razoável tempo que os professores tinham dispendido aprendendo e trabalhando com os problemas de contagem eles esmorecerem quanto à utilização de representações gráficas, e elegeram as representações numéricas como suas favoritas para resolver os problemas em prosseguimento, devido ao modo compacto e rápido de chegar às respostas (conforme o relato de alguns) mas, nem sempre, com respostas corretas.

A posição, radical e insistente, dos professores em resolver os 2(dois) problemas por meio de uma representação numérica sob a forma de um produto (apesar de já terem tido a experiência de resolver uma quantidade razoável de outros problemas com o uso de diferentes estratégias, similares às apresentadas no exemplo 3), inclusive por meio de representações gráficas, evidenciou para o pesquisador (fato que também foi alertado nas conclusões da pesquisa) que a crença quanto a essa prática de resolução de problemas de contagem era muito forte entre a totalidade dos professores do grupo. Saltou aos olhos essa prática.

O pesquisador lembrou aos sujeitos da pesquisa que eles não estavam participando da pesquisa com o propósito de resolver diferentes problemas de contagem, mas para ampliarem os conhecimentos conceituais e pedagógicos de conteúdo. Daí a motivação para que buscassem alternativas de estratégias para encaminhar a resolução.

As resoluções apresentadas para a avaliação do pesquisador acarretaram erros, alguns oriundos da equivocada compreensão dos textos dos enunciados - ressalte-se que os professores não contaram com a ajuda do pesquisador para melhorarem a compreensão de cada um dos enunciados, mesmo quando era consultado -, e que os erros causaram frustrações em todos eles por conta dos sucessivos insucessos após cada nova rodada de tentativas.

Considerando que os professores estavam em uma formação continuada - acostumando-se a explorar conceitos próprios à temática combinatória (alguns deles, revisitados por alguns professores), convidados que foram para se apropriarem de conhecimentos de conteúdo, pedagógicos de conteúdo e curriculares relacionados com a proposição e a resolução de problemas de contagem -, é perfeitamente aceitável que tal fato tivesse ocorrido.

Não apenas por conta das distintas formações iniciais que cada um experimentou (alguns fizeram apenas uma complementação pedagógica, por conta da formação inicial ter sido de engenharia, arquitetura ou ciências contábeis), mas por conta das diferentes experiências no magistério, enquanto docentes de matemática na Educação Básica.

Por outro lado, também foi bom que tais situações de aprendizagem tivessem ocorrido para que todos despertassem em relação à importância de exercitar o raciocínio combinatório na resolução de problemas de contagem (amplamente enfatizado pelo pesquisador, ao longo de toda a formação continuada), mas não igualmente compreendido e aceito por alguns professores, que teimavam em fazer tal como era a sua prática.

Tais fatos (não compreensão total acerca do que é o raciocínio combinatório e a não aceitação quanto à importância do seu exercício, durante a resolução de um problema de contagem) ocorreram em algumas poucas situações.

Nelas - de maneira equivocada e inadvertida -, os professores trouxeram à tona a concepção e aspectos da prática docente de tentarem resolver problemas de contagem (alguns deles, simples) por meio de representações numéricas multiplicativas, quando esse procedimento não cabia para um dado problema proposto, e alegavam que o faziam pelo fato de terem se acostumado a resolver assim.

Nessas situações, ainda insistiam em generalizar tal procedimento para resolver qualquer tipo de problema de contagem. Conforme consta das análises apresentadas na pesquisa de Teixeira (2012), tal prática foi objeto de relato de alguns professores, nos questionários de avaliação.

Em consequência da frustação de terem errado um ou outro problema de contagem (por vezes considerado por eles como sendo um problema simples, conforme constatações feitas após conhecerem a resolução do problema), e pelo fato de acharem que tinham de resolver o problema por meio de uma representação numérica sob a forma de um produto, para alguns professores (sujeitos da pesquisa) lhes era cansativo continuar tentando resolver.

Mostravam-se resignados pelo ocorrido, e restavam-lhes a sensação de que o ensino de análise combinatória é tal qual uma "caixa de pandora". Segundo eles, "*onde tudo pode acontecer, a cada novo problema de contagem proposto*".

Segundo o relato de alguns professores, sujeitos da pesquisa, mantinham a postura de ficar sempre à espera de surpreendentes desafios, a cada problema que lhes era proposto resolver.
E então, por conta disso, ficavam mais atentos à leitura do enunciado e as discussões entre eles também eram mais acirradas (as discussões ocorriam, quase sempre, durante os momentos de resolução com os colegas no interior dos grupos menores).

Até então, os professores não haviam esboçado reações desse tipo - e até se sentiam bem à vontade com a resolução dos problemas de contagem, participando ativamente das discussões, e indo à frente da sala, no quadro, para mostrar o que haviam feito – embora, de início, apresentassem estratégias de resolução limitadas, corriqueiras, convencionais, com frequência em resoluções por meio de representações numéricas, em detrimento total às resoluções feitas por meio de uma representação gráfica.

E com essas sensações, os professores admitiam que enfrentavam com tranquilidade a resolução de cada novo problema sem que tivessem ideia ou soubessem exatamente o que deveria ser feito de início. Tudo ia bem se o problema era familiar, ou parecesse ser.

Ou seja, os professores não sabiam, com confiança, decidir acerca de qual estratégia seria adotada para a resolução de um novo problema por conta de o novo enunciado não encontrar similaridade com algum outro que tinham experimentado resolver antes.

Assim, precisavam das discussões entre eles para, em conjunto, decidirem a estratégia a escolher para encaminhar a resolução e todos partiam, em conjunto, para encaminhar a resolução pela decisão que havia sido acordada no grupo.

Ainda mais, por julgarem que a estratégia que deveriam adotar para encaminhar a resolução de um novo problema não deveria ser, necessariamente, a mesma que havia sido utilizada para resolver um problema similar.

Com respeito a isso o autor considera interessante - e muito bom - que este tipo de sensação tivesse ocorrido, ali, entre professores e, possivelmente, que tal sensação também deve ocorrer com alguma frequência em sala de aula, com os alunos da educação básica, pois tal se configura como um dos propósitos do professor quando escreve o enunciado de um problema de contagem no quadro.

O professor espera que o enunciado de um problema que proponha aos alunos seja suficientemente claro, conciso, e que não contenha elementos que direcione o aluno a este ou aquele conceito matemático (ou seja, que não contenha dicas que levem o aluno a conhecer de antemão a estratégia de resolução).

Portanto, quanto ao fato de haver necessidade de escrever o enunciado de um problema de contagem de modo conciso e claro, o professor deve estabelecer os seguintes propósitos, quanto ao trabalho com os seus alunos:

- Permitir que eles façam uma leitura cuidadosa e atenta do enunciado do problema;
- Pedir que eles reflitam a respeito do que leram no enunciado, no que refere ao(s) tipo(s) de agrupamento(s) de objetos envolvidos;
- Sugerir que eles exercitem o pensamento matemático acerca de qual estratégia deverão mobilizar para encaminhar a resolução;
- Pedir que estabeleçam os procedimentos necessários para encaminhar a resolução;

- Recomendar que exercitem o raciocínio combinatório quando da construção da representação (numérica ou gráfica) que tenham escolhido, de modo a obter a solução (qualitativa ou quantitativa).

O autor considera que para resolver um problema de contagem com desenvoltura será preciso que o leitor seja crítico, criterioso, diligente e tome algumas precauções. Por exemplo, é preciso que o leitor:

- Reflita, criticamente, quando da leitura do enunciado de um problema de contagem, com o propósito de pensar a respeito da estratégia que precisa ser empregada para encaminhar a resolução;
- Leia atentamente o enunciado de um problema de contagem, uma vez que, por vezes, se está diante de enunciados parecidos, em distintos problemas a resolver, seja em relação ao conceito envolvido ou em relação ao encaminhamento da resolução - a qual poderá exigir a mobilização de uma estratégia diferente (por vezes, bem diferente) daquela utilizada em problemas com enunciados parecidos;
- Tenha atenção quando da leitura do enunciado de um problema de contagem para poder extrair informações importantes ali presentes, e sobre as quais será preciso refletir a respeito, pensar de modo combinatório, e mobilizar a adequada estratégia para encaminhar a resolução;
- Para cada problema de contagem pense segundo um particular modo de mobilizar o raciocínio combinatório, vez que ele deverá sempre ser exercitado para dar conta de progredir na resolução do problema. Assim, será preciso que pense a respeito do(s) tipo(s) de agrupamento(s)-solução que precisa(m) ser considerado(s), por conta de ter feito uma atenta leitura ao texto do enunciado do problema;
- Certifique-se do(s) procedimento(s) que será(ão) necessário(s) estabelecer, a partir da escolha da estratégia, para encaminhar a resolução do problema de contagem;
- Se necessário - mesmo que apenas para dar início à resolução do problema - é conveniente que o leitor lance mão de uma representação gráfica (uma árvore de possibilidades, por exemplo) que o ajude a pensar a respeito da estratégia de resolução a ser encaminhada por meio de uma representação numérica (se for o caso) por conta de ter de exercitar o raciocínio combinatório, qualquer que tenha sido a representação escolhida;
- Identifique se o problema que está resolvendo exige fazer considerações a respeito da necessidade de apresentar casos particulares de tipos de agrupamentos-solução (os quais

deverão ser considerados à parte, contados, e depois juntar-se à contagem parcial dos outros agrupamentos-solução de modo a obter a contagem final) de maneira diferente de outros agrupamentos-solução (os quais, em alguns casos, são contados segundo uma estratégia que contempla um conjunto com uma quantidade maior de possibilidades);

- Quando a resolução de um problema de contagem for feita por partes (por extrema necessidade ou não) segundo repartições definidas pelo leitor, será preciso que se certifique de que todos os casos possíveis estão sendo computados para estabelecer a contagem final, bem como em relação a não existência de duplicidade (s) de contagens. Assim, as possibilidades devem ser contadas em separado (segundo cada uma das partes) e as contagens adicionadas por meio da aplicação do princípio aditivo de modo a obter a contagem total de todas as possibilidades.

Embora seja possível resolver grande parte dos problemas de contagem fazendo uso apenas do significado das operações, é interessante conhecer a solução de alguns problemas clássicos de contagem - entre os quais destacam-se os problemas de *permutações* e os problemas de *combinações* (simples ou com repetição de elementos), os quais serão explorados nos capítulos 5, 6, 7 e 8.

Agora sim, para finalizar este capítulo (a exemplo do que vai ocorrer nos demais capítulos) selecionamos 5 (cinco) problemas para o leitor resolver, tendo como propósito o de permitir, desde já, que possa exercitar os seus conhecimentos a respeito da temática que foi desenvolvida até aqui.

Pelo fato de os conceitos da temática combinatória estarem imbricados, um desafio é reservado ao leitor no universo dos problemas de contagem, qual seja: a de resolver problemas de combinatória propostos de maneira aleatória, isto é, apresentados, em sequência, independentemente do(s) conceito(s) envolvido(s). Mas, tal só será feito em um novo livro a ser lançado por este autor.

Assim, este novo livro terá o propósito de apenas propor a resolução de diversos problemas de contagem (uma vez que os conceitos já terão sido explorados neste livro) e apresentar, ao final, a resolução de todos eles.

Portanto, será preciso que o leitor, por meio da leitura atenta de cada enunciado, identifique qual(is) conceito(s) está(ão) envolvido(s) em cada problema de maneira a escolher a estratégia e os procedimentos que permitirão encaminhar a resolução do problema, para obter a sua solução.

4.5 Problemas

Problema 4.5.1. Considere uma bandeira com 3 (três) listras horizontais, como a do desenho abaixo. Todas as listras da bandeira devem ser pintadas, respeitando a condição de que listras adjacentes (juntas uma à outra) não podem ser pintadas com a mesma cor. Você não deve desenhar todas as possíveis bandeiras e pintá-las, uma a uma, para responder os itens a seguir.

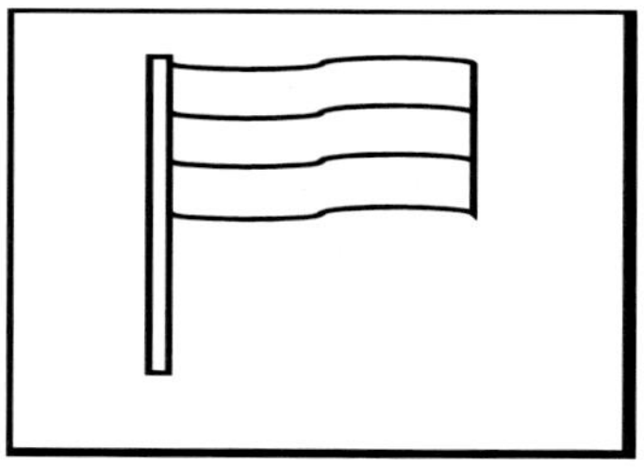

(a) De quantas maneiras é possível pintar bandeiras com o formato acima, todas as listras devem ser pintadas, quando se dispõe de 2 (duas) cores de giz de cera nas cores verde e vermelha?

(b) De quantas maneiras é possível pintar bandeiras com o formato acima, podendo haver uma ou mais listras sem pintar (possivelmente todas elas), quando se dispõe de 3 (três) cores de giz de cera nas cores verde, azul e vermelha?

(c) Construa uma árvore de possibilidades que mostre todas as maneiras possíveis de pintar bandeiras com o formato acima (podendo haver listras sem pintar), com a listra central pintada na cor verde, quando se dispõe de 3 (três) cores de giz de cera nas cores verde, azul e vermelha?

Problema 4.5.2. Alguns números podem ser lidos da esquerda para a direita do mesmo modo que da direita para a esquerda, como é o caso do número 787. Com todos os algarismos do sistema decimal disponíveis, quantos números com 5 (cinco) algarismos (excluindo-se os números que têm todos os algarismos iguais) atendem à condição acima?

Problema 4.5.3. Considere bandeiras com o formato da bandeira desenhada abaixo, e a disponibilidade de 8 (oito) distintas cores para efetuar as pinturas das 5 (cinco) regiões constantes dessas bandeiras, de tal modo que regiões que têm fronteira comum não podem ser pintadas com as mesma cor.

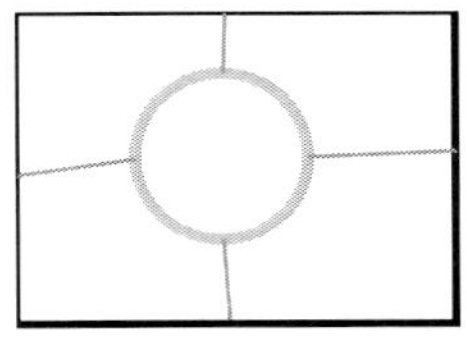

(a) Atendendo à condição acima, quantas distintas bandeiras podem ser pintadas?

(b) Dispondo de ***m*** cores distintas, de quantos modos a bandeira pode ser pintada atendendo à condição de regiões com fronteira comum não poderem ser pintadas com a mesma cor?

(c) Qual quantidade mínima de cores é possível utilizar para pintar bandeiras com o formato acima, atendendo à condição de regiões com fronteira comum não poderem ser pintadas com a mesma cor?

(d) Com a quantidade mínima de cores necessárias para pintar bandeiras com o mesmo formato da bandeira desenhada acima, atendendo à condição de regiões com fronteira comum não poderem ser pintadas com a mesma cor, de quantos modos é possível efetuar distintas pinturas de bandeiras com o formato acima?

Problema 4.5.4. Dispondo de todos os algarismos do sistema decimal, quantos números com 6 (seis) algarismos distintos são possíveis formar respeitando a condição de o algarismo 4 figurar no número mas não ocupe a posição dezenas de milhar?

Problema 4.5.5. Quatro candidatos disputam a final de uma competição e serão avaliados por 6 (seis) jurados, mas cada jurado só pode votar em um candidato. De quantas maneiras os votos dos jurados podem ser distribuídos entre os candidatos?

CAPÍTULO 5

Permutações Simples

5.1 Introdução

Quantos números de 4(quatro) algarismos são possíveis formar utilizando os algarismos 1, 2, 4 e 8? De quantos modos é possível que **n** pessoas se sentem em um banco de **n** lugares? De quantos modos é possível ordenar **n** objetos distintos? De quantos modos é possível agrupar as letras A, E, I, O e U, de modo que a letra U ocupe a posição central? De quantos modos 6(seis) pessoas podem ser colocadas em fila, uma após a outra?

Esses e outros problemas de contagem são possíveis ser resolvidos explorando o conceito *permutação simples* (denotado assim devido à utilização de todos os elementos, os quais precisam ser distintos entre si, para formar agrupamentos com todos os elementos). A caracterização e a contagem de todos os agrupamentos possíveis de formar será objeto de estudo neste capítulo.

Para a primeira situação (Quantos números de 4(quatro) algarismos são possíveis formar utilizando os algarismos 1, 2, 4 e 8?), qualquer arrumação dos 4 algarismos com o propósito de formar um número de 4 algarismos é dita uma permutação simples, pois todos os algarismos disponíveis são distintos entre si e qualquer um deles pode ocupar qualquer posição em um número de 4 algarismos possível de ser formado.

Identifica-se assim, com este exemplo, 2(duas) características marcantes que estão presentes nas permutações simples: o uso de todos os elementos disponíveis (quatro algarismos) em qualquer posição do número a ser formado com o propósito de formar todos os números com quatro algarismos, nos quais figuram em cada um deles exatamente um, e apenas um, dentre os algarismos disponíveis.

Considerando este exemplo, e caso um dos quatro algarismos 1, 2, 4 ou 8 fosse substituído pelo algarismo 0 (zero), não teríamos o conceito de permutação simples envolvido pois embora todos os algarismos sejam distintos entre si, o algarismo 0 não pode ocupar a posição unidades de milhar (a posição mais à esquerda), uma vez que um número nestas condições não é um número de 4 algarismos.

Nas outras 3(três) situações apresentadas acima, todos os elementos são distintos entre si e não se impõe qualquer restrição ao posicionamento de qualquer pessoa, objeto ou letra em uma arrumação possível de ser feita, configurando, assim, a presença do conceito *permutação simples*.

Portanto, de modo a configurar-se o conceito *permutação simples* é preciso que as seguintes condições estejam presentes (para cada particular problema de contagem a ser resolvido):

- ✓ Pessoas já são distintas por natureza - com diferentes nomes ou não;
- ✓ Todos os elementos (objetos, algarismos, letras) disponíveis devem ser distintos entre si;
- ✓ Todos os elementos serão utilizados para formar cada um dos agrupamentos-solução, e
- ✓ O total de elementos utilizados em cada agrupamento-solução (ou uma permutação simples) deve ser em igual quantidade de lugares (posições) disponíveis de maneira que cada elemento possa ser alocado (ou ordenado), um a um, em cada lugar disponível, sem sobra de lugares, e, consequentemente, utilizando-se todos os elementos disponíveis.

Consideremos o exemplo a seguir com os propósitos de identificar todos os agrupamentos-solução (as permutações simples) presentes, e estabelecer uma maneira para contar a totalidade dessas permutações simples (o total de agrupamentos-solução) possíveis de serem formados, qualquer que seja a quantidade de elementos disponíveis.

Exemplo 1: De quantos modos as amigas Ana, Bia e Carla podem se sentar, lado a lado, em um banco que possui 3 (três) lugares?

Ana pode se sentar em qualquer dos 3 (três) lugares disponíveis. Um vez que Ana tenha se sentado em um dos três lugares no banco, Bia pode se sentar em um dos dois lugares restantes.

Finalmente, uma vez que Ana e Bia tenham se sentado no banco, restará à Carla sentar-se no lugar que restou. Logo, pelo princípio multiplicativo, há 3 x 2 x 1 = 6 possibilidades de as três amigas se sentarem em um banco que tem, exatamente, três lugares disponíveis. Note que há 3 pessoas (naturalmente, distintas entre si), e um banco com exatamente 3 lugares disponíveis (igualdade entre o total de elementos e de posições disponíveis), caracterizando a aplicação do conceito permutações simples.

A árvore de possibilidades, construída a seguir, mostra as possíveis distribuições como as três amigas podem se sentar no banco de três lugares:

lugar 1 do banco	lugar 2 do banco	lugar 3 do banco

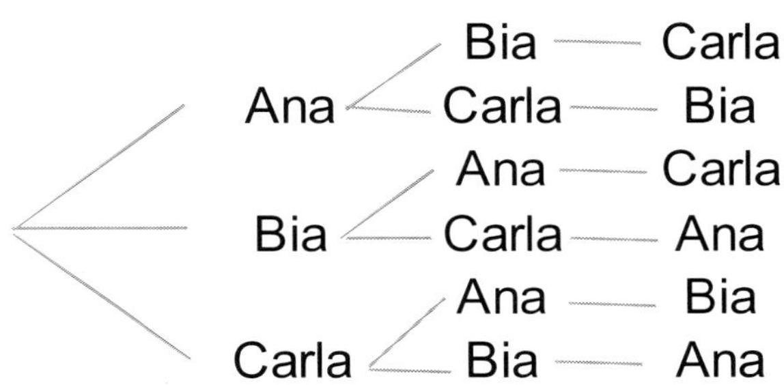

A ordenação Bia, Carla, Ana, presente na 4ª ramificação da árvore acima, e representada sob a forma do terno ordenado (Bia, Carla, Ana) é uma permutação simples, escrita assim para mostrar exatamente as posições em que cada uma das amigas se senta no banco de três lugares.

Assim, a permutação simples (Bia, Ana, Carla) é distinta da permutação (Bia, Carla, Ana) por conta dos dois modos distintos como Ana e Carla se sentam no banco.

Cada uma das 6 (seis) possibilidades: (Ana, Bia, Carla), (Ana, Carla, Bia), (Bia, Ana, Carla), (Bia, Carla, Ana), (Carla, Ana, Bia) e (Carla, Bia, Ana) como Ana, Bia e Carla podem se sentar no banco de três lugares é dita uma permutação simples entre as três amigas e, para o problema em questão, são os 6(seis) agrupamentos-solução possíveis de formar.

O produto 3 x 2 x 1 (consequência do exercício continuado do raciocínio combinatório) pode ser representado pelo símbolo P_3, (uma maneira que se usa para indicar o total de maneiras como três pessoas podem se sentar, lado a lado, em um banco de três lugares). Ou então, um símbolo que pode indicar o total de modos como três pessoas podem estar em fila, uma após a outra,; ou ainda, o símbolo que indica o número de modos como três pessoas podem ser premiadas em uma competição em que apenas elas estejam disputando entre si, com prêmios para os três.

O símbolo P_3 também pode indicar o total de modos como três objetos podem ser arrumados um ao lado do outro, ou ordenados, um a seguir do outro. Ou ainda, pode indicar o total de modos como três letras distintas (ou três algarismos distintos) podem ser escritos, um ao lado do outro.
É possível aproveitar o exemplo acima e utilizar as mesmas ideias para resolver uma situação similar, com resolução parecida e igual resposta, como a que é proposta a seguir:

Exemplo 2: Ana, Bia e Carla são boas alunas nas disciplinas inglês (I), francês (F) e espanhol (E), respectivamente, e se prontificaram a tirar dúvidas dos colegas em atendimentos de 1(uma) hora, para cada grupo de alunos, em um sábado. Para tal, precisam montar um quadro de opções de distribuição das disciplinas e horários, de modo que os colegas se distribuam em três grupos com o propósito de que todos possam tirar suas dúvidas, nas três disciplinas, no mesmo dia. De quantos modos esse quadro pode ser montado?

Faça analogias entre as soluções apresentadas no exemplo 1 e as 6 (seis) possibilidades de montagem de quadros de horários, conforme os que são apresentados abaixo:

	Horário1	Horário2	Horário3
Grupo 1	I	F	E
Grupo 2	F	E	I
Grupo 3	E	I	F

	Horário1	Horário2	Horário3
Grupo 1	I	F	E
Grupo 2	E	I	F
Grupo 3	F	E	I

	Horário1	Horário2	Horário3
Grupo 1	E	F	I
Grupo 2	I	E	F
Grupo 3	F	I	E

	Horário1	Horário2	Horário3
Grupo 1	F	E	I
Grupo 2	I	F	E
Grupo 3	E	I	F

	Horário1	Horário2	Horário3
Grupo 1	F	E	I
Grupo 2	E	I	F
Grupo 3	I	F	E

	Horário1	Horário2	Horário3
Grupo 1	E	I	F
Grupo 2	F	E	I
Grupo 3	I	F	E

Ainda em relação ao exemplo 2 e os seis quadros de horários, identifique como os fatores 3 x 2 x 1 são obtidos a partir das totalidades de linhas e colunas que formam cada quadro.

Pedimos a atenção do leitor para o fato de identificar que nas permutações simples uma característica importante presente é a ordem em que os objetos, algarismos, letras ou pessoas estão posicionados entre si - uma vez que uma simples mudança de ordem entre apenas dois dentre os elementos já dá conta de se obter uma nova permutação simples (um novo agrupamento-solução).

Assim, a permutação (a_1, a_2, a_3, a_4, a_5, a_6) difere da permutação (a_1, a_2, a_4, a_3, a_5, a_6), por exemplo, independente de cada elemento a_j, $1 \leq j \leq 5$, ser um objeto, letra, algarismo ou pessoa.

Outra característica pertinente às permutações simples é que a quantidade de objetos deve ser igual à quantidade de lugares em que os objetos serão arrumados (ordenados).

É preciso que fique claro para o leitor que o símbolo P_n é uma representação da quantidade de permutações simples que são obtidas quando se dispõe de n objetos, nomes, peças, brinquedos, letras ou algarismos distintos (ou n pessoas).

Também é preciso esclarecer (compreender) que uma permutação entre n objetos distintos é dita uma permutação simples se ela é fruto de uma ordenação (arrumação, embaralhamento, emparelhamento) entre todos os n objetos distintos disponíveis, e, que a troca de ordem entre dois ou mais objetos presentes em um agrupamento-solução implica na formação de um novo agrupamento-solução (uma nova possibilidade).

Portanto, nas situações em que objetos, algarismos ou letras, envolvidos em um problema de contagem, exista, pelo menos, dois deles que sejam iguais (idênticos), cada um dos agrupamentos-solução (possibilidades) obtidos não são tratados como sendo uma permutação simples. Tais agrupamentos são conhecidos como agrupamentos com repetição de pelo menos um dos seus elementos, e serão objeto do próximo capítulo.

Sugestão metodológica para o professor:
Recomenda-se ao professor que junto a seus alunos não dê excessiva ênfase em relação à associação de rótulos para os diferentes tipos de agrupamentos-solução presentes em problemas de contagem como, por exemplo, o fato de considerar que deve haver necessidade de utilizar o símbolo P_n (ou n!) para quantificar o total de permutações simples de n objetos distintos. Como visto, o símbolo P_n (ou n!) surgiu em decorrência da aplicação do princípio multiplicativo (exercício do raciocínio combinatório) e é natural que assim possa ser feito quando da resolução dos problemas de contagem, por exemplo. Lembre-se do exemplo que foi apresentado: quantificar o número de modos que três amigas têm para se sentarem em um banco de três lugares, que pode ser determinado com o resultado do produto 3 x 2 x 1 = 6 modos distintos. Portanto, para resolver este problema, e outros similares não há necessidade de ter de usar o símbolo P_3 ou o símbolo 3! para obter o resultado quantitativo de todas as possibilidades (o total de agrupamentos-solução).

De modo geral, se há n pessoas (ou n objetos, letras, algarismos, distintos entre si), o número de modos de ordená-las (ou arrumá-los), uma a seguir da outra, ou lado a lado, é indicado por P_n.

Esse quantitativo é obtido pelo produto de n fatores, todos eles escritos como consequência da aplicação repetitiva do princípio multiplicativo, assim:

$P_n = n \times (n-1) \times (n-2) \times (n-3) \times ....\times 3 \times 2 \times 1$, n número natural, $n \geq 1$, pois: há n modos de escolher o objeto que primeiro vai ocupar um dos n lugares disponíveis; em seguida há n-1 modos de escolher o objeto que vai ocupar um dos n-1 lugares disponíveis, até que, ao final, há apenas um modo de escolher o objeto que vai ocupar o último lugar (neste último caso, é redundante afirmar que se vai escolher o objeto, pelo fato de apenas restar esse último objeto para ocupar o único lugar que resta disponível).

Assim, tem-se, por exemplo, que:
$P_1 = 1$; $P_2 = 2.1 = 2$; $P_3 = 3.2.1 = 6$; $P_4 = 4.3.2.1 = 24$.
Para qualquer número natural n, $n \geq 2$, tem-se que $P_n = n.P_{n-1}$.
Para qualquer número natural n, $n \geq 3$, tem-se que $P_n = n.P_{n-1} = n \times (n-1) \times P_{n-2}$. E assim por diante, à medida que a quantidade de elementos disponíveis aumenta.

Na literatura matemática, por vezes substitui-se o símbolo P_n pelo símbolo n!, o qual se lê "n fatorial" ou "fatorial de n". Assim, para o cálculo do total de permutações simples de n objetos distintos é comum ver escrito uma das duas representações: n! ou P_n.

Portanto, o número de modos de ordenar (arrumar) n objetos distintos é P_n, ou n!. Cada ordenação (arrumação ou agrupamento-solução) é dita uma permutação simples dos n objetos, e o total de permutações simples de n objetos distintos pode ser representado por P_n, calculado como $P_n = n!$,

Ora, de acordo com o que foi dito acima, para n = 0 a indicação P_0 representaria o número de modos de "ordenar 0 (zero) objetos (nenhum objeto)" em "0 (zero) lugares". Naturalmente que tal ação não é possível ser feita, pelo simples fato de haver a ausência total de objetos a ordenar, o que implica a necessidade de se ter de adotar um *abuso de linguagem* para admitir que tal ação possa ser feita de uma só maneira, qual seja: a "ação de não arrumar", pois não há como arrumar " algo que não existe".

Fazemos isso tratando a situação, de modo natural, como a única ação (a de não arrumar), indicando que 0! = 1, o que implica admitir, por definição, que $P_0 = 1$. Mais adiante, no capítulo 8, com o conceito de combinação simples, será possível mostrar que, de fato, $P_0 = 0! = 1$ - não mais se admitindo este resultado como uma definição que "precisa ser aceita".

Vamos aproveitar o exemplo 1, explorado acima, para levar o leitor a lembrar de uma brincadeira que tanto adultos quanto crianças participam com frequência - conhecida como "amigo oculto" -, que normalmente é sugerida brincar por ocasião de reuniões entre familiares e/ou amigos em datas especiais, ou para celebrar o reencontro entre pessoas.

A brincadeira consiste em pedir às pessoas (ou seus representantes) que vão participar da brincadeira, que escrevam o seu próprio nome em um pedaço de papel em algum dia anterior ao da data combinada para o evento comemorativo e colocá-lo em uma caixa (ou sacola). Uma vez que todos tenham colocado os papéis com os respectivos nomes na caixa (ou sacola) faz-se um sorteio em que cada participante (ou o seu representante) escolhe um, e somente um papel, com o nome da pessoa a quem ele irá presentear no dia do evento.

Se ficar combinado que após o sorteio não será permitido a troca de nomes escritos nos papéis entre os participantes, corre-se o risco de um ou mais participantes terem sorteado o seu próprio nome. Quando isso acontece, embora os outros participantes não saibam que tal ocorreu, a brincadeira perde um pouco da graça pois a própria pessoa (ou o seu representante) já sabe *a priori* que sorteou a si mesma e, portanto, que vai presentear a si própria ou talvez nem faça isso. Assim, toda a brincadeira é "quase legal" não fosse pela possibilidade de uma pessoa escolher o papel com o seu próprio nome e quando chegar o dia do evento ter que comunicar isso para os demais participantes e não ter a alegria de anunciar quem foi o seu escolhido, não ter sentido fazer certo suspense sobre quem foi que ela sorteou, e sobre o presente que escolheu comprar para presenteá-lo.

Ou seja, para um grupo de n pessoas que vão participar de uma brincadeira de "amigo oculto" tem-se um problema de contagem - que não é simples de resolver -, que consiste em determinar entre o total de possibilidades de o sorteio ocorrer qual é a totalidade de possibilidades em que a brincadeira pode não ocorrer da "maneira mais agradável possível", qual seja: determinar o total de maneiras em que pelo menos um dos participantes sorteia a si próprio (no caso extremo, em que todos os participantes sorteiam a si próprios).

Ademais, todos os leitores já devem ter percebido que se corre o risco de todos os participantes terem sorteado seus próprios nomes - o que seria uma situação para lá de desagradável - pois, aí sim, nessa situação, não haveria "amigo oculto" na brincadeira.

O esquema, desenhado a seguir, mostra todas as possibilidades em que a brincadeira "amigo oculto" ocorre da "maneira mais agradável", sob o olhar de que cada pessoa não sorteia o seu próprio nome, qual seja: o total de maneiras em que cada uma das três amigas: Ana, Bia e Carla, participantes da brincadeira, não sorteia um papel com o seu próprio nome.

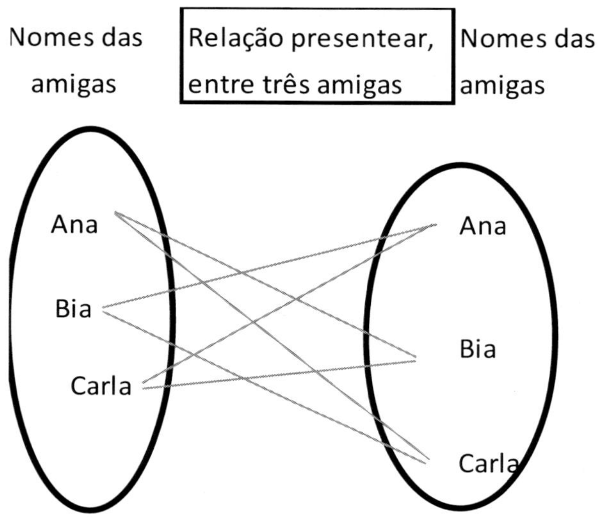

O desenho a seguir mostra todas as 2 (duas) possibilidades como o sorteio da brincadeira "amigo oculto" entre as três amigas Ana, Bia e Carla ocorre da "maneira mais agradável":

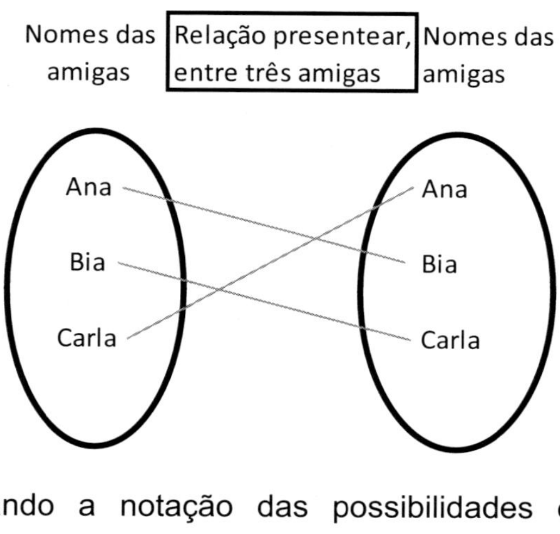

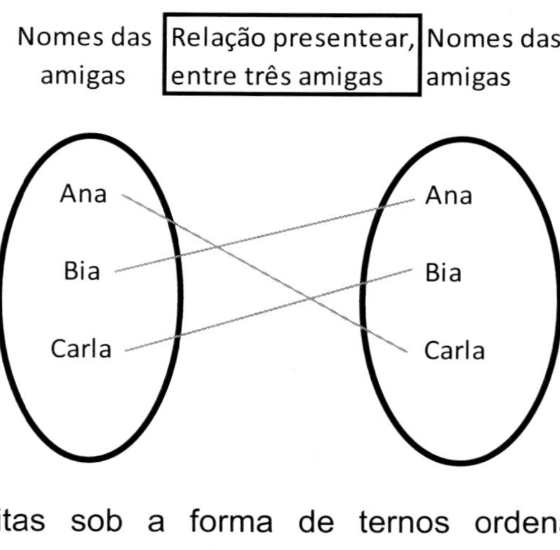

Aproveitando a notação das possibilidades escritas sob a forma de ternos ordenados - apresentada no exemplo 1 -, tem-se as seguintes possibilidades de a brincadeira "amigo oculto"

ocorrer de "maneira agradável" entre as amigas Ana, Bia e Carla: (Bia, Carla, Ana) e (Carla, Ana, Bia), considerando a ordenação (Ana, Bia, Carla) como referencial, como será visto a seguir.

É interessante estabelecer uma relação unívoca entre o terno ordenado (Ana, Bia, Carla), que poderia ser considerado a maneira como cada amiga sorteia o papel com o seu próprio nome, e as possibilidades de cada uma das amigas presentear uma amiga, fazendo assim:

(ANA, BIA, CARLA)	(ANA, BIA, CARLA)
↓ ↓ ↓	↓ ↓ ↓
(BIA, CARLA,ANA)	(CARLA, ANA, BIA)

Então, o que se pode concluir é que existem 6 (seis) possibilidades de ocorrência de sorteios entre os nomes dentre três amigas que vão participar de uma brincadeira "amigo oculto". Dessas seis maneiras, apenas duas: (Bia, Carla, Ana) e (Carla, Ana, Bia) ocorrem de "maneira agradável", e quatro delas: (Ana, Bia, Carla), (Carla, Bia, Ana), (Ana, Carla, Bia) e (Bia, Ana, Carla) desagrada às três amigas de uma só vez, ou desagrada a pelo menos uma das amigas. Na linguagem das probabilidades, diz-se que a chance de a brincadeira "amigo oculto" ocorrer de "maneira agradável", ou seja, que dê alegria a todas as três amigas, é de 2 em 6 ou, aproximadamente, de 33,3%.

É importante o leitor ficar atento para o fato de que neste exemplo só foram possíveis ser identificadas e computadas as duas possibilidades de a brincadeira "amigo oculto" entre três amigas transcorrer de "maneira agradável" - como feito acima -, por conta de a brincadeira transcorrer entre um pequeno número de amigas: 3 e, também, pelo fato de terem sido nomeadas todas as 6 (seis) permutações simples entre três amigas (um quantitativo muito pequeno) e, com base no conhecimento de todas elas, ser feita a posterior avaliação de quais ternos ordenados não continham relação (ou relações) unívocas entre as mesmas pessoas.

O leitor, então, poderia indagar: sempre será necessário que se conheça todas as permutações simples de n objetos distintos para se identificar em quais situações não há relação (ou relações) unívocas entre os mesmos objetos?

Ou, de maneira análoga, o leitor poderia perguntar: Em quais (e quantas) situações há relação (ou relações) unívocas entre os mesmos objetos?

A resposta a essas perguntas é: não é preciso ter conhecimento prévio de quais são as permutações simples, nomeadas por meio de n-uplas ordenadas!

Mas, somente no próximo livro (que o autor ainda está escrevendo) é que será possível mostrar ao leitor como fazer para computar todas as possibilidades nas quais há relação (ou relações) unívocas entre os mesmos objetos.

De maneira geral, o que se quer é responder à seguinte pergunta: Suponha um conjunto A que possui n elementos.

Quantas são as funções f: A→A bijetoras para as quais a equação f(a) = a não possui solução, para todo elemento a de A?

Para o exemplo em questão, tem-se as funções f_1 e f_2, como a seguir:

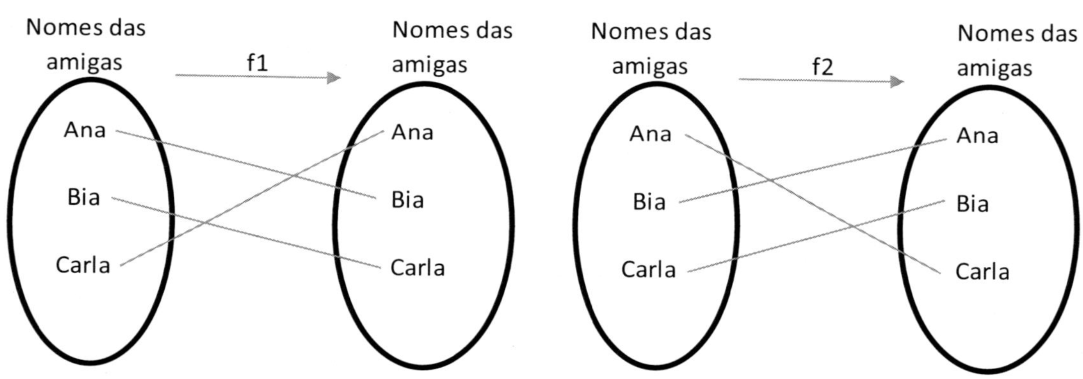

Assim:

f_1 (Ana) = Bia; f_1 (Bia) = Carla; f_1 (Carla) = Ana e f_2 (Ana) = Carla; f_2 (Bia) = Ana; f_2 (Carla) = Bia.
Portanto, as 2(duas) funções: f_1 e f_2 são funções que atendem à condição f(a) = a não ter solução, para quaisquer elementos a_k de A, k = 1, 2 ou 3.

Por que apenas essas 2(duas) funções atendem à condição f(a) = a não ter solução? A resposta só será dada no próximo livro do autor.

Como desdobramento das reflexões críticas que o leitor precisa se ver envolvido quanto à caracterização dos agrupamentos-solução pertinentes às permutações simples, propõe-se a seguir os seguintes problemas de contagem:

Exemplo 3: De quantos modos os amigos Ana, Beto e Clara podem se sentar em um banco que possui 2(dois) lugares?
Neste problema, o conceito de permutações simples está presente?
Exemplo 4: De quantos modos os amigos Ana, Beto e Clara podem se sentar, lado a lado, em um banco que possui 4(quatro) lugares?
Neste problema, o conceito de permutações simples está presente?

No Exemplo 3, como há 3(três) pessoas e apenas 2(dois) lugares disponíveis será preciso selecionar 2(duas) pessoas por vez e computar o número de modos como essas 2(duas) pessoas podem se sentar nos 2(dois) lugares disponíveis no banco.

A seleção de duas pessoas pode ser feita de três maneiras: Ana e Beto; Ana e Clara, ou Beto e Clara. É importante a atenção do leitor para o fato de a ação de selecionar as duas pessoas não impor a condição de ordenação entre elas (a ação de seleção ou de escolha de pessoas, objetos, algarismos ou letras está associada a outro conceito da análise combinatória, o qual será explorado no capítulo 7).

Já se sabe que a ordenação entre pessoas (ou objetos, letras e algarismos distintos) está presente quando se quer saber o total de maneiras como cada grupo (conjunto, dupla) formado pelas duas pessoas selecionadas (neste exemplo) podem se sentar no banco de 2(dois) lugares e se sabe, também, que isto pode ser feito de 2 x 1 = 2 modos distintos, - por conta do conceito de permutações simples.

Como há três maneiras de selecionar duas pessoas por vez, dentre os três amigos Ana, Beto e Clara, o número de modos de eles se sentarem no banco de dois lugares é 3 x 2 = 6 - por conta da aplicação do princípio multiplicativo.

No Exemplo 4, como há quatro lugares disponíveis no banco e é preciso que se selecione três desses lugares, lado a lado, para os amigos se sentarem, isso só pode ser feito deixando o primeiro ou o último lugares vagos. Ou seja, só há duas maneiras de selecionar os três lugares do banco, lado a lado, nos quais os três amigos poderão se sentar.

Ora, uma vez que se tenha escolhido três lugares, lado a lado, em que os amigos irão se sentar no banco, os três amigos podem se sentar nos três lugares do banco, lado a lado, de 3 x 2 x 1 = 6 modos distintos - por conta do conceito de permutações simples. Como há duas maneiras de selecionar os lugares do banco em que os amigos podem se sentar, o número de modos de os três amigos se sentarem nos três lugares do banco, lado a lado, é 2 x 6 = 12, - pela aplicação do princípio multiplicativo.

A proposição e a resolução dos exemplos acima teve como objetivo o de permitir que o leitor avalie as estratégias e os procedimentos necessários para a construção de um novo conceito combinatório: o conceito das permutações simples.

Essa é uma alternativa - um ponto de partida que utilizamos para caracterizar esse tipo de agrupamentos de objetos -, considerando a necessidade do pensar combinatório (raciocínio combinatório) e por meio dessa alternativa encaminhar a obtenção da fórmula que dá conta de contar o total de permutações simples.

Assim, uma permutação simples de n objetos distintos é caracterizada como um agrupamento-solução que contém todos os n objetos que satisfazem às condições impostas por um problema de contagem, no sentido de que se obtém uma ordenação da totalidade dos objetos envolvidos. Ou seja, está-se diante de uma permutação simples quando todos os objetos disponíveis são ordenados (arrumados) em igual quantidade de posições (lugares) que de objetos disponíveis.

O autor entende que quando o leitor está diante da necessidade de resolver um problema de contagem - a princípio com a necessidade de identificar o tipo de agrupamento de objetos que está envolvido, e a maneira como proceder para efetuar a contagem deles -, mais que uma definição formal acerca do tipo e características dos agrupamentos (que acrescentaria pouco para a compreensão do conceito em si e a solução do problema), é fundamental que ao caracterizar o tipo de agrupamentos de objetos envolvido o leitor se aproprie de uma estratégia para quantificar todas as possibilidades - não necessariamente por meio do uso direto de uma fórmula que tenha de ser aplicada.

Para contribuir com a apropriação do conceito de permutação simples, um novo exemplo será apresentado e resolvido, como a seguir:

Exemplo 5: Considere um cubo com suas faces sem pintura, ou seja, são faces indistinguíveis. De quantos modos é possível pintar esse cubo, usando 6 (seis) cores diferentes, cada face pintada com uma cor?

A figura abaixo ilustra um cubo, pendurado por cordas (segmentos de reta pontilhadas) a um plano α, paralelo às faces ABCD e EFGH do cubo, e considere A, B, C, D, E, F, G, H como os vértices do cubo.

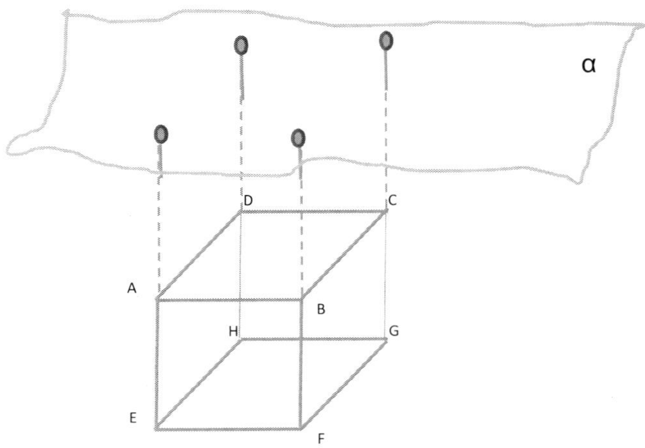

O que se quer é determinar o número de modos diferentes como um observador pode observar uma mesma pintura do cubo.

Considere que a face AEFB, que está à sua frente, esteja pintada de azul. É possível ver esta mesma face, pintada de azul, de 4 (quatro) modos diferentes: basta "pendurar" o cubo com os barbantes presos aos vértices (A, B, C, D), (B, C, G, F), (A, E, H, D) ou (G, H, E, F). Ou seja, basta ir "girando" o cubo no sentido anti-horário, mantendo a face AEFB voltada para a frente do observador.

Assim, para cada uma dessas 4(quatro) posições, a face AEFB - face que está pintada na cor azul -, sempre permanecerá à frente do observador.

Por meio de procedimentos similares ao que foi adotado acima para todas as outras 5 (cinco) faces do cubo, e aplicando o princípio multiplicativo, tem-se que uma mesma pintura de um cubo pode ser visualizada de 4 x 6 = 24 modos diferentes, por qualquer pessoa.

Se considerarmos **m** como a quantidade de pinturas distintas do cubo, segundo as condições do problema, qual seja: cada face pintada com uma cor, tem-se:

- Cada pintura do cubo pode ser visualizada de 24 modos diferentes;
- As **m** pinturas podem ser visualizadas de **m** x 24 modos diferentes;
- O total de pinturas de um cubo, com as 6(seis) faces pintadas em cores diferentes, é de $P_6 = 6! = 720$.

Assim: 720 = **m** x 24.

Então, há **m** = $\frac{720}{24} = \frac{6!}{24} = \frac{6!}{4 x 6}$ = 30 modos distintos de pintar um cubo, cada face pintada de uma cor diferente.

Observe, na igualdade acima, que poderíamos ter escrito: **m** = $\frac{6!}{4 x 6} = \frac{6!}{6 x 4} = \frac{5!}{4}$ = 30 onde, na última igualdade, o valor 6 – 1 = 5 representa a quantidade de faces menos um, e o valor 4 representa o número de lados de cada face.

É possível, portanto, generalizar este resultado para determinar o número de modos distintos de pintar as faces de um poliedro regular com F faces, cada face com n lados, e cada face pintada de uma cor diferente, assim: o número de modos de pintar um poliedro regular com F faces, cada face pintada com uma cor, é determinado por **m** = $\frac{F!}{n x F} = \frac{(F-1)!}{n}$.

Um poliedro convexo é dito regular se suas faces são polígonos regulares congruentes e de cada vértice do poliedro há o mesmo número de arestas. Todo poliedro regular é um poliedro de Platão, e é possível provar que só há 5 (cinco) poliedros de Platão: tetraedro, cubo (hexaedro), octaedro, dodecaedro e o icosaedro.

Exercício para o leitor: Calcule **m** para cada um dos outros quatro poliedros de Platão - exceto o cubo, já calculado.

Em Matemática, diz-se que cada uma das arrumações das letras V, A, S e O é um ***anagrama*** da palavra ***VASO***, por exemplo. Mas, a palavra ***VASO*** poderia, igualmente, ser um anagrama da palavra ***AVOS***. Ou seja, cada novo anagrama é o indicativo de uma nova arrumação das 4 (quatro) letras (concatenação de todas as quatro letras), utilizando-se, exatamente, todas as quatro letras, e somente essas letras, mesmo que a arrumação de letras possa não ter algum significado em nossa língua materna.

Portanto, uma ordenação de letras, distintas ou não, é dito um anagrama.

Assim, uma vez que um anagrama é uma arrumação de letras, ele pode ou não ter sentido na língua portuguesa quando se quer fazer a "leitura de um anagrama".

Ademais, um novo anagrama é obtido a partir de uma nova ordenação de letras, ordenação essa que será disponibilizada para tal quando todas as letras sejam utilizadas para formar um novo anagrama.

Então, AUM é um dos anagramas de MAU; MAU também é um dos anagramas de MAU, bem como os outros quatro anagramas possíveis são: AMU, MUA, UMA e UAM.

Como se trata de ordenações de letras, em que todas as letras são utilizadas, está-se diante de agrupamentos-solução do tipo permutações simples - todas as vezes em que todas as letras são distintas entre si -, como é o caso da palavra MAU.

Caso contrário, ou seja, quando ao menos 2(duas) letras de um anagrama são iguais, tem-se anagramas com repetição (conteúdo que será objeto do capítulo 6).

Assim, para finalizar este capítulo, vamos considerar a resolução do seguinte exemplo:

Exemplo 6: Considere a palavra FLAMENGO.

a) Quantos são os anagramas da palavra FLAMENGO?

b) Quantos anagramas da palavra FLAMENGO começam por consoante e terminam por vogal?

c) Quantos anagramas da palavra FLAMENGO têm as letras A, E e O juntas, nessa ordem?

d) Quantos anagramas da palavra FLAMENGO têm as letras A, E e O juntas, em qualquer ordem?

e) Quantos anagramas da palavra FLAMENGO têm as letras A, E e O juntas, em qualquer ordem, no início de cada anagrama?

f) Quantos anagramas da palavra FLAMENGO começam por FG e têm as vogais e as consoantes intercaladas?

g) Quantos anagramas da palavra FLAMENGO têm a letra O no 1º lugar e a letra E no 2º lugar?
h) Quantos anagramas da palavra FLAMENGO têm a letra O no 1º lugar ou a letra E no 2º lugar?
i) Quantos anagramas da palavra FLAMENGO têm a letra O no 1º lugar ou a letra E no 2º lugar ou a letra A no 3º lugar?

a) O total de anagramas da palavra FLAMENGO é obtido por P_8 = 8! = 8 x 7 x 6 x 5 x 4 x 3 x 2 x1 = 40.320; b) Há 5 consoantes e 3 vogais na palavra FLAMENGO. Logo, há 5 possibilidades para a escolha da primeira letra do anagrama, 6! modos de embaralhar as letras restantes, entre a consoante e a vogal escolhida, e 3 possibilidades para a escolha da vogal, ao final do anagrama.

Pelo princípio multiplicativo, há 5 x 6! X 3 = 10.800 anagramas nessas condições; c) Quando as letras A, E e O estão juntas, nessa ordem, não há o que fazer com essas letras em termos de ordenações entre si, mas em relação às 5 letras restantes, elas podem ser embaralhadas de 5! = 120 modos, totalizando 120 anagramas nessas condições; d) Quando as letras A, E e O estão juntas, em qualquer ordem, há um total de 3! = 6 ordenações possíveis entre essas três letras. Para considerar todos os anagramas da palavra FLAMENGO que atendem à essa condição, cada um dos anagramas das três letras juntas é considerado uma "letra" que junto às outras 5 letras restantes serão embaralhadas e formarão um total de 6! = 720 anagramas. Pelo princípio multiplicativo, há um total de 3! X 6! = 6 x 720 = 4320 anagramas nessas condições; e) Em relação ao item d), a diferença está em não considerar qualquer um dos anagramas das letras A, E e O junto com as demais 5 letras, para formar os anagramas com as 8 letras. Ou seja, as 5 letras restantes formarão um total de 5! = 120 anagramas. Pelo princípio multiplicativo, há um total de 3! X 5! = 6 x 120 = 720 anagramas nessas condições; f) Quando as letras F e G estão juntas, nessa ordem, não há o que fazer com essas letras em termos de ordenações entre si, mas em relação às 6 letras restantes: três vogais e três consoantes, elas podem ser embaralhadas alternado vogais e consoantes iniciando por uma vogal ou iniciando por uma consoante, em um total de 2 modos. Ainda mais: as três vogais se embaralham de 3! = 6 modos, bem como as três consoantes, que se embaralham de 3! = 6 modos, também. Pelo princípio multiplicativo, há um total de 2 x 3! X 3! = 2 x 6 x 6 = 72 anagramas nessas condições; g) Quando as letras O e E estão juntas, nessa ordem, não há o que fazer com essas letras em termos de ordenações entre si, mas em relação às 6 letras restantes, elas podem ser embaralhadas entre si de 6! = 720 anagramas nessas condições; h) Quando a letra O ocupa o 1º lugar nos anagramas há um total de 7! = 5040 anagramas e quando a letra E ocupa o 2º lugar nos anagramas há, também, um total de 7! = 5040 anagramas. Porém, os anagramas em que as letras O e E estão juntas no 1º e no 2º lugar, respectivamente, foram computadas nas duas contagens anteriores e essa contagem precisa ser abatida do total. O total de anagramas em que as letras O e E estão juntas no 1º e no 2º lugar, respectivamente, é de 6! = 720 anagramas. Assim, o total de anagramas que atendem às condições do item é de 7! + 7! – 6! = 2 x 5040 – 720 = 9360 anagramas; i) Quando a letra O ocupa o 1º lugar nos anagramas há um total de 7! anagramas, quando a letra E ocupa o 2º lugar nos anagramas há, também, um total de 7! anagramas e quando a letra A ocupa o 3º lugar, também há um total de 7! anagramas. Porém, os anagramas em que as letras O e E estão juntas no 1º e no 2º lugar, respectivamente; anagramas em que as letras O e A estão juntas no 1º e no 3º lugar, respectivamente; anagramas em que as letras E e A estão juntas no 2º e no 3º lugar, respectivamente, foram computadas nas três contagens anteriores, em número de 6! + 6! + 6! = 3 x 6! e precisam ser abatidas do total. Por outro lado, o total de anagramas em que as letras O, E e A estão juntas no 1º, no 2º e no 3º lugares, respectivamente, em número total de 5! anagramas, deixaram de ser computados quando do cômputo total a ser abatido, como antes, e precisam ser adicionadas ao cômputo total. Então, o total de anagramas que atendem às condições do item é de 3 x 7! – 3 x 6! + 5! = 3 x 5040 – 3 x 720 + 120 = 13.080 anagramas.

Exemplo 7: De quantos modos distintos 6 (seis) pessoas podem ser colocadas em fila?

Este é um problema clássico de contagem, chamado de problema das permutações simples, que é facilmente resolvido pelo princípio multiplicativo. De fato, basta escolher sucessivamente as pessoas colocadas em cada posição da fila. Para escolher o primeiro da fila, temos 6 possibilidades; o segundo pode ser qualquer uma das 5 pessoas restantes, e assim por diante. Logo, o número total de possibilidades é 6 x 5 x 4 x 3 x 2 x 1 = 720.

Para finalizar este capítulo - a exemplo do que vai ocorrer nos demais capítulos -, selecionamos 5 (cinco) problemas para o leitor resolver, tendo como propósito o de permitir que possa, desde já, exercitar os seus conhecimentos a respeito da temática desenvolvida até aqui.

Pelo fato de os conceitos da temática combinatória estarem imbricados, um desafio é reservado ao leitor no universo dos problemas que serão propostos em um novo livro que será lançado por este autor, "*.... Problemas Resolvidos de Análise Combinatória*", qual seja: resolver os problemas, independentemente da ordem em que os conceitos tenham sido desenvolvidos.

Assim, como este novo livro terá o propósito de apenas propor a resolução de diversos problemas de contagem (uma vez que os conceitos já teriam sido explorados neste livro), será preciso que o leitor, por meio da leitura atenta de cada enunciado, identifique qual(is) conceito(s) está(ão) envolvido(s) em cada problema de contagem de modo a escolher a estratégia e os procedimentos que permitam encaminhar a resolução do problema, de maneira a obter a sua solução.

5.1 Problemas

Problema 5.1.

a) De quantos modos 4 rapazes e 4 moças podem se sentar em quatro bancos, cada banco com dois lugares, de modo que em cada banco se sente uma moça e um rapaz?

b) De quantos modos 3 casais (que já estão formados) podem se sentar em três bancos, cada banco com dois lugares, de modo que em cada banco se sente um casal?

Problema 5.2. De quantos modos 5 rapazes e 5 moças podem formar pares rapaz-moça para irem juntos a uma festa?

Problema 5.3. De quantas maneiras 5 brasileiros, 7 franceses e 8 italianos podem se sentar em fila, lado a lado, de modo que as pessoas de mesma nacionalidade sentem juntos?

Problema 5.4. De quantos modos podemos separar/dividir 16 pessoas, nas seguintes situações:

a) Quatro grupos de 4 pessoas em cada?

b) Dois grupos de 8 pessoas em cada?

c) Oito grupos de 2 pessoas em cada?

d) Dois grupos de 3 pessoas em cada e dois grupos de 5 pessoas em cada?

e) Um grupo de 8 pessoas, um grupo de 5 pessoas e um grupo de 3 pessoas?

f) Um grupo de 10 pessoas e um grupo de 6 pessoas?

g) Dois grupos de 2 pessoas em cada, e dois grupos de 6 pessoas em cada?

Problema 5.5.

Em uma fila de determinado cinema há 15 cadeiras.

a) De quantas modos 7 casais podem se sentar nesta fila de cinema de maneira que cada casal sente junto?

b) De quantas modos 4 casais podem se sentar nesta fila de cinema de maneira que cada casal sente junto?

CAPÍTULO 6

Combinações Simples

6.1 Introdução

No Capítulo 5 foi apresentado o conceito de permutações simples e, em seguida, ele foi utilizado para resolver uma série de exemplos de problemas.

Como visto, uma permutação simples consiste na formação de um agrupamento de objetos, cores, algarismos, letras, peças, brinquedos, nomes distintos (ou pessoas), todos distintos entre si, por meio de uma arrumação (ordenação), de tal sorte que uma simples troca de posição entre dois deles acarreta a formação de um novo agrupamento.

No Capítulo 7 será apresentado o conceito de permutações com a repetição de pelo menos um dos elementos. Este conceito consiste na formação de um agrupamento de cores, objetos, algarismos, letras, peças ou brinquedos, com pelo menos dois deles considerados "iguais", por meio de uma arrumação (ordenação) entre todos os elementos considerados. De sorte que uma simples troca de posição entre dois elementos distintos, em qualquer ordenação, acarreta a formação de um novo agrupamento uma vez mantidas as ordenações relativas entre os demais elementos. Mas tal não acontece em relação aos elementos considerados "iguais", presentes na ordenação. Ou seja, os elementos "iguais" quando são trocados de posição entre si não acarreta a formação de uma nova ordenação (de um novo agrupamento).

Neste capítulo vamos explorar o conceito de combinações simples, que consiste na formação de grupos (conjuntos) formados por agrupamentos (elementos distintos de um dado conjunto) de um dos seguintes tipos de elementos: objetos, cores, pontos do plano, pontos do espaço, retas no plano, retas no espaço, algarismos, letras, peças, brinquedos, nomes distintos (ou pessoas), escolhidos de um universo onde todos são distintos entre si.

À formação de grupos impõe-se a ação de escolher parte (ou todos os elementos) dos elementos que pertencem a um dado conjunto de elementos distintos, com o propósito de formar subconjuntos do conjunto dado, inclusive considerar a "formação do conjunto vazio (não fazer escolha alguma)".

No novo livro que está sendo escrito pelo autor será explorado o conceito de combinações completas, que consiste na formação de grupos (conjuntos) formado por agrupamentos (elementos, distintos e não, de um dado conjunto) de um dos seguintes tipos de elementos: objetos, cores, algarismos, letras, peças ou brinquedos, escolhidos de um universo onde nem todos eles são distintos entre si. Assim, é possível escolher elementos iguais ou elementos distintos.

Assim, neste caso, à formação de grupos impõe-se a ação de escolher elementos distintos e não distintos pertencentes a um universo em que todos os elementos têm mais que um exemplar "igual" para cada um dos elementos considerados disponíveis para as escolhas, embora as escolhas possam recair sobre um exemplar apenas, ou mais que um com o propósito de formar subconjuntos do conjunto dado.

6.2 – As combinações simples

O mote inicial para a caracterização e a sistematização do conceito de combinações simples situa-se na exploração de um exemplo de problema de contagem em que se quer escolher três distintas cores de um universo de cinco cores distintas e contar o número de modos possíveis de fazer isto.

Na resolução deste problema de contagem devem ser mobilizados procedimentos para identificar todas as possibilidades de construção das "ternas" de cores" (ordenações entre três distintas cores) e, em seguida encaminhar para a definição (caracterização) do que vem a ser uma combinação simples, bem como acerca de encontrar uma maneira de determinar a totalidade de combinações simples.

Outro propósito é o de estabelecer uma fórmula que dê conta de determinar o total de combinações simples que obedecem à condição de escolha de subconjuntos com p objetos, escolhidos dentre **n** distintos objetos disponíveis em um dado conjunto.

Para explorar o conceito combinação simples vamos considerar 2 (dois) exemplos, conforme a seguir:

Exemplo 1:

Ana quer montar "trenzinhos" formados por retângulos (os "vagões" do "trenzinho"), colocados um a seguir do outro. O "trenzinho" desenhado na figura abaixo possui "3 (três) vagões" nas cores vermelho, amarelo e verde, nessa ordem. Para formar os "trenzinhos" Ana dispõe de retângulos ("vagões") nas cores azul, amarelo, verde, vermelho e preto.

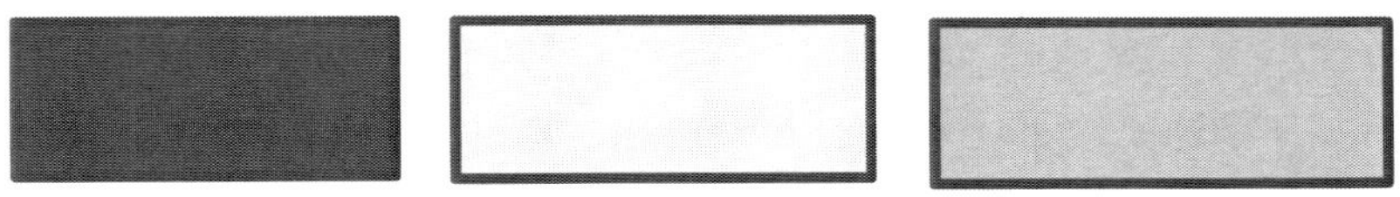

De quantas maneiras é possível formar "trenzinhos" com 3 (três) "vagões" de cores diferentes, dispondo-se de "vagões" nas cores amarelo, vermelho, azul, verde e preto?

Tomando por base os conhecimentos do capítulo 4 você deve ter concluído que o total de possibilidades é calculado do seguinte modo: 5 (primeiro "vagão" escolhido) x 4 (segundo "vagão" escolhido) x 3 (terceiro "vagão", o "vagão" restante) = 60 possibilidades, ou que é possível formar 60 "trenzinhos".

Ao determinar a totalidade de "trenzinhos", perceba que a troca de posição entre dois "vagões" em um "trenzinho" determina uma possibilidade diferente, ou seja, determina a formação de um novo "trenzinho".

Assim, um "trenzinho" com "vagões" nas cores AM, VD e VM, nessa ordem, é considerado diferente de um "trenzinho" nas cores VD, AM e VM, nessa ordem. Aqui, consideramos "trenzinhos" com 3 "vagões" de cores diferentes e mais o fato de a posição dos "vagões", se diferentes no "trenzinho", determinar possibilidades diferentes. Ou seja, um "trenzinho" com "vagões" nas cores amarelo, verde e vermelho, nessa ordem, é diferente de um "trenzinho" cujos "vagões" sejam vermelho, verde e amarelo, nessa ordem, embora ambos tenham os três "vagões" com as mesmas cores.

Nessa situação, as possibilidades de distribuição das cores pelos "vagões" em um mesmo "trenzinho" se diferenciam tanto pela troca da cor de um "vagão" com outro entre as três cores escolhidas (AM-VD-VM e AM-VD-PR), como também pela troca da ordem entre as cores dos "vagões" no "trenzinho", uma vez mantidas as mesmas três cores escolhidas para os três "vagões" (AM-VD-VM e VD- AM-VM).

Assim, as distintas cores dos "vagões" na formação dos "trenzinhos" são descritas por "ternas ordenadas" escolhidas em um universo de 5 diferentes cores de "vagões".

As possibilidades de distribuição das cores se diferenciam também pela troca de ordem entre as cores dos "vagões" em um mesmo "trenzinho", nos casos em que são mantidas as mesmas 3 (três) cores dos "vagões", por exemplo, assim: AM-VD-VM, AM-VD-VM, VD-VM-AM, VD-M-VM, VM-VD-AM, VM-AM-VD.

Então, há 3 x 2 x 1 = 6 (seis) "trenzinhos" com "vagões" nas cores amarelo, verde e vermelho, cuja distribuição das cores pelos "vagões" estão listados acima, e estes "trenzinhos" são considerados "trenzinhos" distintos entre si do ponto de vista das diferenciadas visualizações entre os "trenzinhos".

Exemplo 2:
Ana quer montar "trenzinhos", formados por retângulos (os "vagões" do "trenzinho") colocados um a seguir do outro. O "trenzinho" desenhado na figura abaixo possui 3 (três) "vagões", nas cores vermelho, amarelo e verde, nessa ordem. Para formar "trenzinhos" Ana dispõe de retângulos ("vagões") nas cores azul, amarelo, verde, vermelho e preto.

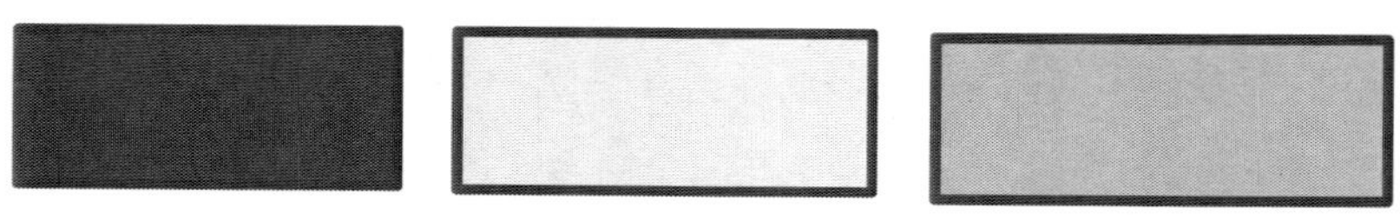

De quantas maneiras é possível que Ana forme "trenzinhos", cada "trenzinho" com 3 (três) "vagões" de cores diferentes, independentemente da posição que cada "vagão" ocupe no "trenzinho", quando ela dispõe de "vagões" nas cores amarelo, vermelho, azul, verde e preto?

É possível contar todas as possibilidades que atendem à condição imposta no enunciado do exemplo acima por meio da construção de conjuntos que contenham 3 (três) elementos em cada (as 3 (três) cores dos "vagões") escolhidas dentre as 5 (cinco) cores de "vagões" disponíveis a partir do cômputo de 60 "ternas ordenadas" (total de "trenzinhos" com três cores distintos, considerando que trocas de cores entre "vagões" em um mesmo "trenzinho" implica na obtenção de um novo "trenzinho"), as quais foram contabilizadas no Exemplo 1.

Considere, por exemplo, um "trenzinho" que tenha os três "vagões" pintados com as cores amarelo, vermelho e verde. As "ternas ordenadas" AM-VM-VD, AM-VD-VM, VM-VD-AM, VM-AM-VD, VD-AM-VM, VD-VM-AM são todas as 6 (seis) permutações simples resultantes de ordenações entre as cores amarelo, vermelho e verde. Isto é, são todas as combinações entre as cores amarelo, verde e vermelho de "vagões", obtidas a partir da disponibilidade de "vagões" de 3 (três) distintas cores: amarelo, verde e vermelho, a partir do conjunto de cores {AM, VM, VD}. Assim, para cada conjunto com 3 (três) cores distintas é possível formar 3 x 2 x 1 = 6 (seis) "ternas ordenadas" - todas as "ternas ordenadas" são formadas pelas mesmas 3 (três) cores.

Portanto, é possível estabelecer uma proporcionalidade com o propósito de determinar o total de conjuntos com 3 (três) cores distintas, a partir do conhecimento do total de "ternas ordenadas", como a proporcionalidade escrita a seguir:

- 1 (um) conjunto contendo 3 elementos distintos ***determina*** a construção de 3 x 2 x 1 = 6 (seis) "ternas ordenadas" (total de permutações simples de 3 cores)
- ***Y*** conjuntos contendo 3 elementos distintos em cada conjunto ***correspondem*** à construção de 5 x 4 x 3 = 60 (sessenta) "ternas ordenadas" (total de permutações simples de 3 cores, escolhidas entre 5 cores disponíveis)

Daí:

Y x 6 = ***1*** x 60.

Assim: ***Y*** = 10 (dez) conjuntos com 3 (três) elementos distintos em cada um.

Eis os conjuntos de cores de "trenzinhos" considerados distintos do ponto de vista de terem, cada um, pelo menos uma cor distinta da cor de um outro "trenzinho", quando a correspondente comparação é feita:

{amarelo, vermelho, azul}, {amarelo, vermelho, verde}, {amarelo, vermelho, preto}, {amarelo, vermelho, azul}, {amarelo, vermelho, azul}, {amarelo, azul, verde}, {amarelo, azul, preto}, {amarelo, verde, preto}, {vermelho, azul, verde}, {vermelho, azul, preto}, {vermelho, verde, preto}, {azul, verde, preto}.

Ou seja: há 10 possibilidades de formar "trenzinhos" diferentes com 3 (três) "vagões" de cores distintas em cada um, quando se dispõe de 5 (cinco) cores: amarelo, verde, vermelho, azul e preto.

Portanto, dispondo de 5 cores distintas é possível formar 10 conjuntos (ou grupos), cada conjunto (ou grupo) com três cores distintas, escolhidas dentre as 5 cores disponíveis. Ou ainda: há 10 modos de selecionar (escolher) três cores, entre cinco cores distintas disponíveis.

Podemos construir uma tabela de dupla entrada que mostre esses 10 (dez) conjuntos com três cores - escolhidas entre as cinco cores distintas disponíveis -, a partir do conhecimento de todas as 60 "ternas ordenadas", conforme mostra parte da tabela desenhada abaixo.

	Terna 1	Terna 2	Terna 3	Terna 4	Terna 5	Terna 6
{AM, VM, VD}	(AM, VM,VD)	(AM, VD,VM)	(VM, AM,VD)	(VM, VD,AM)	(VD, AM,VM)	(VD, VM,AM)

Optou-se por deixar que o leitor complete as 10 (dez) alternativas para a primeira entrada da tabela a partir da escrita das "ternas ordenadas" na segunda entrada (são as seis ternas em que as mesmas cores são agrupadas, alternando-se as cores nas três posições).

Uma tabela de dupla entrada pode ser construída para encontrar a solução do problema - como a que tem a sua construção iniciada como acima -, mas é preciso que o leitor se certifique que em cada posição da segunda entrada da tabela fiquem todas as 6 (seis) "ternas ordenadas" que contém as mesmas 3 (três) cores.

E, portanto, em cada linha da primeira entrada será escrito, um a um, todos os conjuntos (grupos) que existem quando se faz a escolha de 3 (três) cores distintas de "vagões", dentre as 5 (cinco) distintas cores disponíveis.

Assim, as possibilidades de escolhas das três cores são escritas na primeira entrada da tabela na forma de conjuntos, cada conjunto contendo 3 (três) cores distintas entre si, e todos os conjuntos são disjuntos entre si (contém todas as três cores diferentes), pois o que importa são as três cores escolhidas, caso a caso.

Na tabela acima apenas foi escrito o conjunto {AM, VM, VD} na primeira linha da primeira entrada da tabela, e ele foi determinado a partir da escrita de todas as 6 (seis) "ternas ordenadas", as quais, por sua vez, contém apenas essas três cores.

Mas, ao concluir a distribuição das 60 (sessenta) "ternas ordenadas" pelas linhas da tabela teremos obtido, então, um total de 10 (dez) distintos conjuntos de 3 cores distintas capazes de pintar os três "vagões" de cada um dos "trenzinhos".

Ou seja, todos os conjuntos são escritos a partir da exploração de todas as 60 "ternas ordenadas" que foram totalizadas no Exemplo 1, pelas linhas da tabela de dupla entrada.

É importante que o leitor se certifique, também, de que todas as "ternas ordenadas" possíveis de formar a partir da escolha de três cores distintas dentre as 5 (cinco) distintas cores disponíveis, estarem listadas na segunda entrada da tabela de dupla entrada.

Ou seja, de que todas as 6 (seis) permutações simples que foram formadas a partir de cada escolha de três distintas cores, estarem escritas em cada posição da segunda entrada.

Vamos resumir os procedimentos que foram feitos para determinar os 10 (dez) conjuntos, cada um deles com três cores:

Para resolver o problema de contagem objeto deste exemplo, cujo propósito é o determinar o total de possibilidades para formar grupos com 3 objetos distintos dentre 5 objetos distintos disponíveis, o procedimento inicial foi o de computar a totalidade de ordenações possíveis com 3 objetos, (total de "ternas ordenadas"), (três é o número total de objetos que integrarão cada grupo), por meio da aplicação do princípio multiplicativo. Esse total é de 5 x 4 x 3 = 60.

Em seguida, - por conta de o problema de contagem tratar da escolha de objetos para a formação de grupos e a contagem destes grupos -, aparentemente não há razão alguma para ter que ordenar os objetos de três em três (como foi feito antes) e fazer o cômputo da totalidade de permutações simples.

Mas, por outro lado, a totalidade de "ternas ordenadas" é um dado necessário para determinar o total de grupos (conjuntos com três elementos), como será visto em seguida.

Assim, será preciso que se “desconstrua” essas ordenações (“ternas ordenadas”) e com elas formar grupos de cores - cada grupo com três cores distintas. Ou melhor, será preciso usar a totalidade de ordenações (“ternas ordenadas”), feita de início, como uma informação necessária para obter o total de grupos.

Ainda mais: cada grupo com três cores distintas está associado a todas as ordenações em que as mesmas três cores fazem parte. Como consequência, fica então estabelecida uma relação entre cada grupo com três cores distintas e o total de ordenações (“ternas ordenadas”) cujas cores estão presentes em cada grupo formado.

Assim, será preciso que se agrupe todas as ordenações (“ternos ordenados”) cujas cores constituintes são sempre as mesmas três de maneira a formar um grupo com estas cores, até que se esgotem as escolhas de todas as possíveis “ternas ordenadas” e em seguida se faça a contagem por grupo.

Note que cada grupo é formado a partir das cores constituintes de uma mesma quantidade de “ternas ordenadas” (ordenações entre três objetos distintos).

Ou seja, todas as “ternas ordenadas” de três cores são separadas - cada uma das separações contendo a mesma quantidade de “ternas ordenadas” (formadas pelas ordenações entre as mesmas três cores distintos), em um total de 6 (seis), e cada uma destas separações determina uma nova entrada na tabela de dupla entrada.

Uma vez que todos os grupos devem ser formados por cores cujas “ternas ordenadas” são as permutações simples das mesmas três cores, em grupos formados a partir de iguais quantidades de “ternas ordenadas”, é possível estabelecer uma proporcionalidade com o propósito de determinar a quantidade de grupos que podem ser formados com três cores distintos.

Portanto, o estabelecimento de uma proporcionalidade entre o total de “ternas ordenadas” possíveis - formadas pela quantidade de cores em um grupo, e esse grupo -, e o quantitativo total de “ternas ordenadas” possíveis (já contado de início) e a quantidade total de grupos que podem ser formados (totalidade que se deseja conhecer), será possível determinar o total de grupos com três cores cada.

O total de 10 (dez) grupos é, portanto, o número de modos de escolher 3 cores dentre 5 (cinco) cores distintas disponíveis. Ou ainda, é a quantidade de grupos (conjuntos) com 3 elementos (cores) escolhidos dentre 5 elementos (cores) distintos. Habitualmente, usa-se um dos 2 (dois) símbolos abaixo para indicar essa totalidade: $C_{5,3}$ ou C_5^3.

Assim, conforme o que foi feito antes, há $C_{5,3} = \frac{5 \; x \; 4 \; x \; 3}{3 \; x \; 2 \; x \; 1}$ = 10 grupos. Chamamos a atenção do leitor acerca dos fatores que estão presentes, tanto no numerador quanto no denominador, da fração acima em relação ao problema proposto: encontrar o total de conjuntos com 3 cores, escolhidas dentre 5 cores distintas, disponíveis.

A leitura, no tocante aos símbolos mostrados acima, é feita assim: o total de combinações simples de 5 objetos distintos escolhidos (tomados) de três em três (ou o total de subconjuntos de 3 elementos distintos, escolhidos entre 5 objetos distintos) é igual a 10. Ou ainda: o total de combinações simples de classe 3 de 5 objetos distintos é 10. Ainda é possível interpretar assim: o total de modos de escolher 3 objetos distintos dentre 5 objetos distintos disponíveis é igual a 10.
De modo similar, tem-se os seguintes cálculos:

$C_{7,1} = \frac{7}{1}$ = 7 grupos; $C_{8,2} = \frac{8 \; x \; 7}{2 \; x \; 1}$ = 28 grupos; $C_{5,5} = \frac{5 \; x \; 4 \; x \; 3 \; x \; 2 \; x \; 1}{5 \; x \; 4 \; x \; 3 \; x \; 2 \; x \; 1}$ = 1 grupo.

Em analogia ao que foi feito para o exemplo acima, o leitor deve observar que o símbolo $C_{n,p}$ determina o total de modos de escolher p objetos dentre n objetos distintos disponíveis; que o ato de escolher p objetos entre n objetos distintos disponíveis implica, inicialmente, que p é um número natural tal que $0 < p < n$.
Assim:
$C_{n,p} = \frac{n(n-1)(n-2).....(n-(p-1))}{p\,(p-1)(p-2)(p-3).......3.2.1}$, $0 < p < n$.
Observe que o numerador possui p fatores.

Por outro lado, a igualdade acima também pode ser escrita de maneira que o numerador contenha todos os fatores já mostrados acima e o acréscimo dos fatores faltantes, em sequência decrescente, até chegar ao fator igual a 1, obtendo n!. Igualmente, deve-se observar que essa inclusão no numerador impõe fazer a mesma inclusão no denominador (pois, é claro, a igualdade deve ser mantida).

Assim, é possível escrever a igualdade acima desse modo:

$C_{n,p} = \frac{n(n-1)(n-2).....(n-(p-1)).\ [(n-p)(n-(p+1).......4.3.2.1]}{p\ (p-1)(p-2)(p-3).......3.2.1\ [(n-p)(n-(p+1).......4.3.2.1]}$, $0 < p < n$.

Ao fazer isso, note que o numerador ficou igual a n!, e o denominador ficou igual a p! x (n - p)!.

Então, $C_{n,p} = \frac{n!}{p!\ x\ (n-p)!}$, $0 < p < n$.

Para finalizar, vamos interpretar tanto o símbolo $C_{n,0}$ quanto o símbolo $C_{n,n}$.

Pelo que já foi dito, o símbolo $C_{n,0}$ determina o número de modos de escolher 0 (zero) objetos, ou seja, não escolher objeto algum dentre n objetos distintos disponíveis. Tal interpretação sugere dizer que isso pode ser feito de 1 (um) modo apenas, qual seja, o modo de não fazer escolha alguma, de não escolher nada, vez que não há escolha a ser feita, embora haja objetos disponíveis que poderiam ser escolhidos.

Assim, $C_{n,0} = 1$.

Logo: $C_{n,0} = 1 = \frac{n!}{0!\ x\ (n-0)!} = \frac{n!}{0!x\ n!} = \frac{1}{0!}$.

Então, da igualdade acima conclui-se que 0! = 1.

Essa conclusão: que 0! = 1, desfaz a ideia apresentada no capítulo 6, que pontuava a necessidade de considerar a igualdade 0! = 1como uma definição.

Ademais, o símbolo $C_{n,n}$ determina o número de modos de escolher n objetos dentre n objetos distintos disponíveis, ou seja escolher todos os objetos disponíveis. E isso é feito de uma única maneira, ou seja, é a ação de tomar todos os objetos de uma só vez e formar um subconjunto. No caso, o próprio conjunto.

Assim, $C_{n,n} = 1$.

Logo: $C_{n,n} = 1 = \frac{n!}{n!\ x\ (n-n)!} = \frac{n!}{n!\ x\ 0!} = \frac{1}{0!} = 1$.

Portanto, conclui-se que:

$$C_{n,p} = \frac{n!}{p!\ x\ (n-p)!},\ 0 \leq p \leq n.$$

Exemplo 2: Quantos grupos com 3 (três) amigos é possível formar entre os amigos Ana, Bia, Carla, Diva, Eva, Fabi e Gabi?

Ora, já foi visto, no exemplo 1, que a ação de formar grupos - agora grupos de pessoas, os amigos -, ou seja, a ação de disponibilizar (escolher) alguns (ou todos) "objetos" dentre um quantitativo de "objetos" distintos entre si é feito por meio do conceito de combinações simples.
E, que o total de modos de formar grupos com 3 amigos dentre 7 amigos disponíveis é dado pelo cálculo de $C_{7,3} = \frac{7 \, x \, 6 \, x \, 5}{3 \, x \, 2 \, x \, 1} = 7 \, x \, 5 = 35$ grupos.

O total de ordenações entre 3 pessoas (o mesmo que computar o número de modos de ordenar os três amigos segundo uma fila "indiana", ou o número de modos de os três amigos se sentarem em um banco de 3 lugares) é 7 x 6 x 5 = 210 ordenações. Cada 6 (seis) ordenações entre 3 amigos, por exemplo entre os amigos Ana, Bia e Carla: Ana-Bia-Carla, Ana-Carla-Bia, Bia-Carla-Ana, Bia-Ana-Carla, Carla-Ana-Bia, Carla-Bia-Ana, dá origem ao grupo de amigos {Ana, Bia, Carla}.

Assim, a proporcionalidade que deve ser formada é tal que:
6 ordenações formadas por 3 amigos → 1 grupo com três amigos
210 ordenações formadas por 3 amigos → m grupos, cada um com três amigos
Logo: m = $\frac{210 \, x \, 1}{6}$ = 35 grupos, cada um dos grupos com 3 (três) amigos.
Finalizando, cabe um oportuno lembrete ao professor:

Lembrete para o professor:
Na linguagem clássica formal da análise combinatória, diz-se de uma combinação simples o que diz respeito à formação de um conjunto (ou grupo) formado por agrupamentos (elementos do conjunto) de um dos seguintes tipos: objetos, cores, pontos do plano, pontos do espaço, retas no plano, retas no espaço, algarismos, letras, peças, brinquedos, nomes (ou pessoas), escolhidos de um universo em que todos são distintos entre si. Portanto, o ato de fazer escolhas de elementos distintos (indicados como acima) em um universo de elementos distintos desfaz, necessariamente, a ideia de que há como considerar alguma certa "ordenação" (certa ordem) entre os elementos que são escolhidos para a formação de uma combinação simples (um grupo, um subconjunto). Assim, uma simples troca de ordem no registro feito entre os "objetos" envolvidos no interior do grupo (no subconjunto) não implica na formação de um novo grupo (subconjunto).

Uma combinação de elementos (como acima) é dita uma combinação simples se ela é resultante de uma simples escolha de elementos a partir de um universo de elementos distintos, de modo a formar um subconjunto com elementos escolhidos do conjunto dado.

Inclui-se, aí, os dois extremos acerca da formação de subconjuntos de um dado conjunto, a saber: escolher o próprio conjunto como um subconjunto dele próprio - escolher todos os elementos ($C_{n,n}$ ou C_n^n) ou escolher o subconjunto vazio - não escolher nenhum dos elementos do conjunto disponível ($C_{n,0}$ ou C_n^0).

Dessa forma, a escolha de p objetos distintos entre n objetos distintos dados, forma um subconjunto de p elementos – uma combinação simples de classe p dos n objetos distintos dados.

Por outro lado, há alguma(s) maneira(s) de escolher um subconjunto de p elementos do universo de n objetos distintos dados: a_1, a_2, a_3, ..., a_n.

O total de combinações simples de classe p de n objetos a_1, a_2, a_3, ..., a_n é representado pelos símbolos: $C_{n,p}$ ou C_n^p.

Nas situações extremas:

- Para a formação do único subconjunto com n objetos a_1, a_2, a_3, ..., a_n dentre os objetos a_1, a_2, a_3, ..., na, só há um modo de fazer isso, indicado por $C_{n,n} = 1$ ou $C_n^n = 1$;
- Para a formação do único subconjunto sem quaisquer dos objetos a_1, a_2, a_3, ..., a_n disponíveis para a escolha - o subconjunto vazio - só há um modo de fazer isso: não escolher nenhum dos elementos do conjunto disponível, indicado por $C_{n,0} = 1$ ou $C_n^0 = 1$.

Em linguagem formal, cada subconjunto com p elementos distintos escolhidos do conjunto {a_1, a_2, a_3, ..., a_n} é uma combinação simples de classe p dentre os n objetos distintos a_1, a_2, a_3, ..., a_n.

Por conta disso, uma simples troca de ordem no registro feito entre os elementos envolvidos no interior do grupo (no subconjunto considerado) não implica na formação de um novo grupo (novo subconjunto).

Assim, por exemplo, a representação {a, b, c} acerca dos elementos a, b e c constituintes é equivalente às representações {c, a, b}, {c, b, a}, {b, a, c}, {b, c, a} e {a, c, b}.

6.3 Um convite à reflexão, principalmente para o professor

Nesta seção apresenta-se um recorte dos resultados da pesquisa desenvolvida com 20 professores, conforme o Capítulo 3, no que refere à apropriação e o desenvolvimento do conceito de combinação simples.

Dentre os diversos problemas de contagem propostos para a resolução, reflexões, reações e discussões dos professores destacamos os apresentados a seguir, e as soluções apresentados por um mesmo professor:

Exemplo 1: Cinco amigos moram perto uns dos outros, e todos trabalham em um mesmo restaurante. Para o plantão de trabalho aos domingos, o gerente sempre escolhe dois deles para trabalhar, mas precisa estabelecer uma escala para certo período com os nomes dos amigos em duplas de modo a afixar no quadro de avisos para o conhecimento de todos. Qual a quantidade de duplas diferentes escolhidas dentre esses cinco funcionários que o gerente poderá formar, sem que haja repetição de dois amigos a cada domingo?

Por meio da leitura atenta do enunciado do problema é possível identificar as características dos objetos (neste caso, os nomes dos amigos) que deverão participar dos agrupamentos que atendem à solução. Ou seja, particularidades próprias dos nomes que identificam distintas pessoas, as quais permitem compor todos os diferentes conjuntos - todas as combinações simples de 2 objetos distintos.

Eis o problema de contagem seguinte, em análise aqui:

Exemplo 4: Dispõe-se de 6 pessoas para formar grupos de trabalho. De quantas maneiras diferentes os grupos podem ser formados se dele participarem 3 (três) das 6 (seis) pessoas?

Eis as respostas apresentadas pelo professor P12:

Exemplo 3: $\mathbf{C}_5^3 = \frac{5!}{3!.2!} = \frac{5.4.3!}{3!.2!} = 10$

Solução apresentada pelo professor para o exemplo 4: $\mathbf{C}_6^3 = \frac{6!}{3!.3!} = \frac{6.5.4.3!}{3!.3!} = 20$

Ao elaborar suas respostas aos dois problemas, o professor P12, embora tenha se apoiado na caracterização de uma combinação simples como um agrupamento em que a ordem entre os elementos não se aplica (ao justificar a razão porque utilizou a fórmula para a contagem de todas as combinações simples e também para justificar essa caracterização), parece ter buscado uma garantia na aplicação direta da fórmula (confirmada pelo pesquisador, em resposta a um questionário) para apresentar as soluções para os problemas.

Analisando as respostas do professor P12 sob o olhar de Fischbein (1994) e a forma de encontrá-las fazendo uso da fórmula que calcula o total de combinações simples, elas deixam visíveis a prevalência do caráter algorítmico sobre o caráter formal.

A fórmula, por sua vez, se apoia na caracterização do tipo de agrupamentos de objetos que não impõe a necessidade de considerar a ordenação dos elementos no agrupamento (neste caso, os nomes de pessoas) para diferenciar um agrupamento de outro.

O conhecimento formal - caracterizado pela definição de uma combinação simples - dispensaria o uso da fórmula uma vez que a construção de árvores de possibilidades para cada um dos dois casos, por exemplo, seriam suficientes para dar conta da contagem total dos conjuntos que contém os nomes das 2 (duas) pessoas e de 3 (três) pessoas, respectivamente, para cada um dos exemplos.

Os dados resultantes das soluções apresentadas e analisadas na pesquisa levaram o pesquisador a concluir que embora a caracterização dos tipos de agrupamentos de objetos prevaleça nas duas situações - de início, para identificar que se trata de dois problemas que envolvem a totalidade de combinações simples -, parece-nos que o professor em questão só se sentiu seguro de sua resposta à segunda situação quando fez uso da mesma fórmula para determinar a contagem desses agrupamentos, mesmo tendo participado diretamente das reflexões e discussões constantes da resolução do exemplo anterior.

Cabe ressaltar que o referido professor atua no ensino médio há muitos anos, como professor de 2ª e 3ª séries, e sua prática docente é caracterizada por algumas concepções bastante enraizadas - as quais o pesquisador identificou ao longo de toda a formação -, como, por exemplo, a necessidade de utilizar uma fórmula sempre que resolve um problema de contagem.

O professor se refere a este fato assim: "a garantia de que a resolução leva à resposta correta está na aplicação correta de uma fórmula, para qualquer problema de contagem que eu resolva". Fato relevante é que considerando a sua experiência docente de mais de 10 anos à época da pesquisa, o professor mostrou-se interessado em conhecer outras estratégias próprias à resolução de problemas de contagem, como a que foi sugerida por meio da construção de árvores de possibilidades, completas ou não, por exemplo.

Também mostrou interesse em relação à estratégia de resolução por meio da aplicação do princípio multiplicativo para dar conta de ordenar os nomes dos amigos, de dois em dois e, em seguida, considerar a totalidade de conjuntos que continham esses dois nomes a menos de ordenações, abatendo contagens a maior que tinham sido feitas por conta do conceito de permutações simples de dois nomes distintos (nomes nas duplas de amigos).

Mas, o interesse do professor por outras estratégias não se configurou como suficientes para abrandar suas fortes convicções relacionadas ao uso constante de uma fórmula, pois em problemas relacionados com o conceito de combinações simples e/ou arranjos simples propostos na sequência de ensino lá estavam as fórmulas, em prevalência, para que ele obtivesse a solução.

Um dos desafios do pesquisador foi convencer os professores quanto à importância de esboçar a construção do "tronco", um dos "galhos" principais, e galhos secundários de uma árvore de possibilidades para dar início à resolução de problemas de contagem, levando em conta a caracterização dos agrupamentos de objetos no que diz respeito à ordenação ou não dos objetos selecionados, conforme o entendimento acerca das considerações e condições presentes no enunciado de um problema de contagem ao qual se esteja resolvendo.

Para os dois exemplos em questão a ordenação entre os nomes de amigos não deve ser considerada uma vez que o que é requerido em cada enunciado é a formação de grupos com os nomes dos amigos: nomes de dois e de três amigos, respectivamente, para os problemas acima.
Em relação ao exemplo 1, considere parte de uma árvore de possibilidades para a totalização das duplas de amigos, como a que é apresentada a seguir:

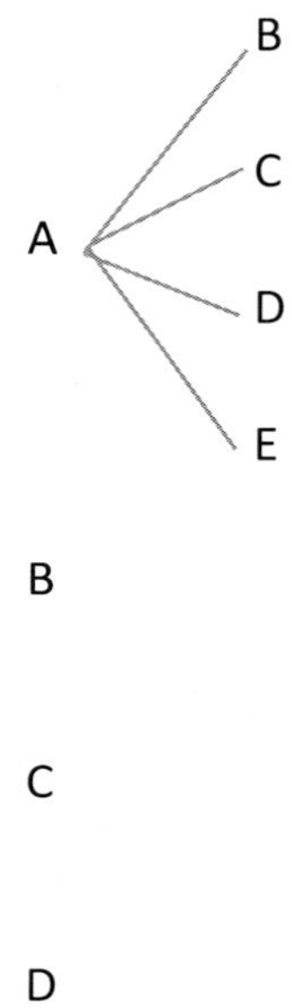

Em relação ao exemplo 2, considere parte de uma árvore de possibilidades para a totalização dos grupos com três amigos:

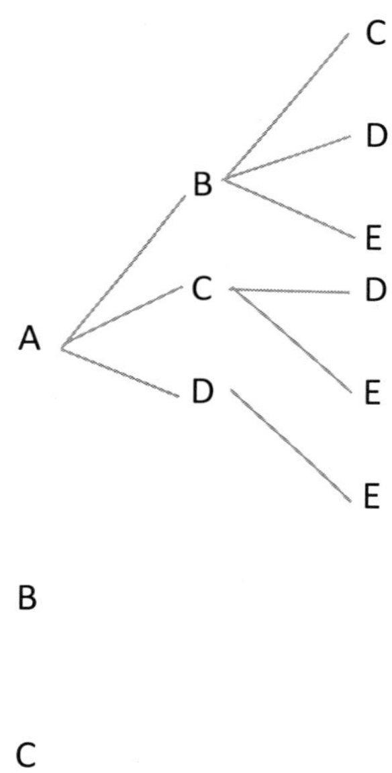

A partir da construção de parte de cada correspondente árvore de possibilidades, sugere-se ao professor que desafie seus alunos, a exemplo do que foi feito com os professores da pesquisa, a concluir a totalização de grupos de dois e de três amigos.

Como fazer? O que fazer? Como prosseguir?

Desafios que, a exemplos dos professores da pesquisa, os alunos devem vencer.

A partir desses exemplos, sugere-se ao professor que proponha a seus alunos a formação de grupos de amigos com 2, 3 ou 4 amigos, cada, a partir da disponibilidade de 5, 7 e 8 amigos, por exemplo.

Ainda mais, em prosseguimento às considerações ao professor, recomenda-se que reflita no tocante à importância de mobilizar esta possível estratégia e os necessários procedimentos, a qual pode/deve ser utilizada para encaminhar a resolução de um problema de contagem relacionado às combinações simples, de modo que os encaminhamentos sejam suficientes para dar conta de obter a contagem de todos os agrupamentos (conjuntos com os nomes de amigos). Ou seja, reflexões no sentido de os professores levarem em conta a importância e o significado de cada uma das etapas de resolução de problemas de contagem para a ressignificação da sua prática docente.

E, muito importante, e é também bom que se diga, o fato de o professor convencer-se de que não é preciso ficar refém do conhecimento e o uso de uma ou mais fórmulas para resolver problemas de contagem - reafirmando essa convicção para o dia a dia de suas aulas, no seu íntimo e junto de seus alunos.

Os alunos, mas que nunca, precisam conhecer essa alternativa pedagógica e com a experiência pedagógica advinda do seu uso se espera que eles passem a valorizar mais ainda o exercício do raciocínio combinatório; a aplicação dos princípios multiplicativo e aditivo, e a construção de representações (gráficas e/ou numéricas) como ferramentas combinatórias capazes de resolver grande parte dos (se não, todos) problemas de contagem que propostos a alunos da Educação Básica. Julgamos que a convicção dos alunos a esse respeito é um passo importante para a apropriação dos conceitos.

Ao final da sequência didática objeto da pesquisa em questão, o pesquisador avaliou que não logrou pleno êxito quanto a estas questões terem sido efetivamente compreendidas e incorporadas à prática docente em relação à totalidade dos professores.

O pesquisador identificou certo ceticismo dos professores quanto ao novo, o diferente, o não habitual, principalmente pelo fato de o livro didático ser um instrumento poderoso em que o professor se apoia para desenvolver sua prática docente, e a ação pedagógica destes livros didáticos, em sua maioria, não se coaduna com diversas questões que são defendidas neste livro.

Por outro lado, fica a esperança de que esse quadro possa mudar com o tempo e que os professores do grupo, e os leitores daqui, possam multiplicar essas convicções após as terem vivenciado em suas práticas cotidianas.

Segundo o pesquisador, um desafio que desde os primeiros encontros com o grupo já considerava difícil ser vencido facilmente, sem alguma resistência, frente às fortes concepções e crenças que cada um dos professores trazia para aquela formação.

Assim, apenas um pequeno número de professores do grupo mostrou entusiasmo em relação às novas práticas para o ensino de conceitos básicos de análise combinatória com alunos da educação básica no que refere aos conhecimentos pedagógicos de conteúdo e às estratégias e procedimentos de resolução de problemas de contagem - enfatizados pelo pesquisador como extremamente importantes para levar à frente a empreitada.

Dentre esses conhecimentos destacam-se a construção e a exploração de representações gráficas para determinar a solução de problemas de contagem em muitas situações, principalmente a construção de árvores de possibilidades.

Segundo o pesquisador, durante a resolução de problemas de agrupamentos de objetos nos quais a reordenação de elementos não diferencia um agrupamento de outro (a conceptualização do tipo de agrupamento de objetos e o desenvolvimento do conceito de combinações simples) e a maneira como foi sugerido abordar o conteúdo para determinar o total de combinações simples, não se configurou como uma estratégia interessante para a maioria dos professores do grupo.

Em primeira mão, uma sugestão à qual os professores abraçariam à sua prática docente (esperava o pesquisador) com a relevância que o autor considera significativa aos propósitos do ensino e a aprendizagem de problemas de contagem - em oposição clara ao uso de uma fórmula. Uma proposta que considera a contagem de todas as ordenações com todos os objetos (princípio multiplicativo) e, em seguida, o abandono de tal ordenação por meio da desconstrução desses agrupamentos ordenados ao fazer a separação dessas ordenações por subconjuntos, com cada um deles contendo a mesma quantidade de ordenações.

Feito isso, obtém-se o total de subconjuntos que podem ser formados - cada subconjunto associado a todas as ordenações entre os mesmos objetos, e tendo o mesmo número de elementos.

Por outro lado, o pesquisador considera não ter sido uma tarefa simples uma vez que em tão curto espaço de tempo não se esperaria mesmo que os professores tivessem tido a oportunidade de conhecer novas estratégias e procedimentos de resolução de problemas de contagem, enquanto participavam das reflexões e discussões com o grupo, e abraçassem por inteiro, de coração, corpo e alma a sugestão a eles apresentada.

E, também, que as concepções e crenças que eles trouxeram para formação - resultantes de anos de prática docente - pudessem ser modificadas tão rapidamente, sem que tivessem experimentado tal prática docente com os seus alunos.

Assim, nas suas considerações finais acerca dos resultados da pesquisa o pesquisador relatou a compreensão em relação ao fato de ao final da formação continuada (compreendida ao longo dos oito encontros de ensino) não se deveria *a priori* esperar significativas mudanças em relação aos conhecimentos de conteúdo e pedagógicos de conteúdo - segundo os quais a prática docente do professor tivesse tido tão rápida ressignificação.

Ademais, o pesquisador está convencido que é preciso um tempo de maturação após a semente ter sido plantada em relação às possíveis ressignificações nas práticas dos professores.

E, também, que os frutos da formação certamente virão, cedo ou tarde, para cada um dos professores. Tal se estende, também, para os leitores.

Para cada professor, após uma formação continuada, sempre há algum impacto considerando o longo tempo de formação e as experiências acumuladas com o grupo.

E, aqui, de maneira similar, com a leitura e a aprendizagem dos conceitos e sugestões apresentadas ao longo de todo o texto, em relação ao leitor é de se esperar que o mesmo ocorra.
Em síntese, no que refere à caracterização e à identificação de uma combinação simples, e a dedução de um modo para determinar o total de combinações simples (grupos ou subconjuntos de objetos), o pesquisador identificou (segundo argumentos apresentados por parte dos

professores) que há uma prevalência quanto à ênfase que eles atribuem ao aspecto algorítmico (uso intensivo de fórmulas) e o aspecto formal (ordenação ou não de objetos) em detrimento do aspecto dedutivo (identificação da proporcionalidade e o cálculo de combinações simples ou por meio da construção de uma árvore de possibilidades).

Por sua vez, os argumentos de muitos professores do grupo não foram consistentes e conectados entre si de maneira segura - o suficiente para lhes assegurar que a solução de um problema de contagem, que exige a formação desses tipos de agrupamentos de objetos, estivesse sendo encaminhada de maneira adequada.

Por outro lado, de modo satisfatório o pesquisador registrou que foi possível identificar que parte dos professores avançou no que refere à escolha de estratégias diversificadas na abordagem da busca da solução para um problema de contagem.

E também no que refere aos esforços pela busca de justificativas para os procedimentos que faziam - não somente nos momentos em que foram arguidos pelo pesquisador, mas como uma justificativa pertinente e necessária que cada um se cobrava fazer de modo espontâneo enquanto resolviam os problemas.

Lembrete para o professor:
*Cada subconjunto com **m** elementos distintos escolhidos dentre os **n** elementos distintos de um dado conjunto é chamado uma **combinação simples de classe m dos n objetos (ou elementos)** x_1, x_2, ... , x_n.* *Indicamos o total de combinações simples, conforme acima, por: $C_{n,m}$ ou C_n^m ou $\binom{n}{m}$.* *Lê-se assim: o número total de combinações simples de **n** objetos distintos tomados **m** a **m**, ou o número de combinações simples de **n** objetos distintos escolhidos **m** a **m**.* *O símbolo $\binom{n}{m}$ lê-se assim: o binomial de **n** sobre **m**.* *Assim, o número de modos de escolher **m** objetos distintos entre **n** objetos distintos disponíveis é $C_{n,m}$.* *A escolha de **m** objetos, distintos ou não, dentre **n** objetos distintos, disponíveis em quantidades variadas, faz parte de outro tópico de combinações, a saber: as combinações completas – conteúdo que será abordado no próximo livro a ser escrito por este autor.* *De modo geral tem-se n objetos distintos X_1, X_2, X_3, ... , X_n e as **m** posições P_1, P_2, P_3,...., P_m.*

$$\underline{\quad}\ \underline{\quad}\ \underline{\quad}\ \ldots\ldots\ \underline{\quad}\qquad \underline{\quad}$$
$$P_1\quad P_2\quad P_3\qquad P_{m-1}\qquad P_m$$

- *o número de modos de escolher um objeto para a posição P_1 é n.*
- *o número de modos de escolher um objeto (entre os (n-1) objetos disponíveis) para a posição P_2 é n-1.*
- *o número de modos de escolher um objeto (entre os (n-2) objetos disponíveis) para a posição P_3 é n-2.*

E, assim. sucessivamente, até que:

- *o número de modos de escolher um objeto (entre os [n-(m-1)] = (n-m+1) objetos disponíveis) para a posição P_m é n-m+1.*

*Pelo princípio mutiplicativo, as **m** posições podem ser ocupadas de n.(n-1).(n-2).... (n-m+1) modos distintos.*

Mas, como em cada ordenação (arrumação, permutação simples) os elementos podem ser escritos de P_m = m! maneiras, cada combinação simples (grupo) foi contada m! vezes mais que deveria.

Portanto, essa contagem a maior deverá ser desfeita, isto é, se deve dividir o total pelo número de ordenações em cada grupo. Tem-se então: $C_{n,m} = \dfrac{n.(n-1).(n-2)......(n-m+1)}{m!}$, $0<m<n$.

Também, se tem que $C_{n,o} = 1$; $n \geq 0$.

Se multiplicarmos ambos os termos da fração acima por (n-m)!, tem-se:

$$C_{n,m} = \frac{n.(n-1).(n-2)\ldots\ldots(n-m+1).(n-m)!}{m!\,.(n-m)!} = \frac{n!}{m!\,.(n-m)!}$$

, $0 \leq m \leq n$.

De $C_{n,m} = \frac{n!}{m!\,.(n-m)!}$ *(1), obtém-se:*

$$C_{n,n-m} = \frac{n!}{(n-m)!\,.\,[n-(n-m)]!} = \frac{n!}{(n-m)!\,.\,m!} = \frac{n!}{m!\,.(n-m)!}\ (2).$$

Comparando as equações (1) e (2), conclui-se que: $C_{n,m} = C_{n,n-m}$.

As combinações $C_{n,m}$ *e* $C_{n,n-m}$ *são conhecidas como* ***combinações complementares.***

Assim, por exemplo, $C_{100,7} = C_{100,93}$ são ditas combinações complementares.

Exemplo 5: De quantos modos se pode escolher três dos jogadores de um time de futebol de modo que eles possam representá-lo em uma cerimônia de premiação?

Este é um outro problema clássico de contagem, chamado de problema das combinações simples. À primeira vista, parece ser simples resolvê-lo pelo princípio multiplicativo: basta escolher um representante de cada vez. O primeiro pode ser escolhido de 11 modos, o segundo de 10 e o terceiro de 9. Logo, o número total de possibilidades parece ser 11 x 10 x 9 = 990.

Esta solução está incorreta, mas podemos consertá-la para chegar à resposta certa. Suponha que tivéssemos escolhido, sucessivamente, os jogadores A, B e C. A comissão de representantes assim formada é exatamente a mesma se tivéssemos selecionado, por exemplo, primeiro B, depois A, depois C. No entanto, as duas escolhas foram contadas por nós como se fossem distintas. O que nos permite corrigir o resultado da contagem é o fato de que todas as possíveis comissões são repetidas o mesmo número de vezes, - correspondente a todas as suas possíveis ordenações. Por exemplo, A, B e C vão surgir, em nosso processo de enumeração, 3 x 2 x 1 = 6 vezes, o mesmo ocorrendo com todas as possíveis comissões. Logo, o número correto de comissões é igual a $\frac{990}{6} = 165$.

Exemplo 6: Uma moeda "honesta" é lançada 6 vezes. Qual é a probabilidade de tirar 2 caras e 4 coroas?

Como a moeda é honesta, cada uma das sequências de 6 caras ou coroas é igualmente provável. O número de tais sequências (ou seja, o número de casos possíveis) é obtido pelo princípio multiplicativo como 2 x 2 x 2 x 2 x 2 x 2 = 64. As sequências favoráveis são aquelas em que ocorrem 2 caras e 4 coroas. Para contá-las basta escolher onde, na sequência de 6 resultados, vão ocorrer as 2 caras. O número de escolhas é igual a $C_{6,2} = \frac{6 X 5}{2 X 1} = 15$. *Logo, a probabilidade desejada é igual a* $\frac{15}{64}$.

Por tudo que foi dito até aqui, reforçamos ao leitor e ao professor que a leitura atenta do enunciado de um problema de contagem e o entendimento acerca do contexto do problema, oferecem a indicação segura para decidir como devem ser feitos os agrupamentos-solução de objetos: fazer apenas escolhas dentre elementos disponíveis, ou não.

Também ganham destaques os registros e as representações produzidas pelos alunos enquanto resolvem os problemas de contagem - não necessariamente sujeitos à uma rígida formalização.

Para finalizar este capítulo - a exemplo do que vai ocorrer no próximo capítulo -, selecionamos 5 (cinco) problemas para o leitor resolver, tendo como propósito o de permitir que possa, desde já, exercitar os seus conhecimentos a respeito da temática desenvolvida até aqui. Pelo fato de os conceitos da temática combinatória estarem imbricados, um desafio é reservado ao leitor no universo dos problemas que serão propostos em um novo livro que será lançado por este autor, independentemente do(s) conceito(s) envolvido(s).

Assim, como este novo livro terá o propósito de apenas propor a resolução de diversos problemas de contagem (uma vez que os conceitos terão sido explorados neste livro), será preciso que o leitor, por meio da leitura atenta de cada enunciado, identifique qual(is) conceito(s) está(ão) envolvido(s) em cada problema de maneira a escolher a estratégia e os procedimentos que permitirão encaminhar a resolução do problema para obter a sua solução.

6.4 Problemas

Problema 6.4.1:

Considere uma turma com 10 meninos e 13 meninas, como alunos.

a) Quantas comissões, formadas por duas meninas e dois meninos, podem ser formadas por meio de escolhas entre os alunos dessa turma?

b) Quantas comissões, formadas por quatro meninas e seis meninos, podem ser formadas por meio de escolhas entre os alunos dessa turma?

c) Considere que um dos meninos não pode ficar em uma comissão em que nela esteja uma determinada menina. Quantas comissões de cinco meninas e sete meninos podem ser formadas por meio de escolhas entre os alunos dessa turma?

d) Considere que um dos meninos só pode ficar em uma comissão se nela também estiver sua namorada, e vice versa. Quantas comissões de sete meninas e nove meninos podem ser formadas por meio de escolhas entre os alunos dessa turma?

Problema 6.4.2:

O técnico de um time de "Futebol de 7 (sete)" - formado por sete jogadores, sendo um dos jogadores o goleiro -, dispõe de três goleiros e 13 jogadores de linha.

a) De quantos modos é possível escalar um time para iniciar determinado jogo?

b) Se um dos jogadores de linha é um craque, (tipo o jogador Neymar), que não pode deixar de ser escalado em qualquer jogo, de quantos modos é possível escalar um time para iniciar determinado jogo?

Problema 6.4.3:

Em um torneio de futebol organizado pelo professor de Educação Física da escola de Edu, em que cada um dos times enfrenta todos os outros, um total de 190 partidas são disputadas. Quantos times disputam esse torneio?

Problema 6.4.4:

De quantos modos é possível dividir 16 pessoas, nas seguintes condições:

a) Quatro grupos de 4 pessoas em cada?

b) Dois grupos de 8 pessoas em cada?

c) Oito grupos de 2 pessoas em cada?

d) Dois grupos de 3 pessoas em cada e dois grupos de 5 pessoas em cada?

e) Um grupo de 8 pessoas, um grupo de 5 pessoas e um grupo de 3 pessoas?

f) Um grupo de 10 pessoas e um grupo de 6 pessoas?

Problema 6.4.5:

Considere um grupo de amigos formado por 15 pessoas, dentre elas o casal Ana e Paulo.

a) Quantos grupos com 7 pessoas podem ser formados tendo Ana presente?

b) Quantos grupos com 7 pessoas podem ser formados, não tendo Ana presente?

c) Quantos grupos com 7 pessoas podem ser formados, de modo que o casal Ana e Paulo esteja presente?

d) Quantos grupos com 7 pessoas podem ser formados, de modo que pelo menos um dos dois membros do casal Ana e Paulo esteja presente?

e) Quantos grupos com 7 pessoas podem ser formados, de modo que exatamente um dos dois membros do casal Ana e Paulo esteja presente?

CAPÍTULO 7

Permutações entre objetos de um conjunto que não tem todos os objetos distintos entre si - pelo menos dois elementos do conjunto estão repetidos (ou considerados "iguais")

7.1 Introdução

Os propósitos deste capítulo são os de caracterizar uma permutação em que nem todos os objetos são distintos entre si (tal permutação é um agrupamento de objetos conhecido como permutação com repetição) e a obtenção de um modo que permita calcular a totalidade de permutações com repetição.

Todos os elementos constituintes de um agrupamento-solução que atende ao conceito de permutações com repetição têm essas características: ao menos um deles está repetido (ou é considerado igual a outro) e todos eles - e apenas estes - fazem parte da permutação com repetição (inclusive os elementos repetidos) toda vez que tal agrupamento-solução satisfaça às condições impostas no enunciado do problema de contagem.

De modo a caracterizar as permutações com repetição, considere os seguintes problemas de contagem:

- Quantos agrupamentos (ordenações) entre as letras A, A, P e P são possíveis formar - cada agrupamento contendo essas quatro letras, e apenas essas? Qualquer desses agrupamentos é dito ser um anagrama da palavra PAPA. Assim, PPAA é também um anagrama da palavra PAPA, bem como PAPA é um anagrama da palavra PAPA.
- De quantos modos é possível que **n** objetos, três deles exatamente iguais, sejam arrumados em fila, lado a lado?
- De quantos modos é possível ordenar todas as letras A, A, E, E, I, I, O, O e U, de modo que a letra U ocupe a posição central de cada ordenação?
- Quantos números de quatro algarismos, com pelo menos dois deles iguais, são possíveis formar com os algarismos 1, 2, 4 e 8?

Esses e outros problemas de contagem serão possíveis ser resolvidos por conta da exploração do conceito permutações entre objetos de um conjunto que não tem todos os objetos distintos entre si.

Ou seja, em uma permutação com repetição pelo menos dois elementos do conjunto estão repetidos ou são considerados "iguais". Em uma permutação com repetição utiliza-se todos os elementos do conjunto de objetos (letras, algarismos, objetos, nomes etc) para a formação de cada agrupamento-solução.

Exemplo 1: Quantos anagramas tem a palavra PAPA?

Para esta situação, e com o propósito de contabilizar o total de anagramas da palavra PAPA, considere que todas as quatro letras sejam distintas entre si. Portanto, será preciso renomear as quatro letras, fazendo assim: $P_1A_1P_2A_2$. Neste caso as quatro letras assim escritas podem ser consideradas como distintas e, como visto no capítulo 5, o total de permutações simples é $P_4 = 4! = 24$.

Mas, claramente que essa renomeação não pode ser admitida, pois essa contagem de anagramas foi feita em excesso, isto é, não se está diante de quatro letras distintas quando se escreve a palavra PAPA, mas diante de duas letras, cada uma delas repetida uma só vez. Assim, o excesso de contagem feito antes, de 24 possibilidades, deve ser desfeito. Porém, para obter a contagem real de anagramas da palavra PAPA vamos fazer uso do valor 24, em excesso, para determinar a contagem correta de anagramas.

Chamamos a atenção do leitor no sentido de identificar que o anagrama $P_1A_1P_2A_2$ é o mesmo que o anagrama $P_1A_2P_2A_1$, e eles foram contados como sendo 2(dois) distintos anagramas, contabilizados no total de 24 anagramas que foram computados acima.

Por conta disso, deve-se estabelecer as seguintes proporcionalidades entre os quantitativos de anagramas:

- *2 anagramas que tenham sido considerados como permutações simples tipo* $P_1A_1P_2A_2$

***equivalem** a*

1 anagrama com duas letras A iguais em cada

- *2 anagramas que tenham sido considerados como permutações simples tipo* $P_1A_1P_2A_2$

equivalem *a*

1 anagrama com duas letras P iguais em cada

- *24 anagramas considerados como permutações simples tipo* $P_1A_1P_2A_2$

equivalem *a*

m *anagramas com duas letras iguais em cada*

Logo, da proporcionalidade acima, é possível escrever: 2 x m = 24 x 1.

Então, há m = 12 anagramas do tipo P_1AP_2A

Mas, esses 12 anagramas tipo P_1AP_2A são anagramas nos quais as letras P foram consideradas como distintas entre si, mas na realidade elas não são. Isto é, o anagrama P_1AP_2A é o mesmo que o anagrama P_2AP_1A, e eles foram contados como sendo dois distintos anagramas contabilizados no total de 12 anagramas que foram computados acima.

Por conta disso, deve-se estabelecer a seguinte proporcionalidade:

- *2 anagramas considerados como permutações simples tipo* P_1AP_2A **_equivalem_** *a*
  1 anagrama com duas letras A e duas letras P iguais, em cada
- *12 anagramas considerados como permutações simples tipo* P_1AP_2A

equivalem *a*

p *anagramas com duas letras A e duas letras P iguais, em cada*

Logo, da proporcionalidade acima, é possível escrever: 2 x ***p*** = 12 x 1.

Então, há ***p*** = 6 anagramas da palavra PAPA.

Eis os 6 (seis) anagramas: PAPA, PAAP, PPAA, AAPP, APAP, APPA.

O seguinte procedimento foi feito para o cálculo do total de anagramas da palavra PAPA: considera-se, de início, todas as letras distintas entre si, com um total de 4! permutações simples existentes. Esse contagem foi feita a maior e precisa ser desfeita.

Para cada duas letras iguais A do anagrama inicial, consideradas como A_1 e A_2, e portanto, distintas, há um total de 2! permutações simples que precisam ser desconsideradas do total de 4! permutações simples, totalizando um subtotal de $\frac{4!}{2!}$ anagramas deste tipo.

Ainda mais, para cada duas letras P iguais dos anagramas tipo P_1AP_2A, consideradas como P_1 e P_2, e portanto, distintas, há um total de 2! anagramas que precisam ser desconsideradas do total de $\frac{4!}{2!}$ anagramas tipo P_1AP_2A, totalizando $\frac{\frac{4!}{2!}}{2!} = \frac{4!}{2! x\ 2!} = 6$ anagramas da palavra PAPA.

O cálculo do total de permutações de quatro objetos em que dois deles formam dois pares de objetos iguais pode ser indicado por $PR_4^{2,2}$. Assim, o total de anagramas da palavra PAPA é determinado por $PR_4^{2,2} = \frac{4!}{2! x\ 2!} = 6.$

Outro modo para resolver este problema é o seguinte: como a palavra PAPA tem 4 letras, um anagrama será formado por uma sequência de duas letras A e duas letras P colocadas em cada um dos 4 (quatro) espaços, lado a lado, conforme a figura abaixo:

Dentre os 4 (quatro) espaços acima, há $C_{4,2} = 6$ modos de escolher 2 (dois) espaços e colocar as duas letras A, por exemplo.

É importante que o leitor perceba a conexão que há entre as escolhas dos dois lugares (distintos entre si) e a colocação das duas letras A (iguais), de início, pois nesse caso não se aplica a ideia de permutações simples entre as letras A, objeto da colocação nesses dois lugares.

Para os 2(dois) espaços restantes só há 1(um) modo de colocar as duas letras P, determinado por $C_{2,2} = 1$ modo de se fazer isso, qual seja: colocar as letras nos dois espaços e ponto final, sem preocupação.

Aqui, também, se verifica a conexão que foi ressaltada acima, pois as 2(duas) letras P são iguais. Logo, pelo princípio multiplicativo, há $C_{4,2} \times C_{2,2} = 6 \times 1 = 6$ anagramas da palavra PAPA.
Ou então, é possível escrever assim: $PR_4^{2,2} = C_{4,2}\ x\ C_{2,2} = 6 \times 1 = 6$.

Exemplo 2: Quantos números de quatro algarismos - com pelo menos dois deles iguais - são possíveis formar com os algarismos 1, 2, 4 e 8?

Para este problema de contagem, com o propósito de formar um número de 4 algarismos com pelo menos dois deles iguais, qualquer arrumação dos 4 algarismos, nestas condições, é dita uma permutação com repetição pois nem todos os algarismos utilizados para formar os números são distintos entre si.

Assim contabilizam-se números com dois, três e quatro algarismos iguais, algarismos estes que são selecionados entre os quatro algarismos disponíveis. E qualquer um dos quatro algarismos, que sejam selecionados por vez - selecionado unicamente ou em repetição para formar um número com quatro algarismos - pode ocupar qualquer posição nos números de 4 algarismos que são possíveis formar.

Assim, é possível formar os seguintes tipos de agrupamentos:

- ✓ Agrupamentos-solução em que um dos algarismos é repetido apenas uma vez, tipo: 2218, 1148, 4814, 1488. A seleção de cada algarismo em repetição é feita de $C_{4,1}$ modos, e os outros 2 (dois) distintos algarismos são selecionados entre os três que restaram de $C_{3,2}$ modos. Uma vez que os algarismos tenham sido escolhidos, considerando que qualquer um deles pode ocupar qualquer posição no número que se quer formar, o total de números com esses 3(três) algarismos é determinado pela quantidade de permutações com repetição de um elemento, obtendo um total de PR_4^2 possibilidades. O total de números deste tipo é dado por $C_{4,1} \text{ x } C_{3,2} \text{ x } PR_4^2 = C_{4,1} \text{ x } C_{3,2} \text{ x } \frac{4!}{2!} = \frac{4!x\ 3!x\ 4!}{3!x\ 1!x\ 1!x\ 2!x\ 2!} = \frac{4!x\ 3\ x\ 2}{1} = 144$;

- ✓ Agrupamentos-solução em que um dos algarismos é repetido três vezes, tipo: 2228, 1118, 4844, 1888. A seleção de cada algarismo em repetição é feita de $C_{4,1}$ modos, e o outro distinto algarismo é selecionado entre os três que restaram de $C_{3,1}$ modos. Uma vez que os algarismos tenham sido escolhidos, considerando que qualquer um deles pode ocupar qualquer posição no número que se quer formar, o total de números com esses 2(dois) algarismos é determinado pela quantidade de permutações com repetição de três elementos, obtendo um total de PR_4^3 possibilidades. O total de números deste tipo é dado por $C_{4,1} \text{ x } C_{3,1} \text{ x } PR_4^3 = C_{4,1} \text{ x } C_{3,1} \text{ x } \frac{4!}{3!} = \frac{4!x\ 3!x\ 4!}{3!x\ 1!x\ 1!x\ 2!x\ 3!} = \frac{4!x\ 4\ x\ 3}{1} = 288$;

- ✓ Agrupamentos-solução em que todos os algarismos são iguais: 2222, 1111, 4444 e 8888. A seleção de cada algarismo em repetição é feita de $C_{4,1}$ modos. O total de números deste tipo é dado por $C_{4,1}$ x PR_4^4 = 4;

- ✓ Agrupamentos-solução em que dois algarismos são repetidos uma vez cada, tipo: 2244, 1188, 8844. A seleção do primeiro algarismo em repetição é feita de $C_{4,1}$ modos, e o outro algarismo em repetição é selecionado dentre os 3(três) que restaram de $C_{3,1}$ modos. O total de números deste tipo é dado por $C_{4,1}$ x $C_{3,1}$ x $PR_4^{2,2}$ = $C_{4,1}$ x $C_{3,1}$ x $\frac{4!}{2!x\ 2!}$ = $\frac{4!x\ 3!x\ 4!}{3!x\ 1!x\ 1!x\ 2!x\ 2!x\ 2!} = \frac{4!x\ 3}{1} = 72$;

O total de números que atendem às condições do problema é: 144 + 288 + 4 + 72 = 508.

Com este exemplo identifica-se 2(duas) características presentes em permutações com repetição: o uso de pelo menos um elemento (algarismo) repetido dentre os quatro algarismos disponíveis nos números a serem considerados - cada algarismo podendo ocupar qualquer posição dos números com quatro algarismos que devem ser formados - e a utilização de todos os quatro algarismos disponíveis, por vez, para contabilizar a totalidade de possibilidades que atendem às condições estabelecidas no problema.

Caso um dos quatro algarismos acima: 1, 2, 4 e 8 fosse substituído pelo algarismo 0 (zero), não teríamos o conceito de permutação com repetição envolvido para todos os algarismos selecionados, pois o algarismo 0 (zero) - quando selecionado - não pode ocupar a posição unidades de milhar (a posição mais à esquerda). Nessa situação o número formado não seria um número de 4 algarismos e sim de 3 algarismos.

Nas outras 2 (duas) situações apresentadas acima: "De quantos modos é possível ordenar todas as letras A, A, E, E, I, I, O, O e U, de modo que a letra U ocupe a posição central de cada ordenação?" e "De quantos modos é possível que **n** objetos, três deles exatamente iguais, sejam arrumados em fila, lado a lado?", há pelo menos um dos elementos em repetição ("iguais") e não se impõe qualquer restrição ao posicionamento de qualquer objeto (ou letra) em uma arrumação possível de ser feita, configurando a presença do conceito permutação com repetição de elementos.

Portanto, de modo a configurar-se o conceito de permutação com repetição é preciso que as seguintes condições estejam presentes, para cada particular problema de contagem a ser resolvido:

- ✓ Pessoas já são distintas por natureza - com diferentes nomes ou não e, portanto, não podem ser consideradas em repetição ou como “iguais”, quando consideradas como pessoas, embora nomes iguais possam ser considerados desde que não referidos à mesma pessoa;
- ✓ Pelo menos um dos elementos (objetos, cores, brinquedos, algarismos, letras) disponíveis para a formação dos agrupamentos devem ser possíveis considerar em repetição ou como “iguais”. Ou seja, podem ser considerados como indistinguíveis quanto à especificidade particular do problema de contagem que é proposto;
- ✓ Todos os elementos disponíveis serão utilizados para a formação dos agrupamentos (juntos ou não) mas ao menos um dos elementos deve ser considerado em repetição(ões) para todos os agrupamentos (caso do exemplo 2) e
- ✓ O total de elementos selecionados para a formação dos agrupamentos deve ser em igual quantidade de lugares (posições), de modo que um a um eles possam ser alocados (ou ordenados) em cada posição do agrupamento.

Consideremos o exemplo a seguir, de modo a identificar as permutações com repetição que estão presentes e encontrar um modo de totalizar a quantidade de permutações com repetição que são possíveis formar, qualquer que seja a quantidade de elementos disponíveis e as respectivas quantidades de repetições para cada um deles.

Exemplo 3: De quantos modos 3 (três) carrinhos de brinquedo, dois deles exatamente iguais, podem ser arrumados lado a lado?

Considere que os 3 (três) carrinhos objeto deste exemplo sejam identificados como c_1, c_2 e c_2. Caso os 3 (três) carrinhos fossem distintos entre si haveria 3 x 2 x 1 = 6 modos de arrumar os carrinhos (situação de permutações simples com 3 objetos: $P_3 = 6$).

Para a situação em que 2 (dois) carrinhos são exatamente iguais, dentre os três carrinhos disponíveis, cada duas arrumações dentre as seis arrumações acima representa uma mesma arrumação.

Assim, o total de arrumações possíveis é $PR_3^2 = \frac{3!}{2!} = 3$, quais sejam: c_1, c_2, c_2; c_2, c_1, c_2 e c_2, c_2, c_1. O símbolo PR_3^2 pode indicar o total de modos de arrumar os 3 (três) carrinhos, um ao lado do outro, ou ordenados um a seguir do outro, com 2(dois) dentre os carrinhos considerados como indistinguíveis.

Outra modo de resolver este problema: os carrinhos devem ser arrumados em 3 (três) espaços, conforme a figura abaixo:

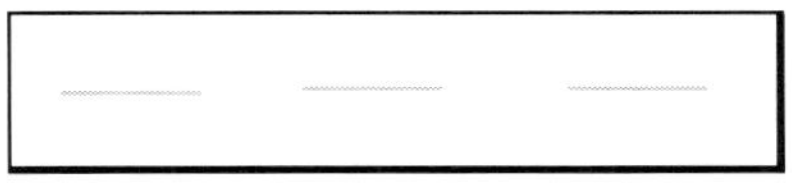

Há $C_{3,2} = 3$ modos de escolher os 2(dois) espaços nos quais os carrinhos iguais vão ser colocados. Para uma dada escolha de arrumar os 2(dois) carrinhos iguais resta uma só maneira ($C_{1,1}$) de colocar o carrinho diferente, ou seja, no espaço vazio. Assim, pelo princípio multiplicativo, há $C_{3,2} \times C_{1,1} = 3 \times 1 = 3$ modos de arrumar, lado a lado, 3(três) carrinhos, 2(dois) deles exatamente iguais.

Assim, $PR_3^2 = C_{3,2} \times C_{1,1} = \frac{3!}{2!} = 3$ possibilidades.
Ou ainda, este mesmo símbolo PR_3^2, pode indicar o total de anagramas da palavra OVO ou o total de números com três algarismos que são possíveis formar com os algarismos 1, 2 e 2.

Para computar o total de anagramas da palavra PERERECA há 8(oito) lugares disponíveis para serem preenchidos pelas 8(oito) letras: 3 letras E, 2 letras R, 1 letra P, 1 letra C e 1 letra A. Escolhe-se 3(três) dentre os 8(oito) lugares, de modo a colocar as letras E, em um total de $C_{8,3}$ modos. Dos 5(cinco) lugares restantes disponíveis, escolhem-se 2(dois), de modo a colocar as letras R, em um total de $C_{5,2}$ modos. Restam agora 3(três) lugares para colocar as letras P, C e A, o que pode ser feito de $P_3 = 3 \times 2 \times 1 = 6$ modos. Pelo princípio multiplicativo, há $C_{8,3} \times C_{5,2} \times P_3 = \frac{8! x\, 5! x\, 3!}{5! x\, 3! x\, 3! x\, 2!} = \frac{8!}{3! x\, 2!} = PR_8^{3,2,1,1,1}$ anagramas da palavra PERERECA.

É importante perceber a conexão que há entre as escolhas dos lugares (distintos entre si), de início, para a colocação das letras 3 letras E iguais e 2 letras R iguais, pois nesses casos não se aplica a ideia de permutações simples entre as letras (pois, um vez escolhidos os lugares, basta colocar as letras iguais). Já para as três letras restantes: P, C e A, se está diante de permutações simples de 3(três) letras.

Dentre os diversos problemas de contagem que poderiam ser explorados aqui, para resolução e reflexões, destacamos os exemplos 4 e 5, a seguir:

Exemplo 4: Quantos números com quatro algarismos podem ser formados usando apenas os algarismos 2, 2, 2, 2, 3, 4, 5?

Em relação aos quatro algarismos possíveis para formar os números que atendem à condição do problema, eles podem ser selecionados dos seguintes modos:

- Com todos os quatro algarismos 2: há um só número, o 2222;
- Com três algarismos 2 e um algarismo escolhido entre os outros três algarismos 3, 4 e 5 disponíveis. Há $C_{3,1}$ = 3 modos de escolher um dos algarismos diferente do algarismo 2. O cômputo das permutações com quatro algarismos, com a repetição de três deles, dentre os quatro algarismos selecionados, é de PR_4^3. O total de números com essa característica é $C_{3,1}$ x $PR_4^3 = 3\ x\ 4 = 12$;
- Com dois algarismos 2 e dois algarismos escolhidos entre os outros três algarismos 3, 4 e 5 disponíveis. Há $C_{3,2}$ = 3 modos de escolher os dois algarismos distintos. O cômputo das permutações com a repetição de dois deles, dentre os quatro algarismos selecionados, é de PR_4^2. O total de números com essa característica é $C_{3,2}$ x $PR_4^2 = 3\ x\ 12 = 36$;
- Com os quatro algarismos distintos 2, 3, 4 e 5 (permutações simples), o total de números com essa característica é $P_4 = 24$ números;

O total de números que são possíveis formar, de modo a atender à condição do problema, é 1 + 12 + 36 + 24 = 73.

Vamos explorar um novo exemplo:

Exemplo 5: Em um jogo de futebol, o placar final apontou 4 x 3 para o time visitante. De quantas maneiras os gols dessa partida poderiam ter ocorrido ao longo da partida?

Este problema está muito próximo do universo dos alunos (ao menos no caso dos meninos): o universo do futebol. Assim, uma vez que o placar final de um jogo de futebol é conhecido, ao avaliar todas as possibilidades de sequências de gols terem ocorrido, é possível computar o total dessas possibilidades.

Então, se pode considerar que cada sequência de gols da partida é uma permutação com elementos nem todos distintos (os elementos em questão são os gols de cada time) quando a partida apresenta o placar final com pelo menos dois gols para um dos 2(dois) times, e pelo menos um gol para o outro time.

Ou ainda, considerar que a sequência de gols é uma permutação simples apenas no caso de ter ocorrido empate de um gol marcado por cada um dos times.

Portanto, o objetivo neste tipo de problema de contagem é o de verificar se os alunos identificam que uma sequência de gols em uma partida de futebol - caso ocorra mais que um gol - é similar à representação por meio de um anagrama em que nem todas as letras (correspondentes aos nomes dos times) são distintas quando um dos 2(dois) times marca pelo menos 2(dois) gols e o outro time marca pelo menos 1(um) gol, ou uma permutação simples no caso de empate em um gol.

Assim, se o placar final é 1 x 1 há 2(duas) possíveis sequências de gols: ou o time A marcou primeiro e o time B empatou, ou o contrário. Há 2(dois) anagramas (permutações simples) com as letras A e B: AB ou BA (considerando que um time foi nomeado pela letra A, e o outro time foi nomeado pela letra B).

Para o placar Vasco (V) 3 x 1 Flamengo (F), é possível fazer várias representações gráficas que mostrem as possíveis sequências de gols que foram marcados neste jogo, e contabilizar o total de possibilidades de ocorrência das distintas sequências de gols.

Assim, o "anagrama ***FVVV***" nos indica que o Flamengo fez o primeiro gol da partida. Já o "anagrama ***VVFV***" indica-nos que o Flamengo marcou o terceiro gol da partida.

O autor considera que mesmo com uma leitura atenta do enunciado do problema, ela não é suficiente para que o leitor (e o aluno) identifique que se trata de contagens de anagramas com repetição. Assim, o total de possibilidades para as sequências de gols terem ocorrido nessa partida é de PR_4^3 = 4.

Ou seja, não constitui uma tarefa simples, a menos que o leitor tenha primeiramente um *insight* (uma ideia, após refletir) para o caso de um empate com um gol para cada time em uma partida, e a partir daí pense a respeito de situações de partidas com a ocorrência de mais de 2(dois) gols.

Em matemática, tal situação é conhecida como a tarefa de "modelar o problema". Ou seja, "modelar um problema" é transformar a leitura atenta dos termos presentes no enunciado de um problema para um linguajar próprio da literatura matemática e, em seguida, buscar um modelo matemático que se aproxime da situação de tal maneira que a modelagem tenha sido boa o suficiente para permitir que dê conta de resolver o problema proposto.

Ao buscar caminhos para modelar um problema (de contagem ou não), *a priori* nada se sabe acerca de qual tipo de problema e modelagem se vai enfrentar e quais ferramentas matemáticas terão de ser mobilizadas para encaminhar a resolução.

Em princípio, ao propor o problema acima apenas com o resultado do placar final da partida o propósito do pesquisador (em sua pesquisa) foi o de que os professores (aqui, os alunos) construíssem uma árvore de possibilidades para mostrar todas as possíveis sequências de gols da partida (desde que um número elevado de gols não tenha sido marcado pelos 2(dois) times em disputa, como é o caso deste exemplo), uma vez que a árvore de possibilidades reúne condições favoráveis à percepção dos alunos quanto ao conceito que está por detrás dos agrupamentos de objetos que precisam ser formados ao final da sua construção.

Assim, e se for o caso, a única pista que o professor pode disponibilizar aos alunos é a sugestão para que eles construam uma árvore de possibilidades.

A árvore de possibilidades também favorece a identificação de procedimentos necessários para responder perguntas acerca da probabilidade de ocorrência de eventos relacionados com a sequência de gols em uma partida.

Por exemplo, para a situação em questão (Vasco (V) 3 x 1 Flamengo (F)): Qual a probabilidade de o Vasco ter marcado o segundo gol da partida, em que o placar final foi Vasco 3 x 1 Flamengo? Qual a probabilidade de o Vasco ter marcado o último gol da partida, em que o placar final foi Vasco 3 x 1 Flamengo? Qual a probabilidade de o Flamengo ter marcado o primeiro gol da partida, em que o placar final foi Vasco 3 x 1 Flamengo?

Igualmente interessantes são os problemas que versam a respeito de "chances" (probabilidade) de ocorrência de determinados eventos (não apenas nesse tipo de problema de contagem: sequências de gols em uma partida), explorando a árvore de possibilidades, desde que esteja totalmente construída.

Assim, mais adiante é possível ao leitor vislumbrar a possibilidade de voltar seu olhar para a árvore de possibilidades e a maneira de "transformar essa árvore" em uma árvore de probabilidades correspondente, por meio de olhares próximos que se complementam.

Portanto, para responder à pergunta acima tanto pode ser utilizada a árvore de possibilidades (observando a letra V na segunda posição) quanto a árvore de probabilidades (determinar a soma das probabilidades dos eventos simples que têm a letra V na segunda posição).

Entretanto, de maneira mais formal o leitor pode voltar seu olhar para o total de anagramas (sequência de gols da partida) e o total de anagramas em que a letra V ocorre na segunda posição do anagrama, e indicar a respectiva razão para determinar a probabilidade: $p(E) = \frac{\frac{3!}{2!}}{\frac{4!}{3!}} = \frac{3! x\ 3!}{2! x\ 4!} = \frac{3\ x\ 2! x\ 3!}{2! x\ 4\ x\ 3!} = \frac{3}{4} = 75\%$.

Finalizando o capítulo, os propósitos são os de caracterizar uma permutação em que nem todos os objetos são distintos entre si - conhecida como permutação com repetição - e a obtenção de um modo que permite calcular a totalidade de permutações cuja totalidade de elementos têm essas características, e satisfazem às condições impostas no enunciado do problema de contagem. Podemos formalizar esse conceito, assim:

Formalização do conceito de permutações com objetos nem todos distintos
Dada uma quantidade finita de "objetos": nomes, algarismos, letras, peças, brinquedos etc. formada por alguns "objetos" distintos e alguns "objetos" não distintos ("objetos" em repetição), ou todos os "objetos" em repetição, uma *permutação com "objetos" nem todos distintos* é uma ordenação (agrupamento) contendo todos os "objetos" disponíveis na situação envolvente, e segundo a qual a troca de ordem entre "objetos" distintos (apenas objetos distintos entre si) presentes no agrupamento implica na formação de novo agrupamento (nova possibilidade), mas não implica em novo agrupamento quando a troca é feita entre "objetos" considerados como "iguais".

Para o professor:
Quando há **n** elementos distintos $a_{1,}$ $a_{2,\ ....,}$ a_n (todos os elementos aparecem um só vez) em situações de anagramas ou na ordenação de todos os objetos, se está diante de uma permutação simples. O total de permutações simples é calculado por $P_n = n!$ Quando há **n** elementos $a_{1,}$ $a_{2,\ ....,}$ a_n (onde pelo menos 2(dois) elementos são "iguais", não são distintos entre si) em situações de anagramas com n letras, nem todas iguais, ou no caso de objetos em que pelo menos 2(dois) desses objetos se repetem, se está diante de uma permutação com repetição. O total de permutações com repetição é calculado por $PR_n^{m1,m1,.....,mr} = \frac{n!}{m1!x\ m2!x.........x\ mr!}$, onde m_1 o número de vezes que o objeto a_1 se repete; m_2 o número de vezes que o objeto a_2 se repete, e m_r o número de vezes que o objeto a_r se repete, e onde os objetos a_1, a_2, ..., a_r são objetos pertencentes ao universo de **n** objetos $a_{1,}$ $a_{2,\ ....,}$ a_n . Nesse caso, dentre os n objetos dados tem-se que a_1, a_2, ..., a_r são os objetos que se repetem e a_{r+1}, a_{r+2},..., a_n são os objetos que não se repetem (os elementos que se repetem são colocados no início), de tal modo que a totalidade de n objetos é computada assim: $m_1.a_1 + m_2.a_2 +.....+ m_r.a_r + a_{r+1} + a_{r+2} +...+a_n = n$ (todos de objetos considerados). Então, como os demais elementos não se repetem, diz-se que $m_{r+1} = m_{r+2} = ...= m_n = 1$. Portanto: 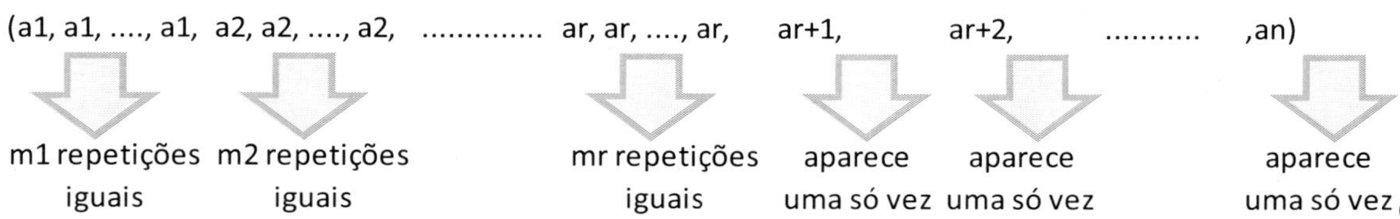 é uma possível ordenação dos **n** objetos dados: $a_{1,}$ $a_{2,\ ....,}$ a_n.

Como visto em exemplo anterior, o total de permutações com repetição de elemento(s) pode, também, ser considerado como:

Para o professor:
Quando há **n** elementos $a_{1,}$ $a_{2,\ ....,}$ a_n (pelo menos 2(dois) elementos são "iguais", não são distintos entre si) em situações de anagramas com ***n*** letras, nem todas iguais, ou no caso de objetos em que pelo menos 2(dois) desses objetos se repetem se está diante de uma permutação com

repetição.

Assim, tem-se ***n*** objetos, dos quais m_1 objetos são iguais a a_1, m_2 objetos são iguais a a_2, ..., m_r objetos são iguais a a_n, tal que $m_1 + m_2 + \ldots + m_r = n$.

O total de permutações de n objetos, dos quais m_1 objetos são iguais a a_1, m_2 objetos são iguais a a_2, ..., e m_r objetos são iguais a a_n, $m_1 + m_2 + \ldots + m_r = n$, é calculado por

$$\mathrm{PR}_{\mathrm{n}}^{\mathrm{m1,m2,\ldots,mr}} = C_n^{m1}\ x\ C_{n-m1}^{m2}\ x \ldots \ldots \ldots x\ C_{n-m1-m1-\cdots.-mr-1}^{mr} =$$

$$= \frac{n!}{m1!x\ (n-m1)!}\ x\ \frac{(n-m1)!}{m2!\ x\ (n-m1-m2)!}\ x\ \ldots\ x\ \frac{(n-m1-m2-\cdots.-mr-1)!}{mr!\ x\ (n-m1-m2-\cdots-mr-1-mr)!} =$$

$$= \frac{n!}{m1!\ x\ m2!\ x \ldots .\ x\ mr-1!\ x\ 0!} = \frac{n!}{m1!\ x\ m2!\ x \ldots .\ x\ mr!}$$

onde m_1 o número de vezes que o objeto a_1 se repete; m_2 o número de vezes que o objeto a_2 se repete, e m_r o número de vezes que o objeto a_r se repete, os objetos a_1, a_2, ..., a_r pertencem ao universo de **n** objetos a_1, a_2, ..., a_n .

Para finalizar este capítulo - a exemplo do que ocorreu nos capítulos 4, 5 e 6 - selecionamos 5 (cinco) problemas para o leitor resolver, tendo como propósito o de permitir que possa, desde já, avaliar os seus conhecimentos a respeito da temática desenvolvida até aqui.

Pelo fato de os conceitos da temática combinatória estarem imbricados, um desafio é reservado ao leitor no universo dos problemas que serão propostos em um novo livro que será lançado por este autor, independentemente do(s) conceito(s) envolvido(s).

Assim, como este novo livro terá o propósito de apenas propor a resolução de diversos problemas de contagem (uma vez que os conceitos terão sido explorados neste livro), será preciso que o leitor, por meio da leitura atenta de cada enunciado, identifique qual(is) conceito(s) está(ão) envolvido(s) em cada problema de maneira a escolher a estratégia e os procedimentos que permitirão encaminhar a resolução do problema para obter a sua solução.

7.1 Problemas

Problema 7.1.

A figura abaixo mostra um mapa, no qual as linhas horizontais e verticais representam as ruas de determinada cidade. De baixo para cima há 11 ruas, e da esquerda para a direita há 8 ruas.

a) Quantos trajetos de comprimento mínimo são possíveis traçar ligando os pontos A e C?

b) Quantos trajetos de comprimento mínimo são possíveis traçar ligando os pontos C e B?

c) Quantos trajetos de comprimento mínimo são possíveis traçar ligando os pontos A e B?

d) Quantos trajetos, dentre os computados no item c) passam pelo ponto C?

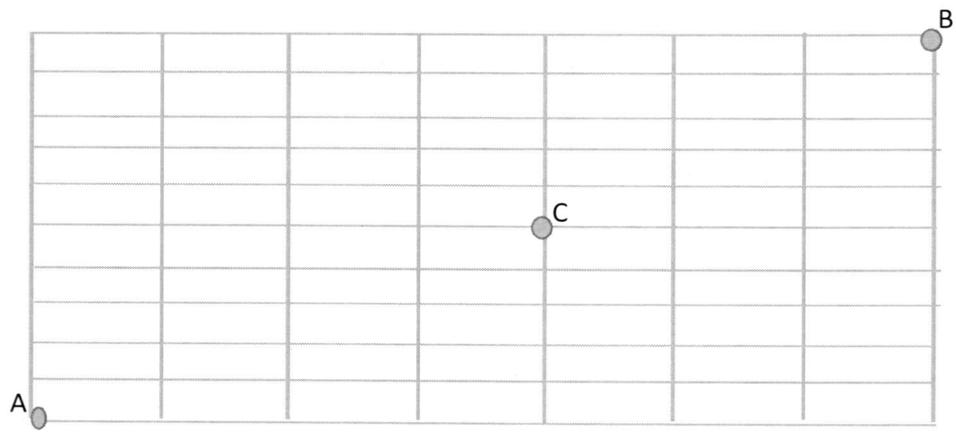

Problema 7.2. Quantos números maiores que 500.000 podem ser formados, fazendo escolhas apenas entre os algarismos 1, 2, 5, 5, 5, 5, 8, 8?

Problema 7.3. De quantas maneiras 5 canetas iguais, 7 lápis iguais e 8 borrachas iguais podem ser arrumados em fila, lado a lado?

Problema 7.4.

a) Dez amigos vão viajar. Para tal, reservam quatro quartos de um hotel para se hospedarem. Dois dos quartos têm 3 vagas cada, e os outros dois quartos têm duas vagas cada. De quantas maneiras os amigos podem se distribuir pelos quartos?

b) Em outro hotel só haviam dois quartos disponíveis. Um dos quartos com quatro vagas, e o outro com seis vagas. De quantas maneiras os amigos podem ser distribuídos pelos quartos?

Problema 7.5. Em um torneio escolar de futebol, o time A disputou 7 partidas, tendo perdido em três delas, empatado em duas e perdido em outras duas partidas. De quantas maneiras essa sequência de 7 jogos pode ter ocorrido?

CAPÍTULO 8

Problemas de geometria que podem ser resolvidos pela aplicação de conceitos básicos de análise combinatória

8.1 Introdução

Antes de propor e resolver alguns problemas de geometria - plana e espacial - que podem ser resolvidos com a aplicação de conceitos de análise combinatória - conceitos desenvolvidos nos capítulos anteriores -, vamos apresentar algumas distintas resoluções para um mesmo problema de geometria, de maneira que o leitor conheça algumas possibilidades de resolução que podem ser utilizadas para resolver diversos outros problemas.

Para tal, considere o seguinte problema de contagem:

Exemplo 1: Como encontrar o número de diagonais de um prisma regular reto que tem um polígono regular de n lados em cada uma de suas bases?

Poderíamos fazer assim:

Esse prisma possui n retângulos, todos congruentes entre si, os quais formarão as n faces laterais do prisma.

Como cada retângulo possui 2(duas) diagonais teremos então um total de 2n diagonais de face para a totalidade de faces laterais do prisma.

As duas faces (superior e inferior) do prisma são formadas por um polígono regular de n lados, $n \geq 3$ e, portanto, cada uma das faces tem $d = \frac{(n-3).n}{2}$ diagonais. Assim, há um total de $2d = 2\frac{(n-3).n}{2}$ = (n-3) x n diagonais de face pertencentes às 2(duas) bases.

Portanto, em um prisma regular reto que tem um polígono regular de n lados em cada uma de suas bases há um total de 2n + (n-3) x n diagonais de face.

Como determinar o total de diagonais internas desse prisma?
Inicialmente, numeramos os n vértices das faces (superior e inferior), obedecendo à mesma ordem (mesmo índice) e mesmo sentido, isto é, para cada vértice v_j da face superior a aresta que o "conecta" com a face inferior encontra exatamente o vértice w_j. Assim, escolhido um vértice qualquer v_j da face superior os segmentos de reta que unem os vértices da face inferior "próximos" dele, que são os vértices adjacentes w_{j-1}, w_j e w_{j+1}, quando "conectados" ao vértice v_j definem uma aresta (v_j, w_j) ou, então, são diagonais de face (v_j, w_{j-1}) e (v_j, w_{j+1}) (já incluídas na contagem anterior.

Assim, há um total de (n-3) vértices da face inferior que, quando "conectados" ao vértice v_j da face superior, definem diagonais internas.

Logo, considerando todos os vértices da face superior, conectados aos vértices da face inferior para a formação de diagonais internas, há um total de n.(n-3) diagonais internas. Se repetíssemos este procedimento para os vértices localizados na face inferior estaríamos contando, novamente, as mesmas diagonais internas que já foram contadas antes.

Portanto, há um total de 2.n + (n-3).n diagonais de face e n.(n-3) diagonais internas, totalizando 2.[n + n.(n-3)] = 2. [n^2 - 2n] = 2.n.[n-2] diagonais em um prisma regular reto cujas bases são formadas por polígonos regulares de n vértices.

Poderíamos fazer uma ***Mudança de Quadros*** para provar, de outro modo, que o resultado acima é verdadeiro, assim:

Se o prisma regular tem 2n vértices, ao escolher 2 (dois) quaisquer de seus vértices e uni-los através de um segmento de reta, podemos obter uma diagonal de face, uma aresta ou uma diagonal interna desse poliedro.

Por outro lado, o número de modos de fazer a escolha de 2(dois) quaisquer vértices é determinado por $C_{2n,2}$ (número de modos de escolher (combinações simples) 2(dois) objetos distintos dentre 2n objetos distintos dados). Isso é verdade porque a cada escolha de 3 (três) dos

vértices de um prisma eles nunca eles estarão alinhados, ou seja, eles sempre formam um triângulo.

Assim, esse total de escolhas ($C_{2n,2}$) define, unicamente, o total de diagonais de face acrescido do total de arestas e acrescido do total de diagonais internas desse poliedro.

Ou seja: $C_{2n,2}$ = número de diagonais de face(DF) + número de arestas + número de diagonais internas (DI).

Portanto,

(DI)+ (DF) = $C_{2n,2}$ - número de arestas (*).

O número total de arestas desse prisma é dado por 3n, determinadas assim: n arestas que conectam os vértices da face inferior aos vértices da face superior, acrescido das 2n arestas (que são a totalidade de lados dos dois polígonos regulares das faces poligonais), totalizando 3n arestas.

Assim, de (*) tem-se:

$$(DI) + (DF) = \frac{2n(2n-1)}{2} - 3n =$$

$$= \frac{4n^2 - 2n - 6n}{2} = \frac{4n^2 - 8n}{2} = \frac{2n^2 - 4n}{1} = 2n(n-2).$$

As faces são formadas por 2(dois) tipos de polígonos: retângulos (faces laterais) e polígonos regulares de n lados (faces: superior e inferior).

Nos retângulos há um total de: $n.[C_{4,2} - 4] = n.[6-4] = 2n$ diagonais de face.

Nos polígonos regulares (faces superior e inferior) há um total de: $2.\frac{(n-3).n}{2} = n.(n-3) = n^2 - 3n$ diagonais de face.

Logo, o total de diagonais de face é dado por 2n + n^2 - 3n = n^2 - n.

8.2 Problemas

Problema 8.2.1:

Marcam-se 6 pontos sobre uma reta ***r*** e 10 pontos sobre uma reta ***s***, paralela à reta ***r***.

a) Quantos triângulos podem ser traçados com vértices em 3 (três) desses 16 pontos?

b) Quantos trapézios podem ser traçados com vértices em 4 (quatro) desses 16 pontos?

c) Quantos quadriláteros convexos podem ser traçados com vértices em 4 (quatro) desses 16 pontos?

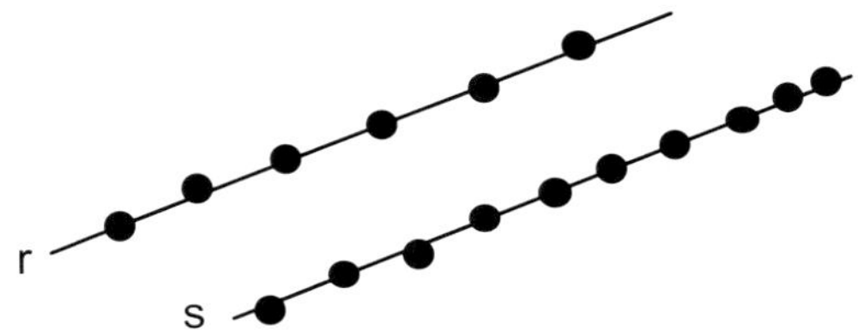

Problema 8.2.2:

A figura abaixo mostra-nos 10 pontos em um plano, 4 dos quais estão em uma mesma reta e os seis pontos restantes não estão, três a três, alinhados entre si.

a) Quantos triângulos distintos podem ser formados com vértices em 3 (três) desses pontos?

b) Quantos trapézios podem ser traçados com vértices em 4 (quatro) desses 10 pontos?

c) Quantos quadriláteros convexos podem ser traçados com vértices em 4 (quatro) desses 10 pontos?

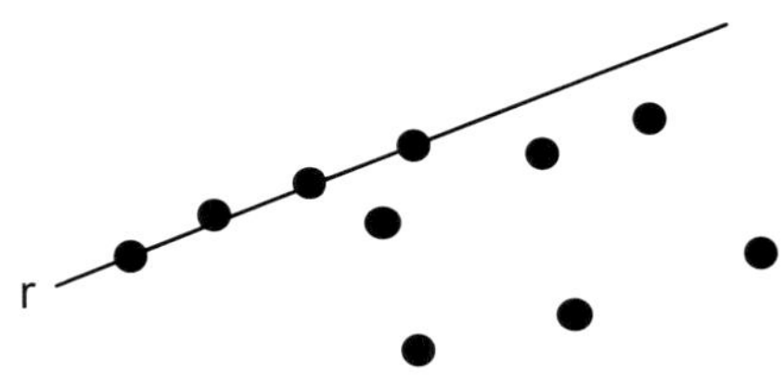

Problema 8.2.3:

Considere os pontos A, B, C, D, E, e F sobre uma reta ***r*** e os pontos A, M, N, P e Q sobre uma reta ***s*** distinta de ***r*** (observe que o ponto A é comum às duas retas).

a) Quantos triângulos podem ser formados unindo-se 3 (três) desses pontos?

b) Quantos quadriláteros podem ser traçados com vértices em 4 (quatro) desses 10 pontos?

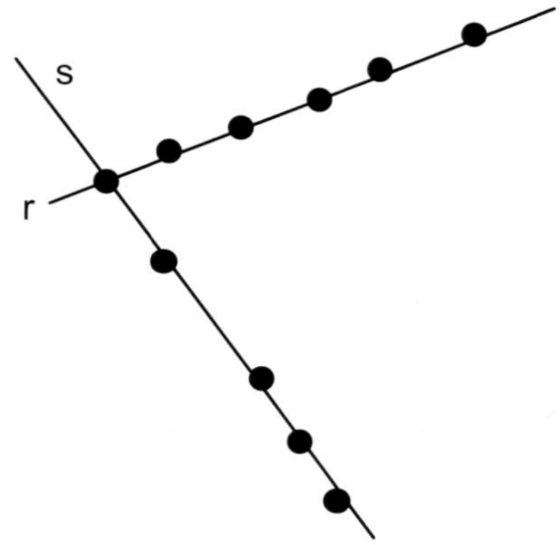

Problema 8.2.4:

Considere um quadrado como desenhado abaixo, e seus 4(quatro) vértices: V_1, V_2, V_3, V_4.

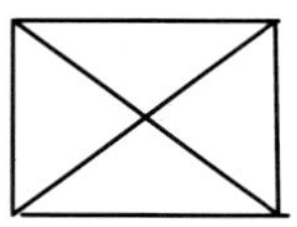

A escolha de 2 (dois) dentre os 4 vértices de um quadrado e o traçado do segmento de reta que os une pode determinar segmentos de reta de dois tipos: um lado do quadrado, ou uma de suas duas diagonais.

Portanto, o total de escolhas de 2 (dois) vértices de um quadrado inclui o total de lados do quadrado com o total de distintas diagonais do quadrado.

a) É possível fazer as escolhas de 2 (dois) vértices de um quadrado de quantos modos distintos?
b) Quantas diagonais possui um quadrado?
c) Quantas diagonais possui um pentágono?
d) Quantas diagonais possui um hexágono?
e) Quantas diagonais possui um polígono convexo de n lados?

Problema 8.2.5:

Um cubo tem 8(oito) vértices, nomeados como: V_1, V_2, V_3, V_4, V_5, V_6, V_7, V_8.

A escolha de 2 (dois) dentre os 8 vértices do cubo e o traçado do segmento de reta que os une pode determinar segmentos de reta dos seguintes tipos: uma aresta, uma diagonal de face ou uma diagonal interna do cubo.

Assim, o total de escolhas de 2 (dois) vértices inclui o traçado de arestas, diagonais de face e diagonais internas do cubo.

a) É possível fazer as escolhas de 2 (dois) vértices de um cubo de quantos modos distintos?

b) Quantas diagonais internas possui um cubo?

c) Quantas diagonais internas possui um prisma pentagonal regular?

d) Quantas diagonais internas possui um prisma hexagonal regular?

e) Quantas diagonais internas possui uma pirâmide quadrangular regular?

f) Quantas diagonais internas possui um tetraedro regular?

g) Quantas diagonais internas possui um octaedro regular?

h) Quantas diagonais internas possui um dodecaedro regular?

i) Quantas diagonais internas possui um icosaedro regular?

j) Quantas diagonais internas possui um prisma hexagonal regular?

k) Quantas diagonais internas possui um prisma cuja base é um polígono de n lados?

l) Quantas diagonais internas possui uma pirâmide quadrangular regular?

m) Quantas diagonais internas possui uma pirâmide pentagonal regular?

n) Quantas diagonais internas possui uma pirâmide hexagonal regular?

o) Quantos triângulos equiláteros é possível formar escolhendo-se 3 (três) dos vértices de um cubo?

p) Quantos triângulos retângulos isósceles é possível formar escolhendo-se 3 (três) dos vértices de um cubo?

q) Quantos triângulos retângulos escalenos é possível formar escolhendo-se 3 (três) dos vértices de um cubo?

Problema 8.2.6:

Considere 8 (oito) pontos em um plano, 3(três) quaisquer desses pontos não colineares. Quantos triângulos podem ser determinados com vértices nesses pontos?

Problema 8.2.7:

Quantos paralelogramos são determinados por meio da escolha dos vértices entre os pontos de interseção de um conjunto de 8 (oito) retas paralelas entre si interceptando um outro conjunto de 5 (cinco) retas paralelas entre si?

Problema 8.2.8:

Seja **P** o conjunto formado por pontos de **p** retas (**p** ≥ 2), paralelas duas a duas, de um plano. Seja **Q** o conjunto formado por pontos de **q** retas (**q** ≥ 2), paralelas duas a duas, do mesmo plano, concorrentes com as **p** primeiras retas. Calcule o número total de paralelogramos com vértices pertencentes ao conjunto **P** ∩ **Q**, e de lados contados no conjunto **P** ∪ **Q**.

Problema 8.2.9:

Um cubo tem 8(oito) vértices: V_1, V_2, V_3, V_4, V_5, V_6, V_7, V_8.

a) Escolha um vértice entre os oito vértices do cubo. Quantos triângulos equiláteros tendo o vértice escolhido como um dos vértices são possíveis formar?

b) Quantos triângulos equiláteros são possíveis formar com vértices entre os vértices de um cubo?

c) Escolha um vértice entre os oito vértices do cubo. Quantos triângulos retângulos isósceles tendo o vértice escolhido como um dos vértices são possíveis formar?

d) Quantos triângulos retângulos isósceles são possíveis formar com vértices entre os vértices de um cubo?

e) Escolha um vértice entre os oito vértices do cubo. Quantos triângulos retângulos escalenos tendo o vértice escolhido como um dos vértices são possíveis formar?

f) Quantos triângulos retângulos escalenos são possíveis formar com vértices entre os vértices de um cubo?

g) Quantos quadriláteros são possíveis formar com vértices escolhidos entre os vértices de um cubo?

Problema 8.2.10:

A figura, desenhada a seguir apresenta 3 (três) retas horizontais: r, s e t, paralelas entre si; 8 (oito) retas verticais: a, b, c, d, e, f, g e h, paralelas entre si; o ponto A, marcado na interseção das retas b e r, e outros 17 (dezessete) pontos, não nomeados, mas marcados na figura.

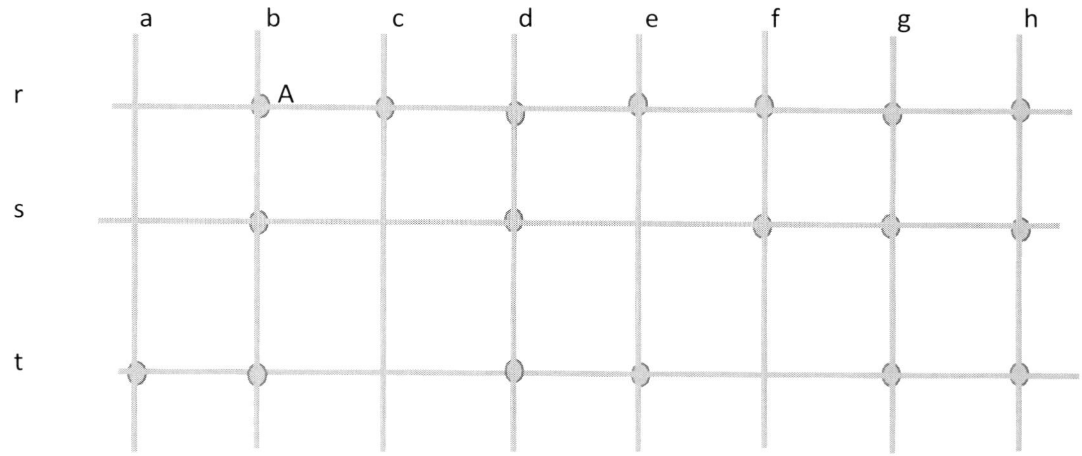

a) Quantos trapézios podem ser traçados na figura acima com um dos vértices sendo o ponto A e os demais vértices escolhidos entre os 17 pontos marcados na figura?

b) Quantos paralelogramos podem ser traçados na figura acima com um dos vértices sendo o ponto A e os demais vértices escolhidos entre os 17 pontos marcados na figura?

c) Quantos quadriláteros podem ser traçados na figura acima com um dos vértices sendo o ponto A e os demais vértices escolhidos entre os 17 pontos marcados na figura?

d) Quantos trapézios podem ser traçados na figura acima com os vértices escolhidos entre os 18 pontos marcados na figura?

e) Quantos paralelogramos podem ser traçados na figura acima com os vértices escolhidos entre os 18 pontos marcados na figura?

f) Quantos quadriláteros podem ser traçados na figura acima com os vértices escolhidos entre os 18 pontos marcados na figura?

Problema 8.2.11:

A figura desenhada a seguir apresenta 3 (três) retas horizontais: r, s e t, paralelas entre si; 8 (oito) retas verticais: a, b, c, d, e, f, g e h, paralelas entre si; o ponto A, marcado na interseção das retas b e r, o ponto B, marcado na interseção das retas g e t, e outros 16 (dezesseis) pontos, não nomeados.

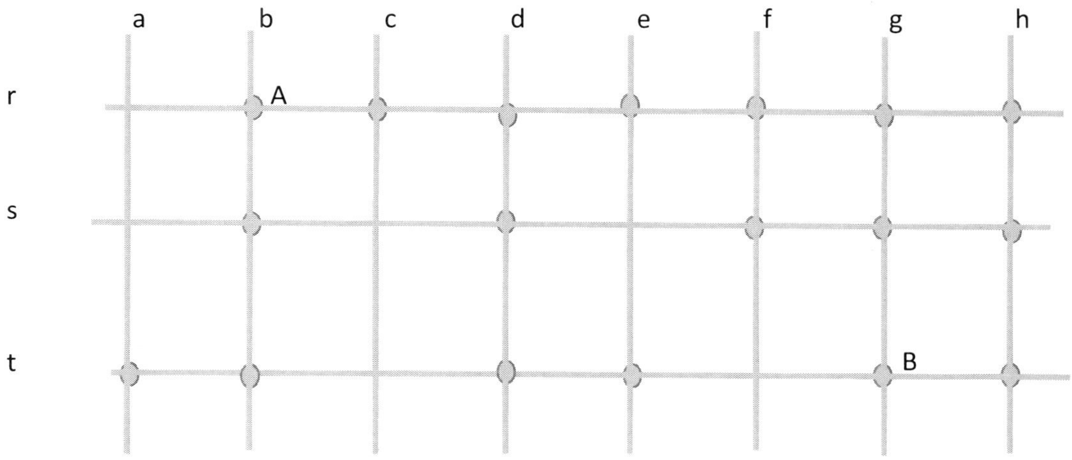

a) Quantos trapézios podem ser traçados na figura acima com vértices nos pontos A e B e os demais vértices escolhidos entre os 16 pontos marcados na figura?

b) Quantos paralelogramos podem ser traçados na figura acima com vértices nos pontos A e B e os demais vértices escolhidos entre os 16 pontos marcados na figura?

c) Quantos quadriláteros podem ser traçados na figura acima com vértices nos pontos A e B e os demais vértices escolhidos entre os 16 pontos marcados na figura?

d) Quantos triângulos podem ser traçados na figura acima com vértices nos pontos A e B e o outro vértice escolhido entre os 16 pontos marcados na figura?

e) Quantos triângulos podem ser traçados na figura acima com vértices escolhidos entre os 18 pontos marcados na figura?

f) De quantos modos é possível sair do ponto A e chegar ao ponto B, caminhando pelos segmentos de reta apenas para a direita e para baixo, espaço a espaço (desconsidere os pontos que estão assinalados no caminho)?

g) Considere que o ponto de interseção entre as retas d e s é nomeado pela letra C. De quantos modos é possível sair do ponto A, passar pelo ponto C, e chegar ao ponto B caminhando pelos segmentos de reta apenas para a direita e para baixo, espaço a espaço (desconsidere os pontos que estão assinalados no caminho)?

Problema 8.2.12:

Considere 50 (cinquenta) pontos no espaço “em posição geral”, isto é, não existe reta que passe por 3 (três) quaisquer desses pontos. Então, o número de triângulos que tais 50 pontos podem determinar é de: ....

Problema 8.2.13:

Considere 20 (cinquenta) pontos no espaço, dos quais não existem 4 (quatro) deles coplanares. Então, o número de planos que ficam definidos com tais pontos é de: ....

Problema 8.2.14:

Considere 8 (oito) pontos em um plano, desde que não existam 3 (três) quaisquer deles colineares. Quantos triângulos são possíveis determinar com a escolha de 3 (três) desses pontos como vértices?

Problema 8.2.15 *(extraído de Morgado et al (1991), com modificações)*:

Considere n pontos em um plano (n > 2), dos quais não há 3 (três) pontos colineares (em linha reta).

(a) Quantas retas contém 2 (dois) desses pontos?

(b) Qual é o número máximo de pontos de interseção entre essas retas?

Problema 8.2.16:

Considere 13 (treze) pontos, a maioria deles pertencente à uma reta **r**, e os restantes pontos se situam sobre uma reta **s** paralela à reta **r**. Tomando esses pontos como vértices é possível construir triângulos e quadriláteros convexos. A razão entre o número de todos os quadriláteros e o número de todos os triângulos possíveis de ser construídos com vértices nesses pontos é 4/11. Quantos são os pontos pertencentes à reta r?

Problema 8.2.17:

Considere **n** pontos de um plano, dos quais não há 3 (três) deles em linha reta. Assim, a escolha de 2 (dois) quaisquer desses pontos determina uma reta. Qual a quantidade máxima de pontos de interseção das retas formadas por esses pontos, excluindo-se dessa quantidade os n pontos dados?

Problema 8.2.18:

Considere P_1, P_2, ..., P_n, n pontos distintos de um plano, 3 (três) quaisquer deles não sendo colineares. Com esses n pontos, quantos polígonos de **p** lados podem ser construídos?

Problema 8.2.19 *(extraído de Morgado et al (1991), com modificações)*:

Considere P_1, P_2, ..., P_n, n pontos distintos de um plano, de tal modo que entre as retas determinadas por eles não há 2 (duas) retas paralelas nem 3 (três) retas concorrentes. Quantos são os pontos, distintos dos pontos dados, que são pontos de interseção dessas retas?

Problema 8.2.20 *(extraído de Morgado et al (1991), com modificações)*:

Considere um conjunto **C** de 20 (vinte) pontos do espaço e um subconjunto **D** formado por 8 (oito) pontos coplanares. Afirma-se que toda vez que 4 (quatro) pontos de **C** são coplanares então eles são pontos de **D**. Quantos são os planos que contém pelo menos 3 (três) pontos de **C**?

Problema 8.2.21:

Considere P_1, P_2, ..., P_n, **n** pontos distintos de um plano dos quais **p** (**p** < **n**) são colineares.

a) Quantos triângulos são possíveis construir cujos vértices são escolhidos dentre esses pontos?

b) Quantos quadriláteros convexos são possíveis construir cujos vértices são escolhidos dentre esses pontos?

c) Quantos pentágonos são possíveis construir cujos vértices são escolhidos dentre esses pontos?

Problema 8.2.22 *(extraído de Morgado et al (1991), com modificações)*:

Considere um polígono convexo de **n** lados e suponha que não há 2 (duas) de suas diagonais que sejam paralelas nem 3 (três) diagonais que concorram em um mesmo ponto que não seja um vértice.

a) Quantos são os pontos de interseção das diagonais desse polígono?

b) Quantos são os pontos de interseção das diagonais desse polígono que estão no interior do polígono?

c) Quantos são os pontos de interseção das diagonais desse polígono que estão no exterior do polígono?

Problema 8.2.23:

Quantos triângulos são possíveis formar na figura abaixo com os vértices coincidentes com os pontos determinados na figura pela interseção dos segmentos de reta existentes?

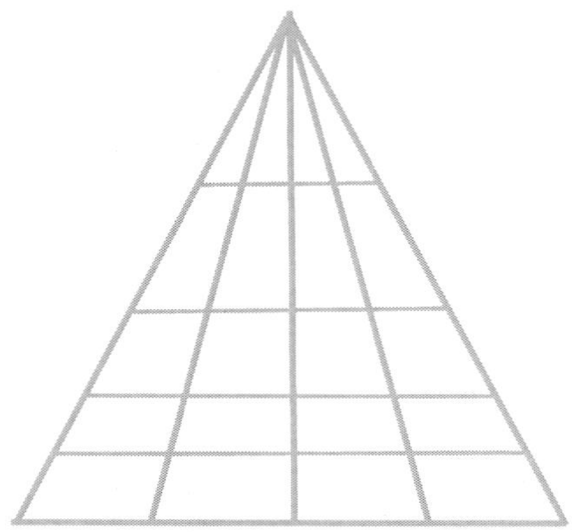

RESPOSTAS DOS EXERCÍCIOS DO CAPÍTULO 8

8.2.1: a) $C_{6,1}.C_{10,2} + C_{6,2}.C_{10,1}$; b) $C_{6,2}.C_{10,2}$; c) $C_{6,2}\,C_{10,2}$.

8.2.2: a) $C_{4,1}.C_{6,2} + C_{4,2}.C_{6,1} + C_{6,3}$ *ou então*: $C_{10,3} - C_{4,3}$; b) Tantos trapézios quanto for possível escolher dois dentre os seis pontos do plano fora da reta, de tal modo que o segmento de reta que une esses dois pontos seja paralelo à reta, totalizando $C_{4,2}.q$, onde q é o total de pares de pontos possíveis de formar os segmentos de reta obedecendo a essas condições, acrescido do total de pares de segmentos de reta paralelos entre si - que formarão trapézios com os 4 vértices dentre os 6 pontos disponíveis se possível. A cada par de segmentos de reta paralelos distintos tem-se a formação de um trapézio; c) $C_{4,1}.C_{6,3} + C_{4,2}.C_{6,2} + C_{6,4}$.

8.2.3: a) $C_{10,3} - C_{6,3} - C_{5,3} = 90$. Ou então: $C_{6,2}.C_{4,1} + C_{5,2}.C_{5,1} - C_{5,1}.C_{4,1}$. Ou então: $C_{5,2}.C_{4,1} + C_{5,1}.C_{4,2} + C_{5,1}.C_{4,1}$; b) $C_{5,2}.C_{4,2} = 60$; Ou então: $C_{10,4} - [C_{4,1}.C_{6,3} + C_{5,3}.C_{5,1} + C_{6,4} + C_{5,4}.]$.

8.2.4: a) $C_{4,2} = 6$; b) $C_{4,2} - 4 = 6 - 4 = 2$; c) # diagonais = $C_{5,2} - 5 = 10 - 5 = 5$; d) # diagonais = $C_{6,2} - 6 = 15 - 6 = 9$; e) # diagonais = $C_{n,2} - n = \frac{n!}{(n-2)!\,x\,2!} - n = \frac{n\,x\,(n-3)}{2}$. **8**

.2.5: a) $C_{8,2} = 28$; b) 8 vértices, 12 arestas, 6 faces, faces quadradas. # diagonais = $C_{8,2}$ – # arestas - # diagonais de face = 28 – 12 - 12 = 4; c) 10 vértices e 15 arestas. 2 faces pentagonais e 5 faces retangulares. Total de diagonais de face: 2 x 5 + 5 x 2 = 20. # diagonais = $C_{10,2}$ – # arestas - # diagonais de face = 45 – 15 - 20 = 10; d) 12 vértices e 18 arestas. 2 faces hexagonais e 6 faces retangulares. Total de diagonais de face: 2 x 9 + 6 x 2 = 30. # diagonais = $C_{12,2}$ – # arestas -

diagonais de face = 66 – 18 - 30 = 18; e) 5 vértices e 8 arestas. 1 face quadrangular e 4 faces triangulares. Total de diagonais de face: 2. # diagonais = $C_{5,2}$ – 8 = 2; f) 4 vértices, 6 arestas, 4 faces, faces triangulares. # diagonais = $C_{4,2}$ – # arestas - # diagonais de face = 6 – 6 - 0 = 0; g) 6 vértices, 12 arestas, 8 faces, faces triangulares. # diagonais = $C_{6,2}$ – # arestas - # diagonais de face = 15 – 12 - 0 = 3; h) 20 vértices, 30 arestas, 12 faces, faces pentagonais. # diagonais = $C_{20,2}$ – # arestas - # diagonais de face = 190 – 30 - 60 = 100; i) 12 vértices, 30 arestas, 20 faces, faces triangulares. # diagonais = $C_{12,2}$ – # arestas - # diagonais de face = 66 – 30 - 0 = 36; j) 12 vértices e 18 arestas. 2 faces hexagonais e 6 faces retangulares. Total de diagonais de face: 2 x 9 + 6 x 2 = 30. # diagonais = $C_{12,2}$ – # arestas - # diagonais de face = 66 – 18 - 30 = 18; k) número de arestas: 3n; número de diagonais de face: 2 x $\frac{n.(n-3)}{2}$ + n.2 = $n^2 - n$. Assim, o total de diagonais é dado por $C_{2n,2}$ - (3n) – $(n^2 - n)$ = n.(n-3); l) $d_i = C_{5,2} - 8(A) - 2(d_f) = 10 - 8 - 2 = 0$; m) $d_i = C_{6,2} - 10(A) - \frac{5.(5-3)}{2}(d_f) = 15 - 10 - 5 = 0$; n) $d_i = C_{7,2} - 12(A) - \frac{6.(6-3)}{2}(d_f) = 21 - 12 - 9 = 0$; o) É possível traçar um total de $C_{8,3} = 56$ triângulos, com vértices coincidentes com os vértices de um cubo. Desse total, 12 são triângulos retângulos isósceles e 24 são triângulos retângulos escalenos, o que dá um total de 56 – 12 – 24 = 20 triângulos retângulos equiláteros; p) são triângulos formados nas faces do cubo. Em cada face é possível traçar dois triângulos retângulos isósceles distintos. Logo, há um total de 6 x 2 = 12 triângulos retângulos isósceles formados com 3 dos vértices de um cubo; q) são triângulos em que as medidas dos 3 lados são distintas. Como em um cubo há apenas 3 medidas lineares; aresta (a), diagonal de face (a$\sqrt{2}$) e diagonal interna (a$\sqrt{3}$), e há 4 diagonais internas. Escolhida uma diagonal interna, é possível traçar 3 diagonais de face a partir de cada um de seus pontos extremos (cada diagonal de face é um dos lados de um triângulo retângulo escaleno), complementando o traçado do triângulo com a aresta correspondente - que liga o ponto extremo da diagonal interna com o ponto extremo da diagonal de face -, totalizando 4 x 6 = 24 triângulos retângulos escalenos.

8.2.6: $C_{8,3} = 56$.

8.2.7: $C_{8,2}.C_{5,2}$.

8.2.8. $C_{p,2}.C_{q,2}$

8.2.9: a) Os triângulos retângulos equiláteros com vértices coincidentes com os vértices de um cubo são formados a partir da escolha de 3 diagonais de face como seus lados, pois todas as diagonais de face têm igual medida, diferentemente do que seria se a escolha recaísse sobre 3 arestas ou sobre 3 diagonais internas do cubo (não formariam triângulo). Assim, escolhido um vértice do cubo, digamos o vértice A, a partir de uma de suas extremidades é possível escolher 3 diagonais de face em que uma das extremidades seja o vértice A e as outras extremidades, por exemplo, os vértices B, C e D. Logo, de posse desses 4 vértices: A, B, C e D, cada vez que se escolhe 3 desses vértices se forma um triângulo retângulo equilátero, e isso pode ser feito de $C_{4,3} = 4$ modos distintos de formar novos triângulos retângulos equiláteros. Portanto, escolhido o vértice A é possível formar 3 triângulos retângulos equiláteros tendo um dos vértices este vértice A. b) Do toal de 8 vértices do cubo, considerando os 4 vértices nomeados no item a), sobram 4 vértices, nomeados como E, F, G e H. Igualmente, para estes 4 vértices é possível formar 4 distintos triângulos retângulos equiláteros e, então, o total de triângulos retângulos equiláteros são em número de 2 x $C_{4,3} = 2\,x\;\, 4 = 8$. Outra solução: Uma vez escolhida uma diagonal de face do cubo como um dos lados do triângulo retângulo equilátero a ser formado, por cada uma de suas extremidades é possível escolher 2 outras diagonais de face (uma por vez) de modo a escolher o outro lado do triângulo a ser formado, complementando a escolha do terceiro lado do triângulo com uma única escolha de diagonal de face possível de ser escolhida. Assim, há 2 x 2 x 2 6 = 24 triângulos formados segundo essas condições. Porém, essa contagem está a maior por conta de um triângulo ABC, por exemplo, ter sido contado, nesta contagem, de 3 modos distintos, assim: ABC, BCA e CAB. Portanto, o total de triângulos retângulos equiláteros é dado por $\frac{2\,x\,2\,x\,6}{3} = 8$. c) Escolhido um vértice, é possível escolher 3 diagonais de face que tem como uma das extremidades exatamente esse vértice e os dois lados restantes (arestas do cubo) podem ser escolhidos de 2 modos, totalizando 3 x 2 = 6 triângulos. d) Se cada vértice escolhido determina um total de 6 triângulos, há um total de 8 x 6 = 48 triângulos retângulos isósceles. Porém, essa contagem está a maior por conta de um triângulo ABC, por exemplo, ter sido contado, nesta contagem, de 2 modos distintos em função das escolhas dos vértices extremos de cada diagonal. Portanto, o total de triângulos retângulos isósceles é dado por $\frac{8\,x\,6}{2} = 24$. Outra solução: Os triângulos retângulos isósceles com vértices coincidentes com vértices de um cubo são obtidos por meio de triângulos formados nas faces do cubo, onde os lados congruentes são duas das arestas da face escolhidas em sequência, e o terceiro lado sendo a diagonal da face. Assim, cada diagonal de face determina dois distintos triângulos retângulos isósceles, e como cada face possui duas diagonais de face, por face há um total de 4 triângulos. O total de triângulos retângulos isósceles é determinado, então, por: 2 x 2 x 6 = 24; e) Escolhido um vértice, é possível traçar (escolher) uma só diagonal interna do cubo que tenha esse vértice como uma de suas extremidades. A partir desse vértice é possível escolher 3 diagonais de face que têm esse vértice como uma extremidade (ou escolher 3 arestas do cubo que têm esse vértice como uma de suas extremidades). Para a complementação do triângulo há uma só escolha sobre uma aresta do cubo (ou uma única escolha sobre a diagonal de face do cubo). Ou seja, escolhido um vértice de um cubo é possível determinar 3 x 2 = 6 distintos triângulos retângulos escalenos. f) Uma vez que há 6 triângulos retângulos possíveis de formar a partir da escolha de um vértice (item e)), escolhido um vértice, como é possível escolher 4 distintas diagonais internas em um cubo, apenas uma delas tendo esse vértice como uma de suas extremidades, e os dois lados restantes (arestas do cubo e diagonais de face) podendo ser escolhidas de 6 modos, há um total de 4 x 6 = 24 triângulos retângulos escalenos. Outra solução: De início escolha uma das diagonais internas do cubo. De uma das suas extremidades é possível escolher uma das 3 arestas para um dos lados do triângulo a ser formado ou escolher uma das 3 arestas de face que têm esse vértice em comum. Em seguida, cada triângulo é estabelecido com a correspondente escolha da aresta de face ou da aresta do cubo. Assim, para uma dada diagonal do cubo que tenha sido escolhida, há 6 possíveis triângulos retângulos escalenos. Como há 4 distintas diagonais internas em um cubo, é possível estabelecer 6 x 4 = 24 triângulos retângulos escalenos com os 3 vértices escolhidos dentre os 8 vértices de um cubo. g) $C_{8,4}$.

8.2.10: a) Com dois dos vértices sobre a reta s há um total de 2 + 3 + 1 + 2 + 1 + 1 = 10 paralelogramos; com dois dos vértices sobre a reta t há um total de 3 + 2 + 4 + 4 + 1 + 2 = 16 paralelogramos. Total geral: 26 paralelogramos; b) $C_{6,1}.C_{5,2} + C_{6,1}.C_{6,2}$.

8.2.11: a) $C_{6,1}.C_{5,1}$; b) $C_{5,1}$; c) $C_{6,1}.C_{5,1}$; d) $C_{16,1}$; e) $C_{18,3} - [C_{7,3} + C_{5,3} + C_{6,3} + 4]$; f) $\frac{7!}{5!.2!}$; g) $\frac{3!}{2!.1!}.\frac{4!}{3!.1!}$.

8.2.12: $C_{50,3}$.

8.2.13: $C_{20,3}$.

8.2.14: $C_{8,3}$.

8.2.15: a) Há $C_{n,2} = \frac{n.(n-1)}{2} = x$ retas; b) Há $C_{x,2} = \frac{x.(x-1)}{2}$ $interseções\ dessas\ retas. Mas,\ x - 1 = \frac{n.(n-1)}{2} - 1 = \frac{(n+1).(n-2)}{2}$. Logo, $C_{x,2} = \frac{x.(x-1)}{2} = \frac{\frac{n.(n-1)}{2} . \frac{(n^2-n-2)}{2}}{2} = \frac{n.(n-1).(n-2).(n+1)}{8}$. Então, há $C_{x,2} = \frac{n.(n-1).(n-2).(n+1)}{8}$ pares de retas. Ao contarmos os pontos de interseção como pares de retas, cada um dos n pontos é contado $C_{n-1,2} = \frac{(n-1)!}{2!.\ (n-3)!} = \frac{(n-1).(n-2)}{2}$vezes, pois por cada ponto passam (n-1) retas. Resposta: $C_{x,2} - n.C_{n-1,2} + n = \frac{n.(n-1).(n-2).(n+1)}{8} - \frac{n,(n-1).(n-2)}{2} + n = \frac{n,(n-1).(n-2).(n-3)}{8} + n$.

8.2.16: $C_{13,3} - [C_{p,3} + C_{n-p,3}] = \cdots;\ C_{p,2}.C_{n-p,1} + C_{p,1}.C_{n-p,2} = C_{p,2}.C_{13-p,1} + C_{p,1}.C_{13-p,2} = \text{Y};\ C_{p,2}.C_{13-p,2} = \text{X};\ \frac{Q}{T} = \frac{14}{11} = \frac{X}{Y}$; 11.X = 14.Y. Então, p = 8.

8.2.17: $3\ .\ C_{n,4}$.

8.2.18: $C_{n,p}.\frac{(p-1)!}{2}$.

8.2.19: Por cada um dos n pontos dados, passam (n-1) retas e cada uma das $C_{n-1,2}$ interseções dessas retas é o ponto dado. Resposta: $\frac{(n+1).n.(n-1).(n-2)}{8} - n.C_{n-1,2} = \frac{(n+1).n.(n-1).(n-2)}{8} - n.\frac{(n-1)!}{2.(n-3)!} = \frac{n.(n-1).(n-2).(n-3)}{8}$. Ou então: Fixada uma reta por dois pontos, há $C_{n,2} - 2.(n-2) - 1 = \frac{(n-2).(n-3)}{2}$ retas que interceptam em pontos distintos dos n pontos dados. Logo, em cada uma das $C_{n,2}$ retas, há $\frac{(n-2).(n-3)}{2}$ interseções. O número total de interseções é dado por $\frac{1}{2}.\ C_{n,2}.\frac{(n-2).(n-3)}{2}$ (ao contarmos as interseções por retas, cada interseção é contada das vezes, pois cada ponto de intercessão pertence a duas retas). Ou então: Cada grupo de 4 pontos gera 3 interseções: 3. $C_{n,4}$; $C_{n-1,2} = \frac{(n-1).(n-2)}{2}$; $\frac{(n+1).n.(n-1).(n-2)}{8} - \frac{n.(n-1).(n-2)}{2} = \frac{n.(n-1).(n-2).(n-3)}{8}$. Ou então: $\frac{1}{2}.\frac{n.(n-1)}{2}.\frac{(n-2).(n-3)}{2} = \frac{n.(n-1).(n-2).(n-3)}{8}$. Ou então: 3. $C_{n,4} = \frac{3.n.(n-1).(n-2).(n-3)}{4!} = \frac{n.(n-1).(n-2).(n-3)}{8}$.

8.2.20: Não há 3 pontos em C colineares. Há 8 pontos em C1 e 12 pontos em (C - C1). Há $C_{12,3}$ $planos\ determinados\ por\ 3\ pontos\ de\ (C -$
$C1)$; Há $C_{8,1}\ .\ C_{12,2}$ $(um\ ponto\ de\ C1\ e\ 2\ pontos\ de\ (C - C1)$;
Há $C_{8,2}\ .\ C_{12,1}$ $(dois\ pontos\ de\ C1\ e\ um\ ponto\ de\ (C - C1)$; Há 1 (um) plano determinado por 3 pontos de C1. Ou então: $C_{20,3} - C_{8,3}.1 + 1$ $(o\ plano\ que\ contém\ C1\ é\ contado\ C_{8,3}\ vezes)$. ***8.2.21:***.

8.2.22: a) o número de diagonais é: $d = \frac{n.(n-3)}{2}$; o número de interseções é: $C_{d,2} - n.C_{n-3,2} + n$;

b) Há $C_{n,4} = \frac{n.(n-1).(n-2).(n-3)}{4!}$ interseções interiores; c) Há $[C_{d,2} - n.C_{n-3,2} + n]$ – $[C_{n,4}]$ – [n] = x interseções exteriores. $C_{d,2} = \frac{d.(d-1)}{2}, d = \frac{n.(n-3)}{2}, d-1 = \frac{n^2-3n-2}{2}, n.C_{n-3,2} = \frac{n.(n-3).(n-4)}{2!}$,

$C_{d,2} = \frac{n.(n-3)}{2}.\frac{n^2-3n-2}{2}.\frac{1}{2} = \frac{n.(n-3).(n^2-3n-2)}{8}$ Assim: $[C_{d,2} - n.C_{n-3,2} + n]$ – $[C_{n,4}]$ – [n] = x =

$\frac{n.(n-3).(n^2-3n-2)}{8} - \frac{n.(n-3).(n-4)}{2!}$ + n - $\frac{n.(n-1).(n-2).(n-3)}{4!}$ – n =

$\frac{n.(n-3).(n^2-7n+14)}{8} + n - \frac{n.(n-1).(n-2).(n-3)}{24} - n = \frac{n.(n-3).(n-4).(n-5)}{12}$

8.2.23: Há um total de 5 (cinco) linhas horizontais, e **c**ada linha horizontal tem cinco pontos. Para formar os triângulos será preciso escolher dois de seus pontos. Logo, há um total de 5 x $C_{5,2}$ = 50 triângulos.

CAPÍTULO 9

Considerações Finais

9.1 Preliminares

Como escrito nas páginas iniciais este livro destina-se, preferencialmente, aos professores do Ensino Médio; aos professores formadores de professores que irão ensinar matemática na Educação Básica, os estudantes de Licenciatura em Matemática; os professores em serviço, em turma das da educação básica; os professores em formação continuada, e a todos os leitores que desejam conhecer como se deu a trajetória acerca do ensino de análise combinatória, desde o início do Século XX até os dias atuais.

A análise combinatória passou à denominar-se problemas de contagem após os Parâmetros Curriculares Nacionais (PCN) terem sido lançados, em meados de 1997, quando da veiculação da versão que trata do ensino desses conceitos para alunos dos anos iniciais do Ensino Fundamental.

Mas, este livro também tem o propósito de preencher possíveis lacunas na formação inicial de futuros professores de matemática que irão atuar com alunos da Educação Básica, desde os anos iniciais do ensino fundamental - possivelmente servindo de livro de cabeceira para todos os que têm de ensinar matemática para alunos da escola básica independentemente do ano ou série.

Igualmente, atende a todos os alunos da escola básica; alunos de cursos superiores que precisam resolver problemas de contagem ao longo de suas formações, e os amantes da Matemática. Em particular, os amantes da combinatória e da probabilidade.

Até o surgimento dos PCN a combinatória era sugerida - por vezes, prescrita - ser ensinada, na maioria das escolas, aos alunos da educação básica unicamente na 2ª série do Ensino Médio e, particularmente, em um bimestre letivo.

Além da trajetória histórica, neste livro foram feitas análises acerca de alguns documentos curriculares no tocante ao ensino e à aprendizagem de combinatória. Em particular, dedicamos espaço para analisar os recentes currículos prescritos pela Secretaria Municipal de Educação de São Paulo (2007) e pela Secretaria Estadual de Educação de São Paulo (2010).

Este livro também tem o propósito de colaborar e incentivar o trabalho docente dos professores de matemática com vistas ao desenvolvimento e à apropriação efetiva de conceitos básicos de combinatória e probabilidade com os alunos da Educação Básica. Objetiva servir como suficiente instrumento pedagógico capaz de permitir que o leitor identifique as diferentes abordagens sugeridas para o desenvolvimento da temática, com alunos do ensino fundamental e com alunos do ensino médio.

Tais abordagens também foram sugeridas pelos autores dos PCN, em cada uma das versões: anos iniciais e anos finais do ensino fundamental e ensino médio, de maneira a orientar os professores para o desenvolvimento e a exploração de conceitos relacionados com os conteúdos presentes nas 2(duas) temáticas.

A proposição e a resolução de alguns tipos problemas de contagem, recomendados pelos documentos oficiais para serem explorados com os alunos do ensino médio, têm, em síntese, os seguintes propósitos:

- Conhecer, desenvolver e exercitar o raciocínio combinatório;
- Estruturar a obtenção e a contagem de agrupamentos-solução (elementos constituintes da solução de um problema de contagem);
- Identificar todos os agrupamentos-solução (ou parte), os quais podem ser obtidos por meio da construção de uma representação gráfica;
- Construir e explorar representações gráficas: árvore de possibilidades, produto cartesiano, tabela de dupla entrada, esquema, enumeração de elementos, como alternativa para a obtenção de solução para alguns tipos de problemas de contagem;
- Desenvolver, exercitar, explorar e aplicar o princípio multiplicativo e o princípio aditivo (por vezes, em conjunto, em alguns tipos de problemas).

Além do mais, os autores dos PCN, em Brasil (1997, 1998, 1999), também sugerem que o professor explore atividades diversas de contagem de modo que os alunos da educação básica se apropriem das ideias concernentes à aplicação dos princípios multiplicativo e aditivo durante a resolução de problemas de contagem.

Mesmo para a resolução de problemas de contagem em que o quantitativo de possibilidades que atendem à solução seja razoavelmente grande é interessante que o professor possa sugerir aos alunos que eles construam parcialmente uma árvore de possibilidades, por exemplo, que dê conta de apontar pistas para encaminhar a resolução via uma representação numérica adequada.

E quando da construção parcial de uma árvore de possibilidades, uma vez que seja possível generalizar as ideias presentes nos primeiros ramos construídos para os demais ramos da árvore, que os alunos se utilizem dessa ideia inicial para explorar a construção de uma representação numérica que dê conta de obter o quantitativo total de possibilidades que atendem à solução do problema em questão.

Portanto, a utilização de uma fórmula não é bem-vinda - ao menos durante a fase de construção dos conceitos, na exploração de possibilidades de estratégias de resolução e na apresentação das ferramentas combinatórias -, uma vez que o conhecimento acerca de uma outra estratégia de resolução que não o uso direto de uma fórmula é mais atraente, interessante e pode ser utilizada para resolver o problema.

O autor não é adepto à demonização ao uso de fórmulas mas salienta que tem enorme preferência pelo não uso de uma - quando isto for possível, em qualquer conteúdo da matemática. Portanto, cabe importante esclarecimento ao leitor quanto ao fato de que o autor não demoniza o uso de uma fórmula para resolver um problema de contagem mas também não faz coro para que se faça o seu uso, seja de maneira indiscriminada ou não.

Na pesquisa desenvolvida pelo autor com professores (objeto do Capítulo 2) foi possível identificar, em algumas situações de resolução de problemas de contagem - mesmo nas situações em que os sujeitos da pesquisa tinham pleno conhecimento de todas as fórmulas -, que o uso de uma fórmula não foi suficiente para que eles obtivessem a resposta correta, para uns poucos problemas de contagem.

Tal ocorreu, mesmo para os problemas em que os sujeitos de pesquisa consideraram não serem mais difíceis que outros que eles já haviam resolvido, após terem conhecido a resposta correta. A resposta precisou ser mostrada pelo pesquisador, segundo uma sugestão inicial de encaminhamento da resolução sem o uso de uma fórmula e, em seguida, uma possibilidade com o uso combinado de mais de uma fórmula, de modo a atender pedido dos sujeitos da pesquisa.

Ao longo do texto, foi sugerido aos leitores que para alguns problemas de contagem (principalmente, problemas em que casos particulares precisavam ser considerados à parte) é preciso que se reparta a resolução do problema em algumas partes e, em seguida, que se aplique a cada uma delas o princípio multiplicativo, para ao final aplicar o princípio aditivo às possibilidades parciais que tenham sido contabilizadas para uma das partes.

Para o ensino e a aprendizagem de combinatória com alunos do ensino médio os autores dos PCN apontam sugestões quanto à abordagem que precisa ser feita - por meio da exploração de *aspectos formais* relativos aos tipos de agrupamentos-solução

Tais agrupamentos devem ser procurados para atender à solução do problema de contagem que está sendo resolvido de modo a, prioritariamente, e de início, identificar uma dentre 2(duas) características que possam estar presentes nos agrupamentos-solução de objetos, a saber:

- Agrupamentos-solução de objetos em que a troca de ordem entre 2(dois) ou mais elementos quaisquer caracterize um novo agrupamento-solução - que diferencie-se do agrupamento-solução anterior por conta da ordenação em que tais elementos são apresentados, e

- Agrupamentos-solução de objetos em que a ordem entre os elementos que constituem o agrupamento não seja a característica capaz de identificar agrupamentos como sendo distintos entre si, mas sim a identificação dos elementos constitutivos desses agrupamentos - independentemente da ordem em que tais elementos sejam mostrados em cada um dos agrupamentos.

Assim, é conveniente que após leitura atenta ao enunciado de um problema de contagem o leitor construa um agrupamento-solução que atenda ao enunciado do problema.

Em seguida o leitor deve se perguntar e responder: ao trocar 2(dois) elementos distintos de posição entre si, elementos esses que fazem parte de um tal agrupamento-solução construído, o agrupamento-solução tem a ordem anterior alterada de tal sorte que a troca acarreta a determinação de um novo agrupamento-solução distinto do anterior?

Se a resposta a essa pergunta for não, se está diante de um problema de combinações, as quais podem ser do tipo simples ou com repetição. Cabe, portanto, uma 2ª pergunta: todos os elementos selecionados/escolhidos para formar o agrupamento-solução, são distintos entre si? Se a resposta for sim, se está diante de um problema de combinações simples, e se a resposta for não se está diante de um problema de combinações completas;

- Se a resposta à pergunta inicial tiver sido sim cabe também uma 2ª pergunta: todos os elementos disponíveis para a formação dos agrupamentos-solução serão utilizados em conjunto?

- Se a resposta for não é preciso aplicar o princípio multiplicativo (de uma só vez, ou em conjunto com o princípio aditivo, se a resolução for repartida). Porém, cabe ainda perguntar se é possível haver repetição de elementos (nesse caso, tem-se os arranjos com repetição, arranjos completos) ou não (nesse caso, tem-se os arranjos simples);

- Se a resposta for sim se está diante de um problema de permutações: tipo simples ou com repetição. Assim, cabe uma 2ª pergunta: todos os elementos selecionados/escolhidos para formar um agrupamento-solução são distintos entre si? Se a resposta for sim se está diante de permutações simples: $P_n = n!$, e se a resposta for não se está diante de permutações com repetição (permutações com repetições).

Para o Ensino Médio os autores dos PCN sugerem que o professor possa fazer a abordagem da temática por meio da exploração de *aspectos algorítmicos* de maneira a estabelecer e desenvolver fórmulas que podem ser usadas para computar possibilidades que atendem ao problema de contagem em questão.

Também há a orientação para que o professor explore a resolução de problemas de contagem que contemplem um grande quantitativo de elementos disponíveis - necessários para a formação dos agrupamentos-solução - que, possivelmente, inviabilizariam a enumeração de todos eles, um a um, por meio da construção e a exploração de uma representação gráfica, acarretando a necessidade de ter de lançar mão de uma representação numérica para contabilizar a totalidade de possibilidades.

Basicamente, o conteúdo de análise combinatória que é explorado com os alunos do Ensino Médio trata de agrupamentos-solução que atendam a 3(três) diferentes tipos de agrupamentos de objetos, conhecidos na literatura matemática básica como: arranjos (simples ou com repetição), permutação (simples ou com repetição) e combinação simples. Todo esse conteúdo foi abordado neste livro.

O autor não credita o conhecimento quanto à rotulação dos tipos de agrupamentos de objetos (como apresentado acima, tipo "gavetas") como uma ferramenta combinatória que contribui para melhorar a aprendizagem dos alunos em relação à temática combinatória durante a fase de apropriação do conceito e da escolha de uma estratégia para encaminhar a resolução.

E, em prosseguimento, que o conhecimento acerca do rótulo dos agrupamentos-solução seja suficiente para dar conta de obter a solução a um dado problema de contagem.

Ademais, o conhecimento acerca da rotulação de tipos de agrupamentos de objetos também não ajuda os alunos no sentido de eles melhorarem a compreensão acerca do conceito de combinatória que está subjacente ao referido rótulo em questão, bem como no que refere ao(s) significado(s) e à escolha da estratégia de resolução.

Uma das intenções do autor, ao se dispor escrever este livro, foi a de oferecer opções para o professor explorar e desenvolver os conceitos de combinatória com os alunos, desde os anos iniciais da Educação Básica, apresentando um pouco da trajetória desta temática, desde que os primeiros currículos de matemática foram estruturados (à época da criação do Ministério da Educação, até os dias de hoje). Àquela época, a exploração era feita, unicamente, via a utilização de fórmulas e a caracterização dos rótulos dos agrupamentos-solução.

Também é propósito do autor mostrar como as abordagens para o ensino e a aprendizagem do conteúdo têm sido modificadas e melhoradas, ao longo do tempo, tendo como objetivo o de facilitar a compreensão dos alunos acerca da temática e desmitificar a crença segunda a qual a temática é difícil de ensinar e de aprender.

É importante salientar que, desde então, à época em que o Ministério da Educação foi criado, os conteúdos da temática análise combinatória configuram-se como dos poucos que nunca deixaram de ser prescritos para serem desenvolvidos e explorados com os alunos do segmento básico de ensino.

Não obstante todo o esforço para que diminuam as dificuldades acerca da compreensão dos conceitos de combinatória e, felizmente, elas têm diminuído, e no que refere às estratégias de resolução de problemas de contagem, registramos que nos dias de hoje elas ainda persistem. É preciso investir em novas abordagens, maior uso de material concreto, material didático adequado e na ampliação conceitual de conhecimentos dos professores.

O autor toma como importante preceito para o ensino de combinatória a alunos da Educação Básica a ideia de a resolução de problemas de contagem não deixar de considerar que o raciocínio combinatório é ferramenta combinatória básica indispensável para a plena compreensão dos conceitos relacionados à temática.

Tal ferramenta precisa ser explorada durante a apropriação dos conceitos; durante a construção de uma representação gráfica ou numérica, e quando da escolha da estratégia de resolução de um problema - de tal maneira que o aluno precisa certificar-se da importância de ter de se apropriar desse instrumento cognitivo (o raciocínio combinatório) com um importante e indispensável aliado, de maneira a garantir sucesso na resolução dos problemas de contagem.

Por sua vez o raciocínio combinatório favorece o aluno quanto à compreensão e ampla exploração de uma estratégia que tenha sido adequadamente escolhida para a resolução de um particular problema de contagem, bem como em relação a alguns procedimentos que é preciso mobilizar para encaminhar a resolução de diversificados tipos de problemas de contagem – problemas estes, mais complexos ou não.

Portanto, a experiência com o conhecimento e o tratamento de tais informações, conhecimentos, conceitos e estratégias pelo professor é fundamental e de grande relevância. Trata-se de uma necessária e imprescindível contribuição para a formação matemática dos alunos.

Ademais, é preciso que o professor de matemática certifique-se do quão importante é o seu papel na formação dos jovens alunos. Também, que uma consistente formação matemática traz consigo um propósito formativo mais amplo, qual seja o de contribuir para a formação de cidadãos críticos, autônomos e intervenientes - tarefa que os professores têm de abraçar com os seus alunos, em qualquer nível de escolaridade.

9.2 Formação continuada de professores no tocante à resolução de problemas de contagem

Neste livro, também foi apresentado um recorte sobre uma ampla formação continuada de professores, por meio de um resumo acerca das reflexões e discussões que foram travadas enquanto eles resolviam problemas de contagem.

Por meio de tais reflexões e discussões, cada um dos professores teve a oportunidade de poder cumular experiências que serviram (e servem) para que cada um possa propor atividades similares aos seus alunos, em sala de aula, enquanto promovem a exploração dos conceitos básicos de combinatória, sem o uso de fórmulas.

A pesquisa identificou que os professores do grupo ainda não haviam vivenciado situações nas quais, dependendo do modo como a solução do problema é encaminhada, é preciso repartir o problema em várias etapas (quando e em quantas partes seja necessário, para efetuar a contagem de todas as possibilidades que atendem à solução do problema), aplicando os princípios multiplicativo e aditivo, para dar conta de obter a solução.

É importante que o leitor fique atento ao fato de que há situações em que não se trata de o sujeito que está resolvendo um problema de contagem, poder ter a liberdade de escolher ou não fazer a repartição da resolução do problema de contagem em andamento, mas que tal procedimento faz-se necessário fazer, e deve ser feito.

Os resultados analisados pelo pesquisador, a partir de reflexões e discussões do grupo, não só indicaram avanços no que diz respeito às definições, representações e estratégias de resolução mas também ampliaram a compreensão da aplicação dos princípios. Também foi identificada pelos professores, e registrada pelo pesquisador, a percepção da possibilidade de resolver os problemas de contagem via uso de uma representação gráfica, sem o uso de uma fórmula, como estratégia que pode favorecer a caracterização dos agrupamentos de objetos que atendem à solução, permitindo efetuar a contagem total destes agrupamentos, de modo direto ou indireto.

Dentre os avanços registrados é importante mencionar aqueles relacionados à argumentação uma vez que teria ficado vazia a discussão sobre a resolução dos problemas de contagem no Ensino Fundamental, e no Ensino Médio, se a atenção do grupo não fosse despertada para a importância dos aspectos intuitivo e formal na abordagem desse conteúdo.

O esforço e o interesse do grupo a esse respeito resultaram em avanços na leitura atenta aos enunciados dos problemas, na compreensão acerca das estratégias adequadas para obter a solução e, posteriormente, na elaboração de justificativas sobre as tomadas de decisão em cada uma das fases componentes da aplicação do princípio multiplicativo.

Ou então, na construção de uma árvore de possibilidades, por exemplo, certificando-se da consecução de todas as etapas que são necessárias para a obtenção da solução de um dado problema de contagem.

Tomando por base os resultados da pesquisa, o pesquisador tomou como parâmetro positivo que o desenvolvimento de atividades que envolvam o raciocínio combinatório, com quantitativos de objetos em número reduzido, permite ao aluno encontrar maneiras próprias de sistematização para a obtenção das possibilidades que atendem à solução, enquanto constrói os agrupamentos-solução que representam todas as possibilidades. E, em seguida, poder efetuar a contagem direta dos agrupamentos a partir da construção de uma representação gráfica.

Assim, o professor precisa levar em conta que no início do trabalho com problemas de contagem poderá vir a se confrontar com a apresentação de soluções intuitivas pelos alunos, o que é bastante salutar e positivo.

É importante que o professor incentive os alunos a continuarem apresentando soluções intuitivas bem como que o(s) aluno(s) ousado(s) - no sentido de ter(em) coragem de mostrar(em) o que fez(fizeram) - tenha(m) ou não acertado o problema proposto, construa(m) uma representação gráfica que confirme o resultado obtido.

Em seguida, o professor pode propor que o aluno considere a possibilidade de associar os quantitativos de ações utilizadas na construção da representação gráfica (árvore de possibilidades) à aplicação do princípio multiplicativo (sem que o professor apresente o princípio formalmente e de imediato aos alunos, deixando tal tarefa para mais adiante).

Tal sugestão pedagógica possibilitará aos alunos que encarem os problemas de contagem de maneira atraente e desafiadora - uma vez que eles poderão manipular objetos, e utilizar-se de representações gráficas e numéricas para a obtenção da solução (totalidade de possibilidades), sem fazer uso de fórmulas.

É interessante que o professor, de posse dos mesmos dados de uma situação-problema que acaba de ser resolvida pelos alunos, possa fazer variações no enunciado e propor novas situações - obtendo assim outros agrupamentos de objetos que formam subconjuntos do conjunto de soluções que teria sido obtido com o problema proposto antes.

Também, que nessas situações-problema, a ordem entre os objetos dos agrupamentos deva ou não ser considerada como imperiosa para diferenciar os agrupamentos (sugerindo que os alunos reflitam a esse respeito, sem ter de formalizar essas ideias, de imediato).

Desse modo, o estímulo gradual ao uso do raciocínio combinatório, por meio de soluções para diferentes situações-problema, sem a utilização de fórmulas, promove o raciocínio crítico.

Ademais, contribui para o desenvolvimento de habilidades cognitivas, procedimentos, estratégias e competências que passam a fazer parte da ampliação conceitual dos alunos.

Tal ampliação conceitual pode ser explorada pelo aluno, mais adiante, quando precisar levantar hipóteses acerca da possibilidade ou não de generalizar certos procedimentos.

Por fim, a pesquisa identificou que os professores têm lacunas de conhecimentos de conteúdo e pedagógicos de conteúdo, tais como:

- Não recorrem às representações, gráficas e numéricas, para resolver problemas de contagem;
- Não têm facilidade para identificar quando um problema de contagem necessita da aplicação do princípio aditivo;
- Têm dificuldades para a utilização do princípio aditivo em conjunto com o princípio multiplicativo;
- Têm dificuldades, após a leitura dos enunciados, em identificar os tipos de agrupamentos de objetos que participam da solução do problema e, por conta disso, veem-se paralisados

em relação ao passo que devem tomar querendo, de imediato, lançar mão de uma fórmula na ânsia de resolvê-lo;

- Não mobilizam estratégias diferenciadas para o enfrentamento de situações-problema, mormente em relação àquelas que não guardam conexões com outras similares que já tenham tido a oportunidade de ver resolvidas ou que eles próprios as resolveram; Não mobilizam estratégias diferenciadas quando, por vezes, não estabelecem possíveis relações entre os conceitos (combinatórios, ou não) que conhecem da prática docente (satisfatório que os conhecessem).

Além do mais, a pesquisa constatou que os professores identificavam os problemas de contagem diante da necessidade de aplicar uma das 3(três) fórmulas – respectivamente, em relação a arranjos, permutações ou combinações simples -, tal qual a maioria dos livros didáticos comumente o fazem, deixando de lado o exercício do raciocínio combinatório não obstante as repetidas vezes em que o pesquisador solicitou o fizessem.

Por conta disso - diante do não exercício recorrente do raciocínio combinatório, para dar conta de resolver um problema de contagem - os professores não tinham como certificar-se se a solução que obtinham para cada problema que resolviam, via uso de uma fórmula, estava correta ou não porque a resolução se resumia à aplicação direta da fórmula. O cálculo pelo cálculo, apenas.

Os resultados mostraram a necessidade de investir quanto à importância da construção de representações, o constante exercício do raciocínio combinatório e a aplicação dos princípios fundamentais de contagem para a obtenção da solução de um problema de contagem.

E a necessidade de convencer os professores quanto aos propósitos do ensino destes problemas, para alunos do ensino fundamental, por meio de atividades que se diferenciem na abordagem em relação àquelas apresentadas aos alunos do ensino médio, cuja prevalência recai no uso intensivo de uma ou mais fórmulas – infelizmente, ainda.

Um dos resultados que o autor obteve em outra pesquisa, referente à temática deste livro, mostrou que quando o raciocínio combinatório é explorado durante a fase de construção dos conceitos básicos de combinatória (problemas de contagem), enquanto situações-problema são propostas a alunos dos anos iniciais do ensino fundamental, é possível contar com alunos mais bem preparados para enfrentar desafios mais complexos no que refere à necessidade de tomada de decisões, e a cautela que é preciso tomar para se fazer isso avaliando todas as possibilidades possíveis antes de tomar alguma decisão.

Ainda nessa mesma pesquisa o autor identificou que quando os alunos constroem árvores de possibilidades eles desenvolvem habilidades relacionadas à necessidade de ter de decidir quanto às possibilidades de tomar uma decisão, e quanto ao número de modos distintos de poder fazê-la. Essas ações contribuem para o desenvolvimento da autonomia dos alunos, porquanto seja preciso que cada um tenha clareza quanto aos passos que podem ser dados, o número de maneiras de fazê-los e às justificativas coerentes que precisa apresentar tanto para si quanto para outras situações, tais como quando é confrontado pelo seu professor em questionamentos acerca das decisões que tomou em um ou mais momentos, ao longo da resolução de um problema.

Segundo os autores dos PCN, em Brasil (1997), o aluno precisa "vivenciar processos de resolução de problemas, percebendo que para resolvê-los é preciso compreender, propor e executar um plano de solução, verificar e comunicar a resposta" (BRASIL, 1997, p. 81-82).

Ainda, segundo os autores dos PCN, em Brasil (1997), para a "compreensão efetiva da multiplicação é preciso explorar quatro diferentes grupos de atividades, dentre as quais está a ideia da combinatória" (BRASIL, 1997, p. 112).

9.3 Considerações finais

Os problemas de contagem propostos no livro permitem ao professor identificar nos alunos o surgimento de atitudes de questionamento, autonomia, argumentação, levantamento de hipóteses e a possibilidade de conhecer diferentes maneiras de os alunos apresentarem e quantificarem as soluções, para um dado problema de contagem.

Por fim, também é possível que o professor identifique quando e como o aluno valida (ou não) hipóteses inicialmente levantadas.

Para tal, lembramos ao professor que essas habilidades são adquiridas ao longo do desenvolvimento de diferentes problemas de contagem por meio do constante exercício do raciocínio combinatório.

A proposição e o encaminhamento dos problemas do livro permitem que o aluno compare e reflita sobre as soluções apresentadas por outros colegas, em sala de aula ou não, ou pelas intervenções e ampliações que o professor pode fazer durante a experiência vivenciada com todo o grupo

Experiência essa que contribui para enriquecer o conhecimento matemático individual de cada aluno, com a qual cada um deles tem a oportunidade de mostrar para os colegas e para o professor, nas discussões travadas nos grupos menores, e com todos no grupo maior, formado por toda a turma, acerca de seus saberes, conhecimentos e habilidades que inicialmente possuía antes da experiência com a temática.

É importante salientar que todo conhecimento (matemático ou não) cumulado por alunos, professores e leitores, em geral só fará diferença para a ampliação conceitual da própria pessoa e dos que o cercam se esse conhecimento puder ser compreendido, compartilhado e ampliado.
Caso contrário, tornamo-nos uma ilha de conhecimentos que não contribui para melhorar o conhecimento de outras pessoas e do mundo em que vivemos.

Portanto, todo conhecimento precisa ser difundido, repartido, compartilhado, passado adiante. É essa a razão maior que motivou o autor a publicar esta obra: partilhar conhecimentos.

Enquanto autor do livro, não há como ter ideia do quantitativo de pessoas que os conhecimentos aqui desenvolvidos poderão atingir, do quanto eles vão contribuir para melhorar o ensino da Matemática na Escola Básica e na formação de futuros professores que ensinarão Matemática às futuras gerações de crianças e jovens.

Também não há como dimensionar em relação ao tanto de leitores que, por conta do interesse que têm em conhecer e aprender um pouco mais acerca da temática, o leram e passaram adiante os conhecimentos aprendidos na obra, e com ela.

O autor gostaria muito que os ensinamentos contidos no livro chegassem aos alunos, professores e interessados pela temática nos lugares mais distantes desse nosso imenso Brasil.

Uma experiência pedagógica com a temática combinatória - com apoio nas orientações e conceitos constantes neste livro - permite que o professor possa conhecer e identificar o desenvolvimento dos alunos, no tocante à apropriação dos conceitos e a sua aplicação durante a resolução de problemas de contagem.

Bem como permite ao professor que conheça o quanto cada um dos alunos pode contribuir para incentivar o aprendizado dos colegas com as soluções que apresenta para as reflexões e discussões de todo o grupo.

Nessas interações, o professor poderá identificar avanços nos conhecimentos, habilidades e competências apresentadas pelos alunos.

O autor espera que o livro seja útil ao trabalho do professor, e que a sua leitura contribua para promover análises crítico-reflexivas a respeito da importância de tratar os conceitos básicos de combinatória, a partir das experiências pessoais dos alunos na resolução de problemas de contagem, respeitando e valorando soluções intuitivas que os alunos porventura apresentem.

Com a leitura atenta dos enunciados e a resolução de diversificados problemas, propostos neste livro, possivelmente o professor se lembre dos tempos em que estudou essa temática no ensino médio e/ou em sua formação inicial de professor, se anime a fazer correlações entre elas e provavelmente conclua que não deve ensinar a seus alunos tal qual o modo como aprendeu.

O autor entende que o ensino de combinatória na educação básica deve proporcionar ao aluno oportunidades para que ele exercite e desenvolva o raciocínio combinatório, uma vez que tal raciocínio permite que se tomem decisões pautadas em argumentos consistentes.

Estas decisões, por sua vez, visam provar a veracidade ou a falsidade de uma questão que tenha sido levantada como hipótese.

Além disso, conceitos de combinatória são bastante atraentes para serem desenvolvidos em sala de aula.

E, também, fornecem ao professor a possibilidade de propor uma enorme variedade de problemas de contagem por conta de situações presentes no cotidiano dos cidadãos.

Ademais, uma vez que tais problemas sejam propostos requerem que se encontrem as respectivas soluções - o que motiva, ainda mais, o gosto dos alunos e dos leitores pela temática.

Muito obrigado.

REFERÊNCIAS

BATANERO, C. e NAVARRO-PELAYO, V. **Razonamiento combinatório em alumnos de Bachilerato**. Educación Matemática. Madrid, 1996.

BATANERO, C. e GODINO, J.D. **Azar y probabilidad**. Madrid: Stesis, 1996.

BATANERO, C., GODINO, J.D. e NAVARRO-PELAYO, V. **Razonamiento combinatório em alumnos de secundaria**. Educación Matemática. Grupo Editorial Ibero América. V.8. Madrid, 1996.

BRASIL. Secretaria de Educação Fundamental. **Parâmetros Curriculares Nacionais: matemática** / Secretaria de Educação Fundamental. - Brasília: MEC/SEF, 1997. 142p. Volume 3.

———. Ministério da Educação. Secretaria de Educação Fundamental. **Parâmetros Curriculares Nacionais para o Ensino Fundamental: Matemática**. Brasília: MEC/SEF, 1998.

———. Ministério da Educação. Secretaria de Educação Fundamental. **Parâmetros Curriculares Nacionais para o Ensino Médio: Matemática**. Brasília: MEC/SEF, 1999.

———. Ministério da Educação. **Base Nacional Comum Curricular. Proposta preliminar. Terceira versão revista**. Brasília: MEC, 2017. Disponível em: http://basenacionalcomum.mec.gov.br/documentos/bncc-3versao.revista.pdf. Acesso em: 10 jul. 2017.

COBB, P. CONFREY, J., diSESSA, A., LEHRER, R. e SCHAUBLE, L. **Design Experiments in Educational Research**. Educational Researcher, Vol. 32, No. 1, pp. 9-13, jan/fev, 2003.

DEVLIN, K., **Matemática: A ciência dos padrões**. Porto Editora, LDA, Porto, 2002.

FISCHBEIN, E. **The intuitive sources of probabilistic thinking in children**. Dordrecht: Reidel, 1975.

FISCHBEIN, E. e GAZIT, A. T. **The combinatorial solving capacity in children and adolescents**. Zentralblatt fur Didaktik der Mathematik, v. 5, pp. 193-198, 1988.

FREIRE, P., **Pedagogia da autonomia: saberes necessários à prática educativa**. Coleção Leitura. São Paulo: Paz e Terra, 2013.

INHELDER, B. e PIAGET, J. **De la logique de l'enfant à logique de l'adolescent**. Presses Universitaires de France, Paris, 1955.

MORGADO, A. C. O., Carvalho, J. B. P., Carvalho, P. C. P. e Fernandez, P. **Análise Combinatória e Probabilidade**. 1ª edição. SBMIMPA-Fundação VITAE. Rio de Janeiro, 1991.

MORO, M.L.F. e SOARES, M.T.C. **Níveis de raciocínio combinatório e produto cartesiano na escola fundamental**. Educação Matemática Pesquisa, 8, 99-124, 2006.

NAVARRO-PELAYO, V., BATANERO, C. e GODINO, J.D. **Razonamiento combinatório em alumnos de secundaria**, Educación Matemática, 8(1), 26-39, Madrid, 1996.

PLACHA, K.C. e MORO, M.L.F. **Problemas de Produto Cartesiano, Raciocínio Combinatório e Intervenção do Professor**. Psicologia: Teoria e Pesquisa, Jan-Mar 2009, Vol. 25 n. 1, PP. 007-017. Brasília, 2009.

SOARES, M.T. e MORO, M.L. **Psicogênese do raciocínio combinatório e problemas de produto cartesiano na Escola Fundamental**. In: Anais do III Seminário Internacional de Pesquisa em Educação Matemática, Águas de Lindóia, São Paulo, 2006.

STAREPRAVO, A.R. **A resolução de problemas de estrutura multiplicativa por crianças da 3ª série do ensino fundamental**. Dissertação de mestrado, Universidade Federal do Paraná, Curitiba, 2001.

TALL, D. e VINNER, S. **Concept image and concept definition in mathematics with particular reference to limits and continuity**. Educational Studies in Mathematics, 1981.

TEIXEIRA, P.J.M. **Construção da linguagem matemática no Ensino Fundamental: reflexões e práticas relativas ao raciocínio combinatório.** Tese (Doutorado) em Ciências da Educação. Universidad Americana. Assunção, PY, 2012a.

__________. **Um estudo sobre os conhecimentos necessários ao professor de matemática para a exploração de problemas de contagem no Ensino Fundamental.** Tese (Doutorado) em Educação Matemática, UNIBAN – Universidade Bandeirante de São Paulo, São Paulo, SP, 2012b.

__________. **Problemas básicos de Matemática Financeira. Pagar à vista ou pagar parcelado? Qual a taxa de juros? Qual a melhor decisão a tomar?** Editora Ciência Moderna Ltda, 1ª Edição, Rio de Janeiro, 208p, 2017.

__________. **Resolvendo problemas de Análise Combinatória nos anos iniciais do Ensino Fundamental**, Editora Ciência Moderna Ltda, 1ª Edição, Rio de Janeiro, 173p., 2014.

__________. **Resolvendo problemas de Análise Combinatória nos anos finais do Ensino Fundamental**, Editora Ciência Moderna Ltda, 1ª Edição, Rio de Janeiro, 445p., 2018.

__________. **Tópicos Avançados de Análise Combinatória**, Editora Ciência Moderna Ltda, 1ª Edição, Rio de Janeiro, 290p., 2019.

__________. **Práticas acerca do Raciocínio Combinatório no Ensino Fundamental**, NEA – Novas Edições Acadêmicas, 1ª Edição, São Paulo, 456p. 2015. Disponível em: https://www.nea-edicoes.com/catalog/search. Acesso em 25 de julho de 2017.

__________. **Ensino de Análise Combinatória na Educação Básica: Uma trajetória.** 1ª Edição. São Paulo: NEA – Novas Edições Acadêmicas. 376p. 2015. ISBN – 978-3-639-83624-0. Disponível em: https://www.nea-edicoes.com/catalog/search. Acesso em 25 de julho de 2017.

TUCKER, A. **Aplied Combinatorics**. 2a edição. John Wiley and Sons. Nova Iorque, 1984.

VERGNAUD, G. **Multiplicative structures**. In: R. Lesh & M. Landau (Eds.). Acquisition of mathematics: Concepts and process. New York: Academic Press, 1983.

VERGNAUD, G. **La théorie des champs conceptuels**.. Récherches em Didactique des Mathématiques, 10(23), 1990.

VERGNAUD, G. **Multiplicative conceptual field: wath and why?** In: Guerson, H. and Confrey, J. (1994). (Eds.) The development of multiplicative reasoning in the leaning of mathematics. Albany, N. Y.: State University of New York Press, 1994.

VERGNAUD, G. **A Teoria dos campos conceituais.** In: BRUN, J. Didáctica das matemáticas. Tradução de Maria José Figueiredo. Lisboa: Instituto Piaget, p. 155-191, 1996.

Impressão e acabamento
Gráfica da Editora Ciência Moderna Ltda.
Tel: (21) 2201 - 6662